21 世纪全国高职高专机电系列技能型规划教材

自动生产线安装与调试实训教程

主　编　周　洋　许艳英
参　编　朱亚红　张　郭
　　　　张明菊　谢　祥

北京大学出版社
PEKING UNIVERSITY PRESS

内容简介

本书主要介绍典型生产线系统的基本结构、工作原理和工作工程等内容，主要包括8个项目的内容：基础知识训练、上料检测系统、原料搬运系统(机械手)、原料加工系统、工件安装系统、原料安装搬运系统(机械手)、分类入库系统、自动生产线联网调试。本书立足于国内高职高专院校学生的实际情况，以典型的自动生产线教学设备为模型，将实用的自动生产线技术贯彻于课程之中，本着自动生产线理论与实践相结合、安装调试与使用维护相结合的原则，使学生掌握自动生产线安装、调试、运行和维护等方面的知识与技能。

本书适合作为高职高专院校机电一体化技术、电气自动化等方向的专业教学用书，也可作为工程技术人员及一线操作人员的参考书。

图书在版编目(CIP)数据

自动生产线安装与调试实训教程/周洋，许艳英主编. —北京：北京大学出版社，2012.9

(21世纪全国高职高专机电系列技能型规划教材)

ISBN 978-7-301-21239-4

Ⅰ. ①自…　Ⅱ. ①周…②许…　Ⅲ. ①自动生产线—安装—高等职业教育—教材②自动生产线—调试方法—高等职业教育—教材　Ⅳ. ①TP278

中国版本图书馆CIP数据核字(2012)第215951号

书　　　名：自动生产线安装与调试实训教程
著作责任者：周　洋　许艳英　主编
策 划 编 辑：赖　青　张永见
责 任 编 辑：张永见
标 准 书 号：ISBN 978-7-301-21239-4/TH・0315
出　版　者：北京大学出版社
地　　　址：北京市海淀区成府路205号　100871
网　　　址：http://www.pup.cn　http://www.pup6.cn
电　　　话：邮购部62752015　发行部62750672　编辑部62750667　出版部62754962
电 子 邮 箱：pup_6@163.com
印　刷　者：北京京华虎彩印刷有限公司
发　行　者：北京大学出版社
经　销　者：新华书店
787mm×1092mm　16开本　15.75印张　366千字
2012年9月第1版　2017年7月第2次印刷
定　　　价：30.00元

前　言

本书在编写的过程中通过进行现场调研和聘请现场技术专家，共同对自动生产线安装与调试课程的能力层次和知识层次进行全面分析和探讨，并经过了反复修订，编写了8个项目，多个单项能力单元，以及与之对应的专项技能和相关知识，构成了教改课程的主体框架。本书适合作为高职高专学校机电一体化技术、电气自动化技术专业的教材，也可供电气技术人员参考。

本书采用基于典型生产线工作任务的项目式教学法，把课程的设计任务分解到各个能力模块中，以工作任务驱动为基础，把专业理论知识贯穿到实践任务中，强化学生动手实践能力的培养，充分调动学生学习的主动性和积极性，把以学生为中心的主线贯穿到课程教学的全过程。具体体现在以下几个方面。

(1) 内容设计从简单到复杂，从单一到综合，符合职业成长的规律要求，注重基本概念的阐述，降低理论分析难度，删去繁琐的公式推导，重点强调基本理论的实际应用。

(2) 注重反映最新自动生产线的典型工作任务在工业中的应用，并适当地加入了在工业生产中比较成熟的技术。

(3) 内容叙述上力求简明扼要，通俗易懂，富于启发性。

(4) 每个任务便于操作，任务完成后有项目完成的考核和评价，参考了国家电气设备安装标准。

本书由周洋、许艳英任主编，朱亚红、张郭、张明菊、谢祥参与编写。全书由周洋负责统稿。重庆科创职业学院韩亚军担任本书的主审，他仔细地审阅了书稿，并提出了许多宝贵的意见和建议，在此仅向他表示诚挚的谢意。本书在编写的过程中，得到了重庆科创职业学院机电工程学院领导的大力支持和指导，在此一并表示感谢。

由于编者水平有限，书中难免出现不妥和疏漏之处，恳请广大读者批评指正。

编　者

2012年4月

目　录

绪论

一、自动生产线安装与调试课程介绍

1. 课程性质

“自动生产线安装与调试”是机电一体化专业的一门专业核心课程；它是建立在“液压传动与气动技术”、“传感器技术”、“电气控制与 PLC”等专业基础课之上，采用基于工作过程的课程开发方法，通过对机电一体化技术职业行动领域的分析以及工作岗位和工作任务进行梳理、归纳而建构的一门学习领域课程。该课程以自动生产线系统为主线，自动生产线各站设备为载体，具体划分学习情境，将知识和技能融入到工作过程中，从而培养学生对自动生产线的安装运行、调试与维护的技能。

1) 课程概述

本课程针对的职业岗位是自动化设备与生产线的维修电工、车间电气技术员、安装调试维修工、PLC 程序设计员、技术改造员及系统维护技术员等，具有设备技术改造、运行分析、故障检测、维修保养及编写整理技术文档等专业技能，能在生产一线从事机电和自动化控制设备的操作、调试、维护、生产组织与管理工作及技术服务等工作。培养学生观察和分析问题、团队协助、沟通表达等能力和综合素质。

本课程是学生到企业进行生产实践前对所学专业知识的一次综合应用，是学生在校的一次大练兵，也是进一步进行毕业设计和技师考证课程的基础。

2) 课程的基本理念

以培养“高素质、高技能型人才”为培养目标，以“技术先进、实用，理论必需、够用”为原则，注重课程的应用性、技能性和实践性；本课程设计让学生扮演操作者的角色，将一个个相对独立的工作任务交给学生完成，从信息的收集、方案的设计与实施，到完成后的评价，都由学生具体负责；同时让学生在情境的刺激和教师的引导下主动开展探究活动，并在探索过程中掌握知识，学习分析问题、解决问题的方法，进而达到提高分析问题、解决问题能力的目的。

(1) 增强现代意识，培养专门人才。学生学习了自动生产线安装与调试课程后，能够从事自动生产线的安装、调试与维护；承担自动生产线的营销与售后服务；生产一线从事技术管理、操作、维护检修及质量检验等方面工作。

(2) 围绕核心技术，培养创新精神。锻炼学生的应变能力、创新能力，是本课程的宗旨。因而课程的项目教学以培养学生具有一定创新能力和创新精神、良好的发展潜力为主旨，以行业科技和社会发展的先进水平为标准，充分体现规范性、先进性和实效性。

(3) 关注全体学生，营造自主学习氛围。以学生为主体开展学习活动，创设易于调动学生学习积极性的环境，结合本校学生特点引导学生主动学习，形成自主学习的氛围。

3) 课程的设计思路

在课程开发上，以工作过程中典型工作任务为中心选择、组织课程内容，并以完成工作任务为主要学习方式，目的在于加强课程内容与工作之间的相关性，整合理论与实践，提高学生职业能力培养的效率。

在教学内容选择上，以能力为目标，以项目为载体，按照技术领域和职业岗位(群)的任职要求，参照机电一体化技术的职业资格标准确定教学内容，使教学内容与实际工作保持一致。分析典型工作任务，进行任务分解，确定行动领域，见表 0-1。

表 0-1　工作任务及任务分解

工作任务	任务分解(主要)	行动领域
机电设备机械部分改进	机械元件增加或去除； 机械元件选用； 机械元件安装及调试	改造项目
自动化系统电气部分改进	电气气动系统回路设计； 电气动元件选用、安装及调试； 电气动管路系统连接及调试； 电气原理设计； 电气系统连接及调试	设备技术改造
自动系统运行与系统维护	阅读气动、电气控制线路图； PLC 编程实现控制； 故障诊断	设备维修及维护

根据行动领域，按照人才培养模式，重构课程体系，形成基础技能模块、专业核心技能模块、拓展模块、顶岗实习等模块，导出学习领域，见表 0-2。

表 0-2　专业核心技能模块

模块名称	学习领域 (专业课程)	课程简介	学习地点
核心技能	自动生产线安装与调试	以 SRS-M03 模块化自动生产线系统为载体，通过项目、理论、实践一体化教学，使学生掌握气、电相关知识，正确选用和使用元件，熟练绘制气动系统回路图，掌握气动与电气的基本操作规程；以 PLC 为控制器，掌握 PLC 的编程方法，并用 PLC 进行编程控制，能根据工业要求进行系统设计、安装及调试，能发现、分析、排除系统故障；培养学生的创新思维能力、安全意识、质量意识、团队合作能力	校内外实训基地、准就业实习企业

在教学方法手段上，教、学、做一体；在教学实施上，采用“企业典型案例的项目导入”的教学手段。在明确的教学目标指导下，项目任务的设置综合考虑知识结构的纵横关系，统筹规划项目的内容和层次，既练习书本的基础知识，又具有一定的思想空间和难度，

还能发挥学生的自主意识和创新能力。在教学评价方面，建立突出职业能力培养的课程标准，规范课程教学的基本要求，学生校内成绩考核与企业实践考核相结合，突出能力和项目结果考核。在课程设置上，始终坚持“岗位能力为导向”的原则。

在每个学习情境的教学实施中，尽可能采用小班教学，将讲课与实验台合二为一。按照工作过程的 6 个步骤：资讯、决策、计划、实施、检查、评价进行组织和实施教学，教师“在讲中做，在做中讲”，学生“在学中做，在做中学”。采用项目导入、行动导向型的教学方法，通过实训、实习、项目设计与制作等方式进行融“教、学、做”为一体的专业技能训练，在过程的学习中提升学生的专业知识、技能和综合素养。

遵循由简到难的原则确定教学项目，使学生在教师指导下自立学习，全面提高职业能力，实现人才培养与人才需求的对接。将传统的以理论教学为主、实践教学为辅的形式，改为以实践教学为主、理论教学为辅的形式。

(1) 首先建立自动生产线实训场所。为了突出其生产服务的特点，可以把教室建设成工厂的模样，模拟企业的生产形式组织教学，建立一套车间班组体制。首先制定车间的各种规章制度，包括安全规章制度、操作章程、人员管理制度等。设有车间主任、班组长、技术员、质检员、材料员等岗位，通过学生的竞聘和选举，建立学生自己的一套领导班子，各司其职。使学生在完整的生产过程中，得到组织、协调、沟通等职业能力的锻炼。

(2) 任务的下达及工作计划的制定。在教学过程中，由教师下达学习任务，实施教学项目。在任务的确定中，要遵循由简入难的原则，先进行小项目，如单站安装、单站调试等。在安装、调试的过程中学习器件的结构、原理，不再单独分章节讲授器件，而是通过学生的拆装练习更直观的学习。学生收到任务书后，每个小组都要经过自主学习、讨论，制定具体的工作计划。包括确定项目的目的、项目的原理分析、项目所需器材、项目实施内容及步骤、项目的注意事项等。

(3) 工作过程。学生在实施项目时需提交材料及工具申请，获得准许后到材料员处领取所报材料及工具，开始进行安装。连接完毕后，通过通电进行调试、故障诊断，从而学习自动生产线安装与调试，掌握相应的理论知识。在工作过程中，教师可以进行提问，引导学生发现问题，提出问题，解决问题，从而学习更多的知识。

(4) 项目验收及评价。学生完成一个项目后，由教师带领技术员进行项目验收，经过考核后，学生上交资料。在实验过程中，如有损坏，各班组需负责修好，如损坏严重，需记录在案，将来评选优秀班组时这个也算在考核之列。

在考核过程中需灵活多变，不再以单一的考核方式评定学生的优劣，也不再等到期末进行考试，随着模块的进行，因材施教，随时考核。根据各小组完成的情况，选做内容或学生在实践中有自选内容或创新内容，可在原有成绩等级基础上提升一级。同时，鼓励学生参加社会考核以提高学生在人材市场上的竞争力。

2. 课程培养目标

本课程的总体目标是通过层次性循序渐进的学习过程，使学生克服对本课程知识的枯燥、相关概念难理解的学习畏惧感，激发学生的求知欲，培养学生敢于克服困难、探索知识的兴趣。通过本学习领域的学习，达成以下目标。

1) 知识目标

(1) 熟悉自动生产线控制系统的结构和基本功能。

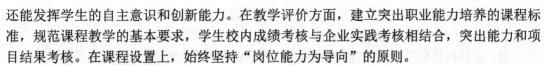

(2) 掌握自动设备及生产线常用机械结构和装置的工作原理。

(3) 熟悉气动元件的结构和应用，基本气动回路的工作过程。

(4) 掌握传感器等电气原件的结构、特性、应用和选择规则；电气元件装配工艺，调整、检测元件安装精度方法。

(5) 掌握自动生产线控制系统 PLC 通信方法和通信协议。

(6) 掌握典型自动化设备及自动生产线常用电路、电气、传感、控制等元器件的工作原理与选用方法。

(7) 能够读懂典型自动化设备及自动生产线的机械、电气、气路系统原理图。

(8) 掌握典型自动化设备及自动生产线的操作、拆装、调试、控制软硬件设计、维护以及故障诊断与排除的方法。

2) 技能目标

(1) 能正确识别典型自动化设备及自动生产线上常用机械结构和电气、气动、检测等元器件。

(2) 能正确使用典型自动化设备及自动生产线上的常用仪器仪表和工具。

(3) 能按照典型自动化设备及自动生产线的机械、电气、气路系统原理图进行元器件的选用、连接与调试。

(4) 能拆装各种自动机机构与元器件。

(5) 能正确操作典型自动化设备及自动生产线的各个模块单元。

(6) 能对典型自动化设备及自动生产线进行硬件配置、程序设计，并实施控制。

(7) 能够维护保养典型自动化设备及自动生产线系统。

(8) 能进行典型自动化设备及自动生产线系统常见故障的排除。

3) 情感与态度目标

(1) 培养学生乐于思考、敢于实践、做事认真的工作作风。

(2) 培养学生好学、严谨、谦虚的学习态度。

(3) 培养学生健康向上、不畏难、不怕苦的工作态度。

(4) 培养学生良好的职业道德，职业纪律。

(5) 培养学生遵循严格的安全、质量、标准等规范的意识。

(6) 培养学生自我检查、自我学习、自我促进、自我发展的能力。

(7) 培养学生相关职业素养、团队合作精神；“5s”管理理念；创新精神。

(8) 培养学生项目管理应用的能力。

4) 可持续发展目标

(1) 学习如何正确认识课程的性质、任务及其研究对象，全面了解课程的体系、结构，对电工电子技术有一个总体的把握，提高学生自学能力。

(2) 学会理论联系实际，使课内与课外试验、科技活动紧密结合，提高学生学习兴趣，增强掌握运用所学理论知识解决相关专业领域实际问题的能力。

(3) 掌握实验仪器的使用方法，充分利用现有实验设备，加大实践的比重，不仅在课堂可以试验，在课后实验室定期开放，提供试验的场所，学生动手能力显著提高。

(4) 注重培养学生查阅科技资料的能力。

二、自动生产线安装与调试课程任务分配与标准

本课程应在学生修完“液压传动与气动技术”、“传感器技术”、“电气控制与PLC”等课程后开设。

1. 教学内容与学时分配

本课程根据企业技术岗位和岗位技能需求以及实际工作任务中所需的知识、技能、素质要求来选取教学内容，具体工作任务与教学安排见表0-3。

表0-3 学习情境结构与学时分配

学习情景序号	学习情景名称	学习情景说明	学习场地要求	学习方法	学时
1	基础知识训练	复习巩固PLC基础，熟悉PLC语言及指令； 能解决一般课题并进行PLC编程； 掌握常见工业PLC应用； 掌握气动技术及气缸的安装与调试	在实验室中，装有PLC编程及仿真软件的电脑、自动化设备	引导法； 讲述法； 实际操作观看法； 任务教学法； 讨论法	4
2	上料检测系统	通过本情景学习，能掌握： 1.上料检测系统基本结构； 2.上料检测系统电气连接； 3.上料检测系统气路连接； 4.上料检测系统的程序编写方法	在实验室中，装有PLC编程及仿真软件的电脑、上料检测系统设备	引导法； 讲述法； 实际操作观看法； 任务教学法； 讨论法	4
3	原料搬运系统(机械手)	通过本情景学习，能掌握： 1.原料搬运系统基本结构； 2.原料搬运系统电气连接； 3.原料搬运系统气路连接； 4.原料搬运系统的程序编写方法	在实验室中，装有PLC编程及仿真软件的电脑、原料搬运系统设备	引导法； 讲述法； 实际操作观看法； 任务教学法； 讨论法	4
4	原料加工系统	通过本情景学习，能掌握： 1.原料加工系统基本结构； 2.原料加工系统电气连接； 3.原料加工系统气路连接； 4.原料加工系统的程序编写方法	在实验室中,装有PLC编程及仿真软件的电脑、原料加工系统设备	引导法； 讲述法； 实际操作观看法； 任务教学法； 讨论法	4
5	工件安装系统	通过本情景学习，能掌握： 1.工件安装系统基本结构； 2.工件安装系统电气连接； 3.工件安装系统气路连接； 4.工件安装系统的程序编写方法	在实验室中,装有PLC编程及仿真软件的电脑、工件安装系统设备	引导法； 讲述法； 实际操作观看法； 任务教学法； 讨论法	4
6	原料安装搬运系统(机械手)	通过本情景学习，能掌握： 1.原料安装搬运系统基本结构； 2.原料安装搬运系统电气连接； 3.原料安装搬运系统气路连接； 4.原料安装搬运系统的程序编写方法	在实验室中，装有PLC编程及仿真软件的电脑、原料安装搬运系统设备	引导法； 讲述法； 实际操作观看法； 任务教学法； 讨论法	4

续表

学习情景序号	学习情景名称	学习情景说明	学习场地要求	学习方法	学时
7	工件分类入库系统	通过本情景学习，能掌握： 1.工件分类入库系统基本结构； 2.工件分类入库系统电气连接； 3.工件分类入库系统气路连接； 4.工件分类入库系统的程序编写方法	在实验室中，装有PLC编程及仿真软件的电脑、工件分类入库系统设备	引导法； 讲述法； 实际操作观看法； 任务教学法； 讨论法	4
8	自动生产线联网安装与调试	通过本情景学习，能掌握： 1.自动生产线通信程序的编写； 2.自动生产线硬件的连接； 3.整机调试运行与故障排除	在实验室中，装有PLC编程及仿真软件的电脑、自动生产线设备	引导法； 讲述法； 实际操作观看法； 任务教学法； 讨论法	8

2. 教师的要求

(1) 具有系统的传感器、气动原理、电气控制与PLC技术等方面理论知识；
(2) 具备电气设备安装操作的能力；
(3) 具有比较强的驾驭课堂的能力；
(4) 具有良好的职业道德和责任心；
(5) 具备设计基于行动导向的教学的设计应用能力。

3. 学习场地、设施要求

多媒体教室，自动生产线系统实验实训室。

4. 考核标准与方式

为全面考核学生的知识与技能掌握情况，本课程主要以过程考核为主。课程考核涵盖项目任务全过程，主要包括项目实施等几个方面，见表0-4。

表0-4　考核方式与考核标准

学习情景	考核点	建议考核方式	评价标准			成绩比例
			优	良	及格	
1.基础知识训练	实践操作(24分)	1.了解PLC软件的实用及仿真软件的使用(10分)； 2.能够运用功能编程方法编写工业PLC应用(14分)				
	有关知识(65分)	1.基本指令（20分）； 2.步进指令(20分）； 3.流程图(15分）； 4.工作报告(10分)				
	综合(11分)	1.文明工作(3分）； 2.纪律、出勤(5分）； 3.团队精神(3分)				

续表

学习情景	考核点	建议考核方式	评价标准			成绩比例
			优	良	及格	
2.上料 检测系统	实践操作(54 分)	1.硬件的安装(25 分)； 2.气路的连接(10 分)； 3.电气线路的连接(15 分)； 4.布线符合工艺要求(4 分)				
	有关知识(35 分)	1.流程图(10 分)； 2.编写出控制程序(15 分)； 3.工作报告(10 分)				
	综合(11 分)	1.文明工作(3 分); 2.纪律、出勤(5 分); 3.团队精神(3 分)				
3.原料 搬运系统 (机械手)	实践操作(54 分)	1.硬件的安装(25 分)； 2.气路的连接(10 分)； 3.电气线路的连接(15 分)； 4.布线符合工艺要求(4 分)				
	有关知识(35 分)	1.流程图(10 分)； 2.编写出控制程序(15 分)； 3.工作报告(10 分)				
	综合(11 分)	1.文明工作(3 分)； 2.纪律、出勤(5 分)； 3.团队精神(3 分)				
4.原料 加工系统	实践操作(54 分)	1.硬件的安装(25 分)； 2.气路的连接(10 分)； 3.电气线路的连接(15 分)； 4.布线符合工艺要求(4 分)				
	有关知识(35 分)	1.流程图(10 分); 2.编写出控制程序(15 分)； 3.工作报告(10 分)				
	综合(11 分)	1.文明工作(3 分)； 2.纪律、出勤(5 分)； 3.团队精神(3 分)				
5.工件 安装系统	实践操作(54 分)	1.硬件的安装(25 分)； 2.气路的连接(10 分)； 3.电气线路的连接(15 分)； 4.布线符合工艺要求(4 分)				
	有关知识(35 分)	1.流程图(10 分)； 2.编写出控制程序(15 分)； 3.工作报告(10 分)				
	综合(11 分)	1.文明工作(3 分)； 2.纪律、出勤(5 分)； 3.团队精神(3 分)				

续表

学习情景	考核点	建议考核方式	评价标准			成绩比例
			优	良	及格	
6.原料安装搬运系统(机械手)	实践操作(54 分)	1.硬件的安装(25 分); 2.气路的连接(10 分); 3.电气线路的连接(15 分); 4.布线符合工艺要求(4 分)				
	有关知识(35 分)	1.流程图(10 分); 2.编写出控制程序(15 分); 3.工作报告(10 分)				
	综合(11 分)	1.文明工作(3 分); 2.纪律、出勤(5 分); 3.团队精神(3 分)				
7.工件分类入库系统	实践操作(54 分)	1.硬件的安装(25 分); 2.气路的连接(10 分); 3.电气线路的连接(15 分); 4.布线符合工艺要求(4 分)				
	有关知识(35 分)	1.流程图(10 分); 2.编写出控制程序(15 分); 3.工作报告(10 分)				
	综合(11 分)	1.文明工作(3 分); 2.纪律、出勤(5 分); 3.团队精神(3 分)				
8.自动生产线联网控制安装与调试	实践操作(54 分)	1.硬件的安装(25 分); 2.气路的连接(10 分); 3.电气线路的连接(15 分); 4.布线符合工艺要求(4 分)				
	有关知识(35 分)	1.流程图(10 分); 2.编写出控制程序(15 分); 3.工作报告(10 分)				
	综合(11 分)	1.文明工作(3 分); 2.纪律、出勤(5 分); 3.团队精神(3 分)				

5. 学习情景设计

本课程设计了 8 个学习情境，下面逐一进行描述，见表 0-5～表 0-12。

表 0-5 学习情景 1 设计

<table>
<tr><th colspan="5">学习情境 1：基础知识训练</th><th>学时：4</th></tr>
<tr><th colspan="3">学习目标</th><th colspan="2">主要内容</th><th>教学方法</th></tr>
<tr><td colspan="3">1.巩固 PLC 基础；
2.熟悉 PLC 语言及指令；
3.能解决一般课题并进行 PLC 编程；
4.熟悉气缸的使用</td><td colspan="2">1.基本指令复习；
2.功能编程法；
3.应用实例训练；
4.气缸的使用及安装</td><td>引导法；
讲述法；
实际操作观看法；
任务教学法；
讨论法</td></tr>
<tr><th>教学材料</th><th>使用工具</th><th>学生知识与能力准备</th><th>教师知识与能力要求</th><th>考核与评价</th><th>备注</th></tr>
<tr><td>1.实训报告表格；
2.投影仪</td><td>电脑、PLC 和气缸等</td><td>1.掌握 PLC 理论知识；
2.能够熟练运用PLC软件；
3.气缸的使用</td><td>1.丰富的理论知识；
2.实际操作能力</td><td>1.基本知识技能水平的评价；
2.任务完成情况</td><td>具备安全操作意识</td></tr>
<tr><th>教学组织步骤</th><th colspan="3">主要内容</th><th>教学方法建议</th><th>学时分配</th></tr>
<tr><td>资讯</td><td colspan="3">1.描述要完成工作任务；
2.交待要使用的器件</td><td>引导法；
讲述法</td><td>1</td></tr>
<tr><td>计划</td><td colspan="3">1.PLC 基本指令；
2.功能编程方法；
3.流程图；
4.准备气缸设备</td><td>实际操作法；
引导法；
讲述法</td><td>0.5</td></tr>
<tr><td>决策</td><td colspan="3">1.分配任务；
2.分组讨论</td><td>引导法；
讲述法；
讨论法</td><td>0.5</td></tr>
<tr><td>实施</td><td colspan="3">1.分析任务；
2.绘制流程图；
3.编写程序；
4.气缸的安装与调试</td><td>实际操作法；
引导法；
讲述法</td><td>1</td></tr>
<tr><td>检查</td><td colspan="3">1.仿真运行；
2.理论知识是否掌握；
3.气缸安装方法是否掌握</td><td>讲述法；
实际操作法</td><td>0.5</td></tr>
<tr><td>评价</td><td colspan="3">1.学生理论知识掌握的评价；
2.动手操作能力的评价</td><td>讲述法</td><td>0.5</td></tr>
</table>

表 0-6　学习情景 2 设计

<table>
<tr><th colspan="5">学习情境 2：上料检测系统</th><th>学时：4</th></tr>
<tr><th colspan="3">学习目标</th><th colspan="2">主要内容</th><th>教学方法</th></tr>
<tr><td colspan="3">1.明确上料检测单元的工作过程；
2.掌握上料检测单元硬件安装方法；
3.能够按照上料检测单元工作过程编写控制程序</td><td colspan="2">料仓工作台的装配：
1.能安装工件推出与传送带部分；
2.能安装气缸推料机构部分。
传感检测技术：
1.能描述光电感应接近传感器的使用；
2.能描述漫射式光电传感器调节与使用。
气缸工作及气动回路的控制：
1.能描述气源、电磁阀组、双动气缸、节流阀的作用；
2.能设计气动控制回路。
电气控制：
1.能描述上料检测单元的工作任务；
2.能设计上料检测单元电气接线；
3.能用 PLC 控制供料过程并编程</td><td>引导法；
讲述法；
实际操作观看法；
任务教学法；
讨论法</td></tr>
<tr><th>教学材料</th><th>使用工具</th><th>学生知识与能力准备</th><th>教师知识与能力要求</th><th>考核与评价</th><th>备注</th></tr>
<tr><td>1.实训报告表格；
2.投影仪</td><td>电脑、螺丝刀、内六角扳手</td><td>1.熟练运用 PLC；
2.能够熟练使用内六角扳手等工具</td><td>1.丰富的理论知识；
2.实际操作能力</td><td>1.基本知识技能水平的评价；
2.任务完成情况</td><td>具备安全操作意识</td></tr>
<tr><th>教学组织步骤</th><th colspan="3">主要内容</th><th>教学方法建议</th><th>学时分配</th></tr>
<tr><td>资讯</td><td colspan="3">1.描述要完成工作任务；
2.交待要使用的器件</td><td>引导法；
讲述法</td><td>1</td></tr>
<tr><td>计划</td><td colspan="3">1.制定上料检测平台安装计划；
2.确定上料检测单元气路连接方案；
3.确定上料检测单元电气连接方案</td><td>实际操作法；
引导法；
讲述法</td><td>0.5</td></tr>
<tr><td>决策</td><td colspan="3">1.分配任务；
2.分组讨论</td><td>引导法；
讲述法；
讨论法</td><td>0.5</td></tr>
<tr><td>实施</td><td colspan="3">1.分析任务；
2.安装上料检测单元；
3.绘制流程图；
4.编写程序</td><td>实际操作法；
引导法；
讲述法</td><td>1</td></tr>
<tr><td>检查</td><td colspan="3">1.写入程序，运行调试；
2.查找问题并修改</td><td>讲述法；
实际操作法</td><td>0.5</td></tr>
<tr><td>评价</td><td colspan="3">1.学生理论知识掌握的评价；
2.动手操作能力的评价</td><td>讲述法</td><td>0.5</td></tr>
</table>

表 0-7 学习情景 3 设计

<table>
<tr><td colspan="5">学习情境 3：原料搬运系统(机械手)</td><td>学时：4</td></tr>
<tr><td colspan="3">学习目标</td><td colspan="2">主要内容</td><td>教学方法</td></tr>
<tr><td colspan="3">1.明确搬运单元的工作过程；
2.掌握搬运单元硬件安装方法；
3.能够按照搬运单元工作过程编写控制程序</td><td colspan="2">气缸工作及气动回路的控制：
1.能描述气动手指的作用；
2.能设计气动控制回路；
3.气动机械手的结构与调试；
4.旋转气缸原理与应用。
电气控制：
1.能描述搬运单元的工作任务；
2.能设计搬运单元电气接线；
3.能用 PLC 控制搬运单元的过程并编程</td><td>引导法；
讲述法；
实际操作观看法；
任务教学法；
讨论法</td></tr>
<tr><td>教学材料</td><td>使用工具</td><td>学生知识与能力准备</td><td>教师知识与能力要求</td><td>考核与评价</td><td>备注</td></tr>
<tr><td>1.实训报告表格；
2.投影仪</td><td>电脑、螺丝刀、内六角扳手</td><td>1. 熟练运用 PLC；
2. 能够熟练使用内六角扳手等工具</td><td>1.丰富的理论知识；
2.实际操作能力</td><td>1.基本知识技能水平的评价；
2.任务完成情况</td><td>具备安全操作意识</td></tr>
<tr><td>教学组织步骤</td><td colspan="3">主要内容</td><td>教学方法建议</td><td>学时分配</td></tr>
<tr><td>资讯</td><td colspan="3">1.描述要完成工作任务；
2.交待要使用的器件</td><td>引导法；
讲述法</td><td>1</td></tr>
<tr><td>计划</td><td colspan="3">1.制定搬运平台安装计划；
2.确定搬运单元气路连接方案；
3.确定搬运单元电气连接方案</td><td>实际操作法；
引导法；
讲述法</td><td>0.5</td></tr>
<tr><td>决策</td><td colspan="3">1.分配任务；
2.分组讨论</td><td>引导法；
讲述法；
讨论法</td><td>0.5</td></tr>
<tr><td>实施</td><td colspan="3">1.分析任务；
2.安装搬运单元；
3.绘制流程图；
4.编写程序</td><td>实际操作法；
引导法；
讲述法</td><td>1</td></tr>
<tr><td>检查</td><td colspan="3">1.写入程序，运行调试；
2.查找问题并修改</td><td>讲述法；
实际操作法</td><td>0.5</td></tr>
<tr><td>评价</td><td colspan="3">1.学生理论知识掌握的评价；
2.动手操作能力的评价</td><td>讲述法</td><td>0.5</td></tr>
</table>

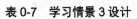

表 0-8　学习情景 4 设计

<table>
<tr><td colspan="5">学习情境 4：原料加工系统</td><td>学时：4</td></tr>
<tr><td colspan="3">学习目标</td><td colspan="2">主要内容</td><td>教学方法</td></tr>
<tr><td colspan="3">1.明确原料加工单元的工作过程；
2.掌握原料加工单元硬件安装方法；
3.能够按照原料加工单元工作过程编写控制程序</td><td colspan="2">加工单元的装配：
1.物料台及滑动机构；
2.加工冲压机构；
3.步进电机的原理与应用。
气缸工作及气动回路的控制：
1.能描述薄型双导杆气缸、单杆气缸的作用；
2.能设计气动控制回路。
电气控制：
1.能描述加工与检测单元的工作任务；
2.能设计加工与检测单元电气接线；
3.能用 PLC 控制加工过程并编程</td><td>引导法；
讲述法；
实际操作观看法；
任务教学法；
讨论法</td></tr>
<tr><td>教学材料</td><td>使用工具</td><td>学生知识与能力准备</td><td>教师知识与能力要求</td><td>考核与评价</td><td>备注</td></tr>
<tr><td>1.实训报告表格；
2.投影仪</td><td>电脑、螺丝刀、内六角扳手</td><td>1. 熟练运用 PLC；
2. 能够熟练使用内六角扳手等工具</td><td>1.丰富的理论知识；
2.实际操作能力</td><td>1.基本知识技能水平的评价；
2.任务完成情况</td><td>具备安全操作意识</td></tr>
<tr><td>教学组织步骤</td><td colspan="3">主要内容</td><td>教学方法建议</td><td>学时分配</td></tr>
<tr><td>资讯</td><td colspan="3">1.描述要完成工作任务；
2.交待要使用的器件</td><td>引导法；
讲述法</td><td>1</td></tr>
<tr><td>计划</td><td colspan="3">1.制定原料加工平台安装计划；
2.确定原料加工单元气路连接方案；
3.确定原料加工单元电气连接方案</td><td>实际操作法；
引导法；
讲述法</td><td>0.5</td></tr>
<tr><td>决策</td><td colspan="3">1.分配任务；
2.分组讨论</td><td>引导法；
讲述法；
讨论法</td><td>0.5</td></tr>
<tr><td>实施</td><td colspan="3">1.分析任务；
2.安装原料加工单元；
3.绘制流程图；
4.编写程序</td><td>实际操作法；
引导法；
讲述法</td><td>1</td></tr>
<tr><td>检查</td><td colspan="3">1.写入程序，运行调试；
2.查找问题并修改</td><td>讲述法；
实际操作法</td><td>0.5</td></tr>
<tr><td>评价</td><td colspan="3">1.学生理论知识掌握的评价；
2.动手操作能力的评价</td><td>讲述法</td><td>0.5</td></tr>
</table>

表 0-9　学习情景 5 设计

<table>
<tr><th colspan="5">学习情境 5：工件安装系统</th><th>学时：4</th></tr>
<tr><th colspan="3">学习目标</th><th colspan="2">主要内容</th><th>教学方法</th></tr>
<tr><td colspan="3">1.明确工件安装单元的工作过程；
2.掌握工件安装单元硬件安装方法；
3.能够按照工件安装单元工作过程编写控制程序</td><td colspan="2">机械装配：
1.简易料仓机构；
2.落料机构；
3.回转物料台；
4.吸盘机械手。
气缸工作及气动回路的控制：
1.能描述气动摆台、导向气缸和旋转气缸的作用；
2.能设计气动控制回路。
电气控制：
1.能描述工件安装单元的工作任务；
2.能设计工件安装单元电气接线；
3.能用 PLC 控制工件安装过程并编程</td><td>引导法；
讲述法；
实际操作观看法；
任务教学法；
讨论法</td></tr>
<tr><th>教学材料</th><th>使用工具</th><th>学生知识与能力准备</th><th>教师知识与能力要求</th><th>考核与评价</th><th>备注</th></tr>
<tr><td>1.实训报告表格；
2.投影仪</td><td>电脑、螺丝刀、内六角扳手</td><td>1.熟练运用 PLC；
2.能够熟练使用内六角扳手等工具</td><td>1.丰富的理论知识；
2.实际操作能力</td><td>1.基本知识技能水平的评价；
2.任务完成情况</td><td>具备安全操作意识</td></tr>
<tr><th>教学组织步骤</th><th colspan="3">主要内容</th><th>教学方法建议</th><th>学时分配</th></tr>
<tr><td>资讯</td><td colspan="3">1.描述要完成工作任务；
2.交待要使用的器件</td><td>引导法；
讲述法</td><td>1</td></tr>
<tr><td>计划</td><td colspan="3">1.制定工件安装平台安装计划；
2.确定工件安装单元气路连接方案；
3.确定工件安装单元电气连接方案</td><td>实际操作法；
引导法；
讲述法</td><td>0.5</td></tr>
<tr><td>决策</td><td colspan="3">1.分配任务；
2.分组讨论</td><td>引导法；
讲述法；
讨论法</td><td>0.5</td></tr>
<tr><td>实施</td><td colspan="3">1.分析任务；
2.安装工件安装单元；
3.绘制流程图；
4.编写程序</td><td>实际操作法；
引导法；
讲述法</td><td>1</td></tr>
<tr><td>检查</td><td colspan="3">1.写入程序，运行调试；
2.查找问题并修改</td><td>讲述法；
实际操作法</td><td>0.5</td></tr>
<tr><td>评价</td><td colspan="3">1.学生理论知识掌握的评价；
2.动手操作能力的评价</td><td>讲述法</td><td>0.5</td></tr>
</table>

表 0-10 学习情景 6 设计

<table>
<tr><td colspan="5">学习情境 6：原料安装搬运系统(机械手)</td><td>学时：4</td></tr>
<tr><td colspan="3">学习目标</td><td colspan="2">主要内容</td><td>教学方法</td></tr>
<tr><td colspan="3">1.明确安装搬运单元的工作过程；
2.掌握安装搬运单元硬件安装方法；
3.能够按照安装搬运单元工作过程编写控制程序</td><td colspan="2">机械装配：
1.一二号气缸的传动机构的安装；
2.机械臂的安装。
气缸工作及气动回路的控制：
1.能描述气动手指的作用；
2.能设计气动控制回路；
3.气动机械手的结构与调试；
4.旋转气缸原理与应用。
电气控制：
1.能描述安装搬运单元的工作任务；
2.能设计安装搬运单元电气接线；
3.能用 PLC 控制安装搬运单元的过程并编程</td><td>引导法；
讲述法；
实际操作观看法；
任务教学法；
讨论法</td></tr>
<tr><td>教学材料</td><td>使用工具</td><td>学生知识与能力准备</td><td>教师知识与能力要求</td><td>考核与评价</td><td>备注</td></tr>
<tr><td>1.实训报告表格；
2.投影仪</td><td>电脑、螺丝刀、内六角扳手</td><td>1.熟练运用PLC；
2.能够熟练使用内六角扳手等工具</td><td>1.丰富的理论知识；
2.实际操作能力</td><td>1.基本知识技能水平的评价；
2.任务完成情况</td><td>具备安全操作意识</td></tr>
<tr><td>教学组织步骤</td><td colspan="3">主要内容</td><td>教学方法建议</td><td>学时分配</td></tr>
<tr><td>资讯</td><td colspan="3">1.描述要完成工作任务；
2.交待要使用的器件</td><td>引导法；
讲述法</td><td>1</td></tr>
<tr><td>计划</td><td colspan="3">1.制定搬运平台安装计划；
2.确定搬运单元气路连接方案；
3.确定搬运单元电气连接方案</td><td>实际操作法；
引导法；
讲述法</td><td>0.5</td></tr>
<tr><td>决策</td><td colspan="3">1.分配任务；
2.分组讨论</td><td>引导法；
讲述法；
讨论法</td><td>0.5</td></tr>
<tr><td>实施</td><td colspan="3">1.分析任务；
2.安装搬运单元；
3.绘制流程图；
4.编写程序</td><td>实际操作法；
引导法；
讲述法</td><td>1</td></tr>
<tr><td>检查</td><td colspan="3">1.写入程序，运行调试；
2.查找问题并修改</td><td>讲述法；
实际操作法</td><td>0.5</td></tr>
<tr><td>评价</td><td colspan="3">1.学生理论知识掌握的评价；
2.动手操作能力的评价</td><td>讲述法</td><td>0.5</td></tr>
</table>

表 0-11　学习情景 7 设计

学习情境 7：工件分类入库系统					学时：4
学习目标			主要内容		教学方法
1.明确工件分类入库单元的工作过程； 2.掌握工件分类入库单元硬件安装方法； 3.能够按照工件分类入库单元工作过程编写控制程序			机械装配： 1.滑杆推出部件、分类料仓的安装； 2.电机支架、步进电机、步进驱动器、联轴器的安装。 限位保护： 1.限位开关位置设定； 2.限位开关的安装与连接。 电气控制： 1.描述分类单元的工作任务； 2.分类单元电气接线； 3.成品分类单元过程的 PLC 控制及编程		引导法； 讲述法； 实际操作观看法； 任务教学法； 讨论法
教学材料	使用工具	学生知识与能力准备	教师知识与能力要求	考核与评价	备注
1.实训报告表格； 2.投影仪	电脑、螺丝刀、内六角扳手	1.熟练运用PLC； 2.能够熟练使用内六角扳手等工具	1.丰富的理论知识； 2.实际操作能力	1.基本知识技能水平的评价； 2.任务完成情况	具备安全操作意识
教学组织步骤	主要内容			教学方法建议	学时分配
资讯	1.描述要完成工作任务； 2.交待要使用的器件			引导法； 讲述法	1
计划	1.制定工件分类入库平台安装计划； 2.确定工件分类入库单元气路连接方案； 3.确定工件分类入库单元电气连接方案			实际操作法； 引导法； 讲述法	0.5
决策	1.分配任务； 2.分组讨论			引导法； 讲述法； 讨论法	0.5
实施	1.分析任务； 2.安装工件分类入库单元； 3.绘制流程图； 4.编写程序			实际操作法； 引导法； 讲述法	1
检查	1.写入程序，运行调试； 2.查找问题并修改			讲述法； 实际操作法	0.5
评价	1.学生理论知识掌握的评价； 2.动手操作能力的评价			讲述法	0.5

表 0-12　学习情景 8 设计

<table>
<tr><td colspan="5">学习情境 8：自动生产线联网控制安装与调试</td><td>学时：8</td></tr>
<tr><td colspan="3">学习目标</td><td colspan="2">主要内容</td><td>教学方法</td></tr>
<tr><td colspan="3">1.明确自动生产线的工作过程；
2.掌握自动生产线硬件连接方法；
3.能够按照自动生产线工作过程编写控制程序</td><td colspan="2">1.现场总线控制的相关技术；
2.联网程序的编写；
3.各个系统的准确联系；
4.三菱 FX_{2N}-48MR 相关知识</td><td>引导法；
讲述法；
实际操作观看法；
任务教学法；
讨论法</td></tr>
<tr><td>教学材料</td><td>使用工具</td><td>学生知识与能力准备</td><td>教师知识与能力要求</td><td>考核与评价</td><td>备注</td></tr>
<tr><td>1.实训报告表格；
2.投影仪</td><td>电脑、螺丝刀、内六角扳手</td><td>1.熟练运用PLC；
2.能够熟练使用内六角扳手等工具</td><td>1.丰富的理论知识；
2.实际操作能力</td><td>1.基本知识技能水平的评价；
2.任务完成情况</td><td>具备安全操作意识</td></tr>
<tr><td>教学组织步骤</td><td colspan="3">主要内容</td><td>教学方法建议</td><td>学时分配</td></tr>
<tr><td>资讯</td><td colspan="3">1.描述要完成工作任务；
2.交待要使用的器件</td><td>引导法；
讲述法</td><td>3</td></tr>
<tr><td>计划</td><td colspan="3">1.制定自动生产线安装计划；
2.确定自动生产线气路连接方案；
3.确定自动生产线电气连接方案</td><td>实际操作法；
引导法；
讲述法</td><td>0.5</td></tr>
<tr><td>决策</td><td colspan="3">1.分配任务；
2.分组讨论</td><td>引导法；
讲述法；
讨论法</td><td>0.5</td></tr>
<tr><td>实施</td><td colspan="3">1.分析任务；
2.安装自动生产线；
3.绘制流程图；
4.编写程序</td><td>实际操作法；
引导法；
讲述法</td><td>3</td></tr>
<tr><td>检查</td><td colspan="3">1.写入程序，运行调试；
2.查找问题并修改</td><td>讲述法；
实际操作法</td><td>0.5</td></tr>
<tr><td>评价</td><td colspan="3">1.学生理论知识掌握的评价；
2.动手操作能力的评价</td><td>讲述法</td><td>0.5</td></tr>
</table>

项目 1

基础知识训练

1.1 项目任务

本项目内容见表 1-1。

表 1-1 基础知识项目内容

项目内容	(1) PLC 基础知识训练； (2) 气动基础知识训练； (3) 传感器基础知识训练； (4) 模块化自动生产线系统介绍
重难点	(1) PLC 编程控制； (2) 气动技术的掌握； (3) 自动生产线系统的组成
参考的相关文件	GB/T 13869—2008《用电安全导则》 GB 19517—2009《国家电气设备安全技术规范》 GB/T 25295—2010《电气设备安全设计导则》 GB 50150—2006《电气装置安装工程—电气设备交接试验标准》
操作原则与安全注意事项	(1) 一般原则：培训的学员必须在指导老师的指导下才能操作该设备。请务必按照技术文件和各独立元件的使用要求使用该系统，以保证人员和设备安全。 (2) 电气系统：只有在断电状态下才能连接和断开各种电气连线，使用直流 24V 以下的电压。 (3) 气动系统：气动系统的使用压力不得超过 800kPa(8bar)。在气动系统管路接好之前不得接通气源。接通气源和长时间停机后开始工作，个别气缸可能会运动过快，所以要特别当心。 (4) 机械系统：所有部件的紧定螺钉应拧紧，不要在系统运行时人为的干涉正常工作

项目导读

自动生产线是产品生产过程所经过的路线，如图 1.1 所示为一种汽车门锁自动生产线示意图。即从上料开始，经过加工、运送、装配、检验等一系列生产线活动所构成的路线。自动生产线涉及的知识比较广，但知识点主要集中在电气驱动、传感器技术、气动技术(或液压技术)和电气控制与 PLC 技术等方面的知识。本项目主要就从这些基础知识出发，对基础知识进行复习巩固。

图 1.1　汽车门锁自动生产线

1.1.1　PLC 基础知识训练任务书

PLC 基础知识训练内容见表 1-2。

表 1-2　PLC 基础知识训练

<table>
<tr><td colspan="2" rowspan="3">XX 学院</td><td colspan="2" rowspan="3">基础知识训练任务书</td><td>文件编号</td><td></td></tr>
<tr><td>版　次</td><td></td></tr>
<tr><td colspan="2">共 4 页/第 1 页</td></tr>
<tr><td colspan="2">工序号：1</td><td colspan="2">工序名称：PLC 基础知识训练</td><td colspan="2">作 业 内 容</td></tr>
<tr><td colspan="4" rowspan="11">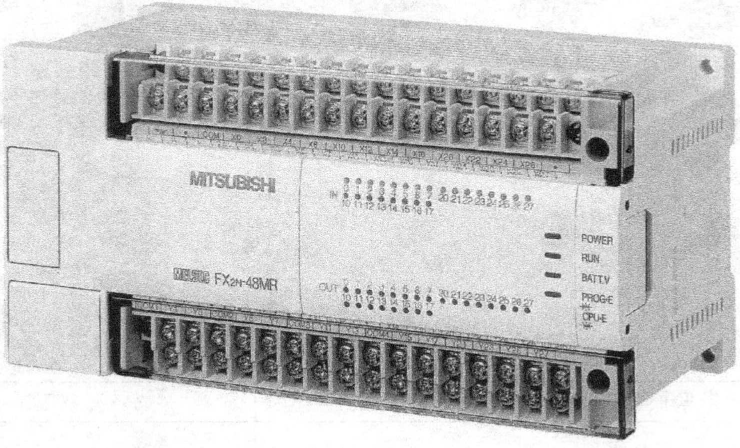

三菱 FX_{2N}-48MR</td><td>1</td><td>学习 PLC 的产生、发展和分类等基础知识</td></tr>
<tr><td>2</td><td>学习本系统的 PLC 基本使用方法</td></tr>
<tr><td>3</td><td>学习本系统 PLC 的编程方法</td></tr>
<tr><td>4</td><td>学习 PLC 的功能编程方法</td></tr>
<tr><td>5</td><td>学习 PLC 的联网控制方法</td></tr>
<tr><td colspan="2">使 用 工 具</td></tr>
<tr><td colspan="2">三菱 FX_{2N} PLC、安装 FX 编程软件的 PC 机、RS232 通信线</td></tr>
<tr><td colspan="2">※工艺要求(注意事项)</td></tr>
<tr><td>1</td><td>正确连接 PLC</td></tr>
<tr><td>2</td><td>编程过程中注意编程方法</td></tr>
<tr><td>3</td><td>联网控制注意设置正确</td></tr>
<tr><td>更改标记</td><td></td><td>编　制</td><td></td><td>批　准</td><td></td></tr>
<tr><td>更改人签名</td><td></td><td>审　核</td><td></td><td>生产日期</td><td></td></tr>
</table>

注：以企业任务书的形式下达学习任务，通过此表掌握本项目要完成的主要内容及注意事项。

1.1.2 气动基础知识训练任务书

气动基础知识训练见表 1-3。

表 1-3 气动基础知识训练

<table>
<tr><td rowspan="3" colspan="2">XX 学院</td><td rowspan="3" colspan="2">基础知识训练任务书</td><td colspan="2">文件编号</td><td></td></tr>
<tr><td colspan="2">版　次</td><td></td></tr>
<tr><td colspan="3">共 4 页/第 2 页</td></tr>
<tr><td colspan="2">工序号：2</td><td colspan="2">工序名称：气动基础知识训练</td><td colspan="3">作 业 内 容</td></tr>
<tr><td colspan="4" rowspan="12">
(a) 气源装置
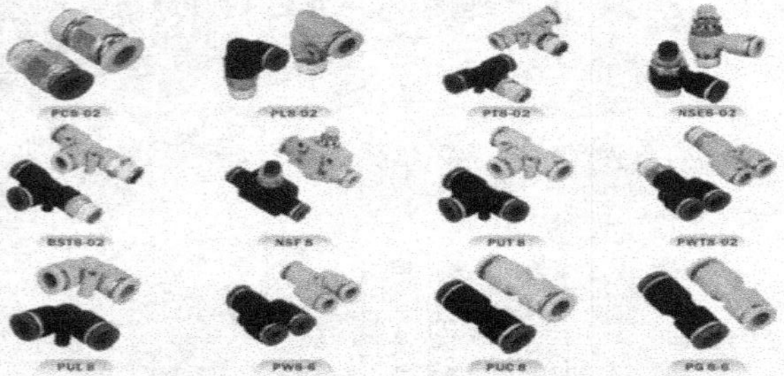
(c) 启动辅件

(b) 气动控制阀

(d) 气动执行元件</td><td>1</td><td colspan="2">了解气压传动技术</td></tr>
<tr><td>2</td><td colspan="2">气源装置的学习与应用</td></tr>
<tr><td>3</td><td colspan="2">气动辅件的学习与应用</td></tr>
<tr><td>4</td><td colspan="2">气动执行元件的学习与应用</td></tr>
<tr><td>5</td><td colspan="2">气动控制阀的学习与应用</td></tr>
<tr><td colspan="3">使 用 工 具</td></tr>
<tr><td colspan="3">空压机、气缸、内六角扳手、气管等</td></tr>
<tr><td colspan="3">※工艺要求(注意事项)</td></tr>
<tr><td>1</td><td colspan="2">气路的正确连接</td></tr>
<tr><td>2</td><td colspan="2">气缸的正确安装</td></tr>
<tr><td>3</td><td colspan="2">气阀的正确安装</td></tr>
<tr><td colspan="3"></td></tr>
<tr><td>更改标记</td><td></td><td>编　制</td><td></td><td colspan="2">批　　准</td><td></td></tr>
<tr><td>更改人签名</td><td></td><td>审　核</td><td></td><td colspan="2">生产日期</td><td></td></tr>
</table>

1.1.3　传感器基础知识训练任务书

传感器基础知识训练见表 1-4。

表 1-4　传感器基础知识训练

XX 学院	基础知识训练任务书	文件编号	
		版　　次	
		共 4 页/第 3 页	
工序号：3	工序名称：传感器基础知识训练	作 业 内 容	
 (a) 电容式传感器	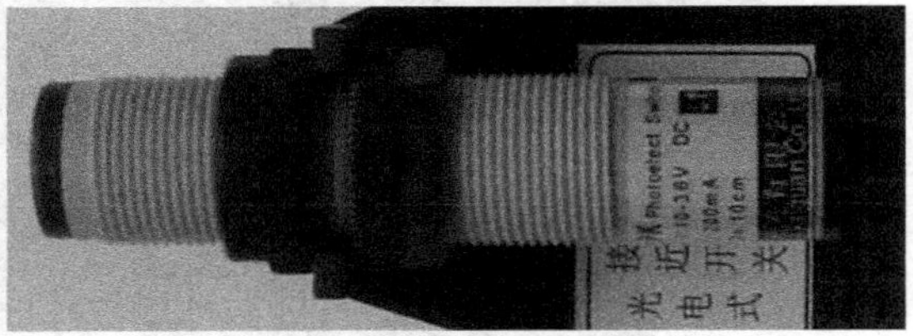 (b) 光电式传感器  (c) 电感式传感器  (d) 磁感应式传感器	了解传感器基本知识	
		电容式传感器的学习	
		电感式传感器的学习	
		光电式传感器的学习	
		磁感应式传感器的学习	
		使 用 工 具	
		传感器、十字螺丝刀	
		※工艺要求(注意事项)	
		传感器的正确连接	
		传感器的安装位置应当准确	
		固定要牢靠	
更改标记	编　制	批　　准	
更改人签名	审　核	生产日期	

1.1.4 模块化自动生产线系统介绍任务书

模块化自动生产线系统介绍见表 1-5。

表 1-5 模块化自动生产线系统介绍

<table>
<tr><td colspan="2" rowspan="3">XX 学院</td><td colspan="2" rowspan="3">基础知识训练任务书</td><td>文件编号</td><td></td></tr>
<tr><td>版　次</td><td></td></tr>
<tr><td colspan="2">共 4 页/第 4 页</td></tr>
<tr><td colspan="2">工序号：4</td><td colspan="2">工序名称：模块化自动生产线系统介绍</td><td colspan="2">作 业 内 容</td></tr>
<tr><td colspan="4" rowspan="9">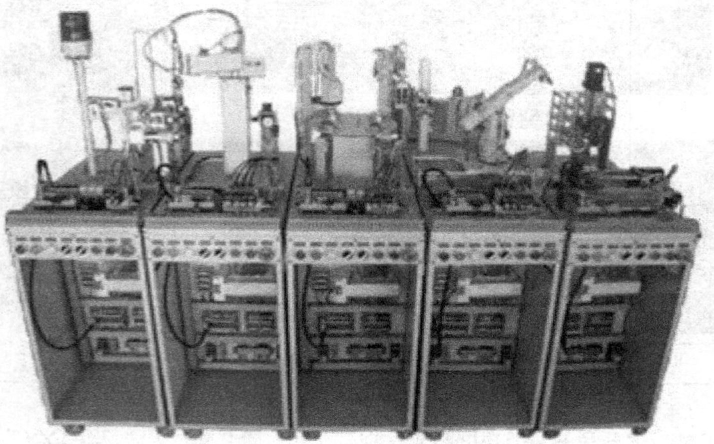
模块化自动生产线系统</td><td colspan="2">了解模块化自动生产线系统</td></tr>
<tr><td colspan="2">了解模块化自动生产线系统的组成</td></tr>
<tr><td colspan="2">了解模块化自动生产线系统的基本功能</td></tr>
<tr><td colspan="2">使 用 工 具</td></tr>
<tr><td colspan="2">内六角扳手、十字螺丝刀、一字螺丝刀(小号)</td></tr>
<tr><td colspan="2">※工艺要求(注意事项)</td></tr>
<tr><td colspan="2">形成生产线的基本概念</td></tr>
<tr><td colspan="2">注意各站的功能</td></tr>
<tr></tr>
<tr><td>更改标记</td><td></td><td>编　制</td><td></td><td>批　准</td><td></td></tr>
<tr><td>更改人签名</td><td></td><td>审　核</td><td></td><td>生产日期</td><td></td></tr>
</table>

1.2　项目准备

1.2.1　基础知识训练材料清单

基础知识训练材料清单详见表 1-6。

表 1-6　材料清单

序号	名称	数量	该元件功能	备注
1	三菱 FX_{2N}-48MR PLC	若干	PLC 编程	
2	安装有三菱 FX 编程软件的电脑	若干	PLC 编程	
3	数据线	若干	连接 PLC 与电脑	
4	气缸	若干	完成气动知识的理解	
5	传感器	若干	完成传感器知识的理解	
6	模块化自动生产线系统	一套	完成对自动生产线的理解	

1.2.2　基础知识训练流程图

基础知识训练流程详如图 1.2 所示。

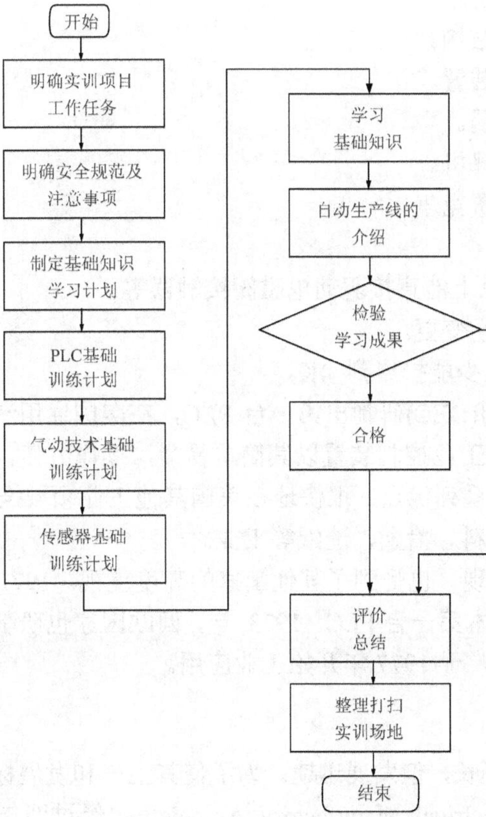

图 1.2　基础知识训练流程图

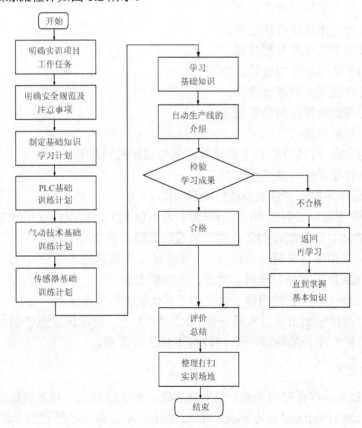

1.3 项目实施

1.3.1 PLC 基础知识训练

可编程控制器(Programmable Controller)是计算机家族中的一员，是为工业控制应用而设计制造的。早期的可编程控制器称作可编程逻辑控制器(Programmable Logic Controller)，简称 PLC，它主要用来代替继电器实现逻辑控制。随着技术的发展，这种装置的功能已经大大超过了逻辑控制的范围，因此，今天这种装置称作可编程控制器，简称 PC。但是为了避免与个人计算机(Personal Computer)的简称混淆，所以将可编程控制器简称 PLC。

1. PLC 的产生

在 20 世纪 60 年代，汽车生产流水线的自动控制系统基本上都是由继电器控制装置构成的。当时汽车的每一次改型都直接导致继电器控制装置的重新设计和安装。随着生产的发展，汽车型号更新的周期越来越短，这样，继电器控制装置就需要经常进行重新设计和安装，十分费时、费工、费料，甚至阻碍了更新周期的缩短。为了改变这一现状，美国通用汽车公司在 1969 年公开招标，要求用新的控制装置取代继电器控制装置，并提出了十项招标指标，即：

(1) 编程方便，现场可修改程序。

(2) 维修方便，采用模块化结构。

(3) 可靠性高于继电器控制装置。

(4) 体积小于继电器控制装置。

(5) 数据可直接送入管理计算机。

(6) 成本可与继电器控制装置竞争。

(7) 输入可以是交流 115V。

(8) 输出为交流 115V 2A 以上能直接驱动电磁阀接触器等。

(9) 在扩展时原系统只要很小变更。

(10) 用户程序存储器容量至少能扩展到 4K。

1969 年，美国数字设备公司(DEC)研制出第一台 PLC，在美国通用汽车自动装配线上试用，获得了成功。这种新型的工业控制装置以其简单易懂，操作方便，可靠性高，通用灵活，体积小，使用寿命长等一系列优点，很快地在美国其他工业领域推广应用。到 1971 年，已经成功地应用于食品、饮料、冶金、造纸等工业。

这一新型工业控制装置的出现，也受到了其他国家的高度重视。1971 日本从美国引进了这项新技术，很快研制出了日本第一台 PLC。1973 年，西欧国家也研制出它们的第一台 PLC。我国从 1974 年开始研制，于 1977 年开始工业应用。

2. PLC 的定义

PLC 问世以来，尽管时间不长，但发展迅速。为了使其生产和发展标准化，美国电气制造商协会 NEMA(National Electrical Manufactory Association)经过四年的调查工作，于 1984 年首先将其正式命名为 PC (Programmable Controller)，并给 PC 作了如下定义：“PC

是一个数字式的电子装置，它使用了可编程序的记忆体储存指令。用来执行诸如逻辑、顺序、计时、计数与演算等功能，并通过数字或类似的输入/输出模块，以控制各种机械或工作程序。一部数字电子计算机若是从事执行 PC 的功能，也被视为 PC，但不包括鼓式或类似机械式顺序控制器。”

以后国际电工委员会(IEC)又先后颁布了 PLC 标准的草案第一稿、第二稿，并在 1987 年 2 月通过了对它的定义：“可编程控制器是一种数字运算操作的电子系统，专为工业环境应用而设计的。它采用一类可编程的存储器，用于其内部存储程序，执行逻辑运算、顺序控制、定时、计数与算术操作等面向用户的指令，并通过数字或模拟式输入/输出控制各种类型的机械或生产过程。可编程控制器及其有关外部设备，都按易于与工业控制系统连成一个整体，易于扩充其功能的原则设计。”

总之，可编程控制器是一台计算机，它是专为工业环境应用而设计制造的计算机。它具有丰富的输入/输出接口，并且具有较强的驱动能力。但可编程控制器产品并不针对某一具体工业应用，在实际应用时，其硬件需根据实际需要进行选用配置，其软件需根据控制要求进行设计编制。

3. PLC 的主要特点及功能

1) PLC 的主要特点

(1) 高可靠性。

① 所有的 I/O 接口电路均采用光电隔离，使工业现场的外电路与 PLC 内部电路之间电气上隔离。

② 各输入端均采用 RC 滤波器，其滤波时间常数一般为 10～20ms。

③ 各模块均采用屏蔽措施，以防止辐射干扰。

④ 采用性能优良的开关电源。

⑤ 对采用的器件进行严格的筛选。

⑥ 良好的自诊断功能，一旦电源或其他软、硬件发生异常情况，CPU 立即采用有效措施，以防止故障扩大。

⑦ 大型 PLC 还可以采用由双 CPU 构成冗余系统或有三 CPU 构成表决系统，使可靠性更进一步提高。

(2) 丰富的 I/O 接口模块。PLC 针对不同的工业现场信号，如：交流或直流、开关量或模拟量、电压或电流、脉冲或电位、强电或弱电等。

有相应的 I/O 模块与工业现场的器件或设备，如：按钮、行程开关、接近开关、传感器及变送器、电磁线圈、控制阀。另外，为了提高操作性能，它还有多种人-机对话的接口模块；为了组成工业局部网络，它还有多种通信联网的接口模块等。

(3) 采用模块化结构。为了适应各种工业控制需要，除了单元式的小型 PLC 以外，绝大多数 PLC 均采用模块化结构。PLC 的各个部件包括 CPU、电源、I/O 等均采用模块化设计，由机架及电缆将各模块连接起来，系统的规模和功能可根据用户的需要自行组合。

(4) 编程简单易学。PLC 的编程大多采用类似于继电器控制线路的梯形图形式，对使用者来说不需要具备计算机的专门知识，很容易被一般工程技术人员所理解和掌握。

(5) 安装简单，维修方便。PLC 不需要专门的机房，可以在各种工业环境下直接运行。

使用时只需将现场的各种设备与PLC相应的I/O端相连接即可投入运行。各种模块上均有运行和故障指示装置，便于用户了解运行情况和查找故障。由于采用模块化结构，因此一旦某模块发生故障，用户可以通过更换模块的方法使系统迅速恢复运行。

2) PLC的功能

PLC 的功能主要有逻辑控制、定时控制、计数控制；步进(顺序)控制、PID 控制、数据控制——PLC 具有数据处理能力、通信和联网以及其他功能。

PLC还有许多特殊功能模块，适用于各种特殊控制的要求，如：定位控制模块，CRT模块。

4. PLC 的发展阶段

虽然PLC问世时间不长，但是随着微处理器的出现，大规模、超大规模集成电路技术的迅速发展和数据通信技术的不断进步，PLC也迅速发展，其发展过程大致可分三个阶段。

1) 早期的 PLC(20世纪60年代末～70年代中期)

早期的 PLC 一般称为可编程逻辑控制器。这时的 PLC 多少有点继电器控制装置的替代物的含义，其主要功能只是执行原来由继电器完成的顺序控制、定时等。它在硬件上以准计算机的形式出现，在 I/O 接口电路上做了改进以适应工业控制现场的要求。装置中的器件主要采用分立元件和中小规模集成电路，存储器采用磁芯存储器。另外还采取了一些措施，以提高其抗干扰的能力。在软件编程上，采用电气工程技术人员所熟悉的继电器控制线路的方式——梯形图。因此，早期的PLC的性能要优于继电器控制装置，其优点包括简单易懂、便于安装、体积小、能耗低、有故障指示、能重复使用等。其中PLC特有的编程语言——梯形图一直沿用至今。

2) 中期的 PLC(20世纪70年代中期～80年代中后期)

在20世纪70年代微处理器的出现使PLC发生了巨大的变化。美国、日本、德国等国家一些厂家先后开始采用微处理器作为PLC的中央处理单元(CPU)。

这样，使PLC的功能大大增强。在软件方面，除了保持其原有的逻辑运算、计时、计数等功能以外，还增加了算术运算、数据处理和传送、通信、自诊断等功能。在硬件方面，除了保持其原有的开关模块以外，还增加了模拟量模块、远程 I/O 模块、各种特殊功能模块。并扩大了存储器的容量，使各种逻辑线圈的数量增加，还提供了一定数量的数据寄存器，使PLC的应用范围得以扩大。

3) 近期的 PLC(20世纪80年代中后期至今)

进入20世纪80年代中、后期，由于超大规模集成电路技术的迅速发展，微处理器的市场价格大幅度下跌，使得各种类型的PLC所采用的微处理器的档次普遍提高。而且，为了进一步提高PLC的处理速度，各制造厂商还纷纷研制开发了专用逻辑处理芯片。这样使得PLC软、硬件功能发生了巨大变化。

5. PLC 的分类

1) 小型 PLC

小型PLC的I/O点数一般在128点以下，其特点是体积小、结构紧凑，整个硬件融为一体，除了开关量 I/O 以外，还可以连接模拟量 I/O 以及其他各种特殊功能模块。它能执行包括逻辑运算、计时、计数、算术运算、数据处理和传送、通信联网以及各种应用指令。

2) 中型 PLC

中型 PLC 采用模块化结构，其 I/O 点数一般在 256～1024 点之间。I/O 的处理方式除了采用一般 PLC 通用的扫描处理方式外，还能采用直接处理方式，即在扫描用户程序的过程中，直接读输入，刷新输出。它能连接各种特殊功能模块，通信联网功能更强，指令系统更丰富，内存容量更大，扫描速度更快。

3) 大型 PLC

一般 I/O 点数在 1024 点以上的称为大型 PLC。大型 PLC 的软、硬件功能极强。具有极强的自诊断功能。通信联网功能强，有各种通信联网的模块，可以构成三级通信网，实现工厂生产管理自动化。大型 PLC 还可以采用三个 CPU 构成表决式系统，使机器的可靠性更高。

6. PLC 的基本结构

PLC 实质是一种专用于工业控制的计算机，其硬件结构基本上与微型计算机相同，如图 1.3 所示。

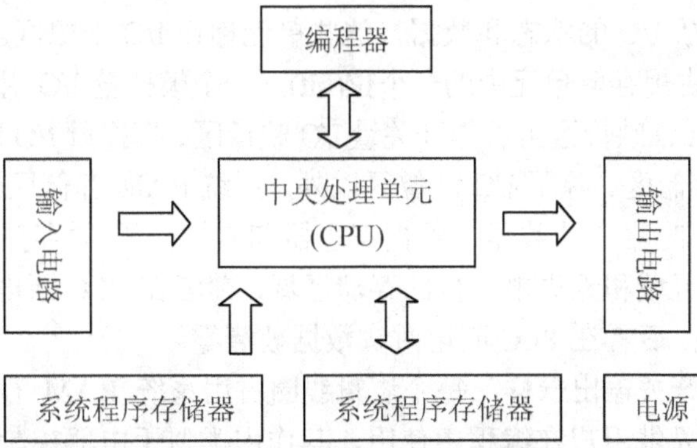

图 1.3　PLC 的硬件结构

1) 中央处理单元(CPU)

中央处理单元是 PLC 的控制中枢。它按照 PLC 系统程序赋予的功能接收并存储从编程器键入的用户程序和数据，检查电源、存储器、I/O 以及警戒定时器的状态，并能诊断用户程序中的语法错误。当 PLC 投入运行时，首先它以扫描的方式接收现场各输入装置的状态和数据，并分别存入 I/O 映像区，然后从用户程序存储器中逐条读取用户程序，经过命令解释后按指令的规定执行逻辑或算术运算的结果送入 I/O 映像区或数据寄存器内。等所有的用户程序执行完毕之后，最后将 I/O 映像区的各输出状态或输出寄存器内的数据传送到相应的输出装置，如此循环运行，直到停止运行。

为了进一步提高 PLC 的可靠性，近年来对大型 PLC 还采用双 CPU 构成冗余系统，或采用三个 CPU 的表决式系统。这样即使某个 CPU 出现故障，整个系统仍能正常运行。

2) 存储器

存放系统软件的存储器称为系统程序存储器。

存放应用软件的存储器称为用户程序存储器。

(1) PLC 常用的存储器类型。

①RAM(Random Assess Memory)。这是一种读/写存储器(随机存储器)，其存取速度最

快，由锂电池支持。

②EPROM(Erasable Programmable Read Only Memory)。这是一种可擦除的只读存储器，在断电情况下存储器内的所有内容保持不变(在紫外线连续照射下可擦除存储器内容)。

③EEPROM(Electrical Erasable Programmable Read Only Memory)。这是一种可擦除的只读存储器，使用编程器就能很容易地对其所存储的内容进行修改。

(2) PLC 存储空间的分配。虽然各种 PLC 的 CPU 的最大寻址空间各不相同，但是根据 PLC 的工作原理其存储空间一般包括以下三个区域。

①系统程序存储区。在系统程序存储区中存放着相当于计算机操作系统的系统程序。包括监控程序、管理程序、命令解释程序、功能子程序、系统诊断子程序等。由制造厂商将其固化在 EPROM 中，用户不能直接存取。它和硬件一起决定了该 PLC 的性能。

②系统 RAM 存储区。系统 RAM 存储区包括 I/O 映像区以及各类软设备，如：逻辑线圈、数据寄存器、计时器、计数器、变址寄存器、累加器等存储器。

a．I/O 映像区。由于 PLC 投入运行后，只是在输入采样阶段才依次读入各输入状态和数据，在输出刷新阶段才将输出的状态和数据送至相应的外设。因此，它需要一定数量的存储单元(RAM)以存放 I/O 的状态和数据，这些单元称作 I/O 映象区。

一个开关量 I/O 占用存储单元中的一个位(bit)，一个模拟量 I/O 用存储单元中的一个字(16 个 bit)。因此整个 I/O 映像区可看作开关量 I/O 映像区、模拟量 I/O 映像区两个部分组成。

b．系统软设备存储区。除了 I/O 映像区以外，系统 RAM 存储区还包括 PLC 内部各类软设备(逻辑线圈、计时器、计数器、数据寄存器和累加器等)的存储区。该存储区又分为具有失电保持的存储区域和无失电保持的存储区域，前者在 PLC 断电时，由内部的锂电池供电，数据不会遗失；后者在 PLC 断电时，数据被清零。

◇逻辑线圈。与开关输出一样，每个逻辑线圈占用系统 RAM 存储区中的一个位，但不能直接驱动外设，只供用户在编程中使用，其作用类似于电器控制线路中的继电器。另外，不同的 PLC 还提供数量不等的特殊逻辑线圈，具有不同的功能。

◇数据寄存器。与模拟量 I/O 一样， 每个数据寄存器占用系统 RAM 存储区中的一个字(16bits)。另外，PLC 还提供数量不等的特殊数据寄存器，具有不同的功能。

除此之外，还有计时器和计数器。

c．用户程序存储区。用户程序存储区存放用户编制的用户程序。不同类型的 PLC，其存储容量各不相同。

3) 电源

PLC 的电源在整个系统中起着十分重要的作用。如果没有一个良好的、可靠的电源系统是无法正常工作的，因此 PLC 的制造商对电源的设计和制造也十分重视。

一般交流电压波动在±10%(±15%)范围内，可以不采取其他措施而将 PLC 直接连接到交流电网上去。

7. PLC 的工作原理

最初研制生产的 PLC 主要用于代替传统的由继电器—接触器构成的控制装置，但这两者的运行方式是不相同的。

继电器控制装置采用硬逻辑并行运行的方式，即如果这个继电器的线圈通电或断电，该继电器所有的触点(包括其常开或常闭触点)在继电器控制线路的哪个位置上都会立即同时动作。

PLC 的 CPU 则采用顺序逻辑扫描用户程序的运行方式，即如果一个输出线圈或逻辑线圈被接通或断开，该线圈的所有触点(包括其常开或常闭触点)不会立即动作，必须等扫描到该触点时才会动作。

为了消除二者之间由于运行方式不同而造成的差异，考虑到继电器控制装置各类触点的动作时间一般在 100ms 以上，而 PLC 扫描用户程序的时间一般均小于 100ms，因此，PLC 采用了一种不同于一般微型计算机的运行方式——扫描技术。这样在对于 I/O 响应要求不高的场合，PLC 与继电器控制装置的处理结果上就没有什么区别了。

1) 扫描技术

当 PLC 投入运行后，其工作过程一般分为 3 个阶段，即输入采样、用户程序执行和输出刷新 3 个阶段。完成上述 3 个阶段称作一个扫描周期，如图 1.4 所示。在整个运行期间，PLC 的 CPU 以一定的扫描速度重复执行上述 3 个阶段。

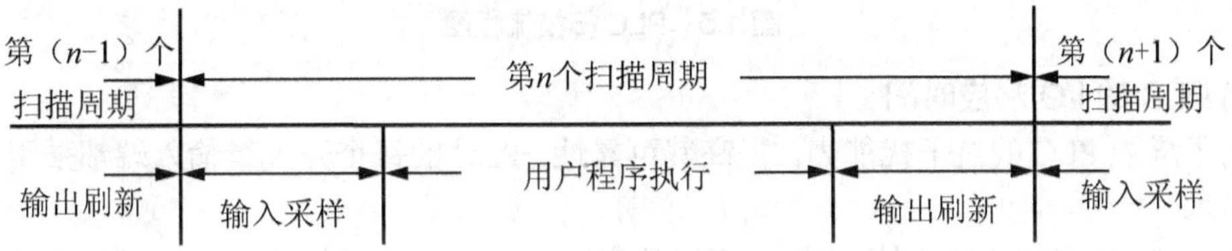

图 1.4　PLC 扫描过周期

(1) 输入采样阶段。在输入采样阶段，PLC 以扫描方式依次地读入所有输入状态和数据，并将它们存入 I/O 映像区中的相应单元内。输入采样结束后，转入用户程序执行和输出刷新阶段。在这两个阶段中， 即使输入状态和数据发生变化，I/O 映像区中相应单元的状态和数据也不会改变。

因此，如果输入的是脉冲信号，则该脉冲信号的宽度必须大于一个扫描周期，才能保证在任何情况下，该输入均能被读入。

(2) 用户程序执行阶段。在用户程序执行阶段，PLC 总是按由上而下的顺序依次扫描用户程序(梯形图)。在扫描每一条梯形图时，又总是先扫描梯形图左边的由各触点构成的控制线路，并按先左后右、先上后下的顺序对由触点构成的控制线路进行逻辑运算，然后根据逻辑运算的结果，刷新该逻辑线圈在系统 RAM 存储区中对应位的状态；或者刷新该输出线圈在 I/O 映像区中对应位的状态；或者确定是否要执行该梯形图所规定的特殊功能指令。

在用户程序执行过程中，只有输入点在 I/O 映像区内的状态和数据不会发生变化，而其他输出点和软设备在 I/O 映像区或系统 RAM 存储区内的状态和数据都有可能发生变化，而且排在上面的梯形图，其程序执行结果会对排在下面的所有用到这些线圈或数据的梯形图起作用；相反，排在下面的梯形图，其被刷新的逻辑线圈的状态或数据只能到下一个扫描周期才能对排在其上面的程序起作用。

(3) 输出刷新阶段。当扫描用户程序结束后，PLC 就进入输出刷新阶段。在此期间，CPU 按照 I/O 映像区内对应的状态和数据刷新所有的输出储存电路，再经输出电路驱动相应的外设。这时，才是 PLC 的真正输出。

一般来说，PLC 的扫描周期包括自诊断、通信等，如图 1.5 所示，即一个扫描周期等于自诊断、通信、输入采样、用户程序执行、输出刷新等所有时间的总和。

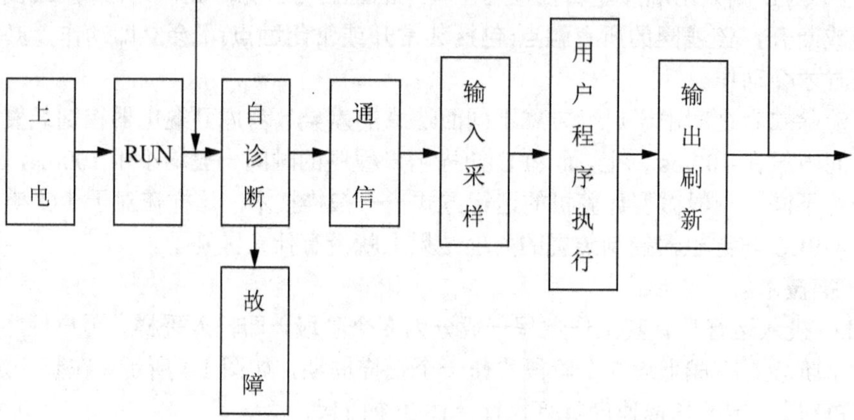

图 1.5　PLC 扫描流程图

2) PLC 的 I/O 响应时间

为了增强 PLC 的抗干扰能力，提高其可靠性，PLC 的每个开关量输入端都采用光电隔离等技术。

为了能实现继电器控制线路的硬逻辑并行控制，PLC 采用了不同于一般微型计算机的运行方式(扫描技术)。

以上两个主要原因，使得 PLC 的 I/O 响应比一般微型计算机构成的工业控制系统慢的多，其响应时间至少等于一个扫描周期，一般均大于一个扫描周期甚至更长。

所谓 I/O 响应时间指从 PLC 的某一输入信号变化开始到系统有关输出端信号的改变所需的时间。其最短的 I/O 响应时间与最长的 I/O 响应时间如图 1.6 和图 1.7 所示。

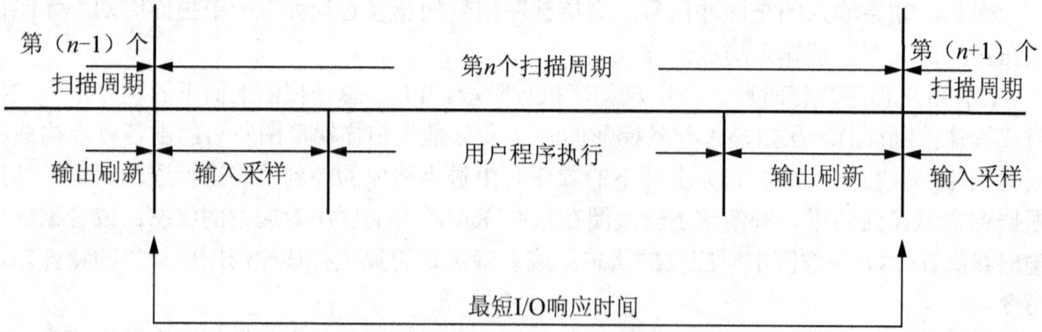

图 1.6　最短 I/O 响应时间

8. PLC 的 I/O 系统

PLC 的硬件结构主要分单元式和模块式两种。前者将 PLC 的主要部分(包括 I/O 系统和电源等)全部安装在一个机箱内。后者将 PLC 的主要硬件部分分别制成模块，然后由用户根据需要将所选用的模块插入 PLC 机架上的槽内，构成一个 PLC 系统。

不论采取哪一种硬件结构，都必须确立用于连接工业现场的各个输入/输出点与 PLC 的 I/O 映象区之间的对应关系，即给每一个输入/输出点以明确的地址确立这种对应关系所采用的方式称为I/O寻址方式。

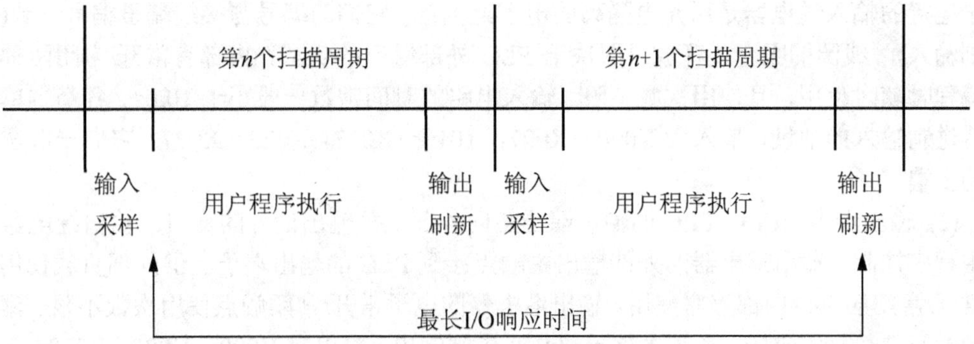

图 1.7　最长 I/O 响应时间

I/O 寻址方式有以下 3 种。

(1) 固定的 I/O 寻址方式。这种 I/O 寻址方式是由 PLC 制造厂家在设计、生产 PLC 时确定的，它的每一个输入/输出点都有一个明确的固定不变的地址。一般来说，单元式的 PLC 采用这种 I/O 寻址方式。

(2) 开关设定的 I/O 寻址方式。这种 I/O 寻址方式是由用户通过对机架和模块上的开关位置的设定来确定的。

(3) 用软件来设定的 I/O 寻址方式。这种 I/O 寻址方式是由用户通过软件来编制 I/O 地址分配表来确定的。

9. 三菱 FX 系列 PLC

1) 三菱 FX 系列 PLC 简介

三菱 FX 系列产品，它内部的编程元件，也就是支持该机型编程语言的软元件，按通俗叫法分别称为继电器、定时器、计数器等，但它们与真实元件有很大的差别，一般称它们为“软继电器”。这些编程用的继电器，它的工作线圈没有工作电压等级、功耗大小和电磁惯性等问题；触点没有数量限制、没有机械磨损和电蚀等问题。它在不同的指令操作下，其工作状态可以无记忆，也可以有记忆，还可以作脉冲数字元件使用。一般情况下，X 代表输入继电器，Y 代表输出继电器，M 代表辅助继电器，SPM 代表专用辅助继电器，T 代表定时器，C 代表计数器，S 代表状态继电器，D 代表数据寄存器，MOV 代表传输等。三菱 FX 系列 PLC 如图 1.8 所示。

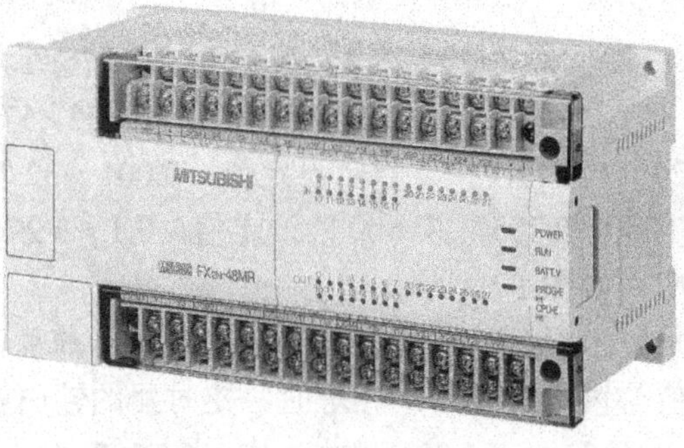

图 1.8　三菱 FX_{2N}-48MR PLC

(1) 输入继电器(X)。PLC 的输入端子是从外部开关接受信号的窗口，PLC 内部与输入端子连接的输入继电器是用光电隔离的电子继电器，它们的编号与接线端子编号一致(按八进制输入)，线圈的吸合或释放只取决于 PLC 外部触点的状态。内部有常开/常闭两种触点供编程时随时使用，且使用次数不限。输入电路的时间常数一般小于 10ms。各基本单元都是八进制输入的地址，输入为 X000～X007，X010～X017，X020～X027。它们一般位于机器的上端。

(2) 输出继电器(Y)。PLC 的输出端子是向外部负载输出信号的窗口。输出继电器的线圈由程序控制，输出继电器的外部输出主触点接到 PLC 的输出端子上供外部负载使用，其余常开/常闭触点供内部程序使用。输出继电器的电子常开/常闭触点使用次数不限。输出电路的时间常数是固定的。各基本单元都是八进制输出，输出为 Y000～Y007，Y010～Y017，Y020～Y027。它们一般位于机器的下端。

(3) 辅助继电器(M)。PLC 内有很多的辅助继电器，其线圈与输出继电器一样，由 PLC 内各软元件的触点驱动。辅助继电器也称中间继电器，它没有向外的任何联系，只供内部编程使用。它的电子常开/常闭触点使用次数不受限制。但是，这些触点不能直接驱动外部负载，外部负载的驱动必须通过输出继电器来实现。如图 1.9 中的 M300，它只起到一个自锁的功能。在 FX_{2N} 中普遍采用 M000～M499，共 500 点辅助继电器，其地址号按十进制编号。辅助继电器中还有一些特殊的辅助继电器，如掉电继电器、保持继电器等，在这里就不一一介绍了。

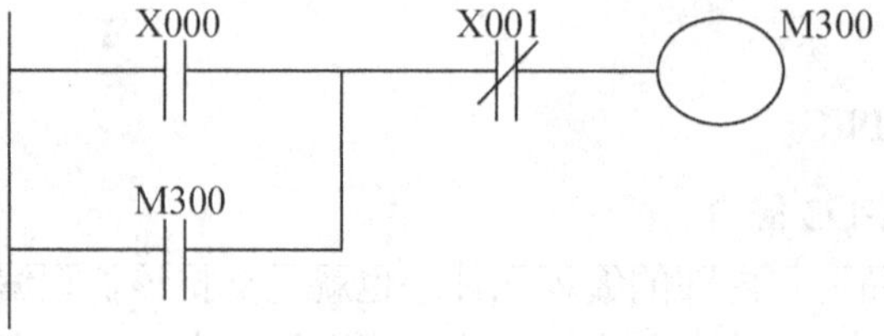

图 1.9　PLC 的辅助继电器的使用

(4) 定时器(T)。PLC 内的定时器是根据时钟脉冲的累积形式，当所计时间达到设定值时，其输出触点动作，时钟脉冲有 1ms、10ms、100ms。定时器可以用用户程序存储器内的常数 K 作为设定值，也可以用数据寄存器(D)的内容作为设定值。在后一种情况下，一般使用有掉电保护功能的数据寄存器。即使如此，若备用电池电压降低时，定时器或计数器往往会发生误动作。

定时器通道范围如下。

100ms 定时器 T0～T199，共 200 点，设定值：0.1～3 276.7s。

10ms 定时器 T200～TT245，共 46 点，设定值：0.01～327.67s。

1ms 积算定时器 T246～T249，共 4 点，设定值：0.001～32.767s。

100ms 积算定时器 T250～T255，共 6 点，设定值：0.1～3 276.7s。

定时器指令符号及应用如图 1.10 所示。

当定时器线圈 T200 的驱动输入 X000 接通时，T200 的当前值计数器对 10 ms 的时钟脉冲进行累积计数，当前值与设定值 K123 相等时，定时器的输出触点动作，即输出触点是在驱动线圈后的 1.23 s(10×123ms = 1.23s)时才动作，当 T200 触点吸合后，Y000 就有输出。

当驱动输入 X000 断开或发生停电时，定时器就复位，输出触点也复位。

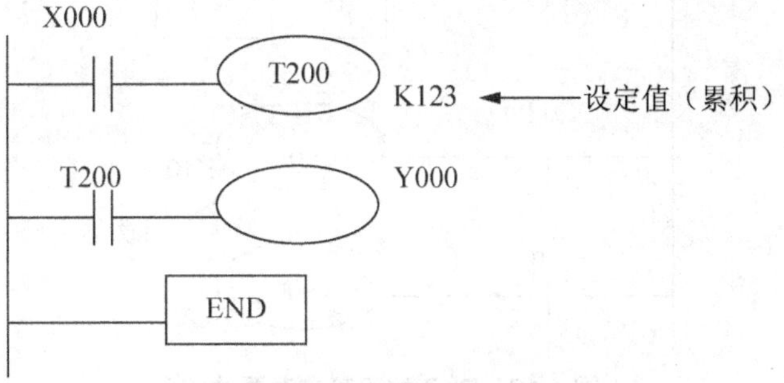

图 1.10　PLC 的定时器的使用

每个定时器只有一个输入，它与常规定时器一样，线圈通电时，开始计时；断电时，自动复位，不保存中间数值。定时器有两个数据寄存器，一个为设定值寄存器，另一个是现时值寄存器，编程时，由用户设定累积值。

如果是积算定时器，它的符号接线如图 1.11 所示.

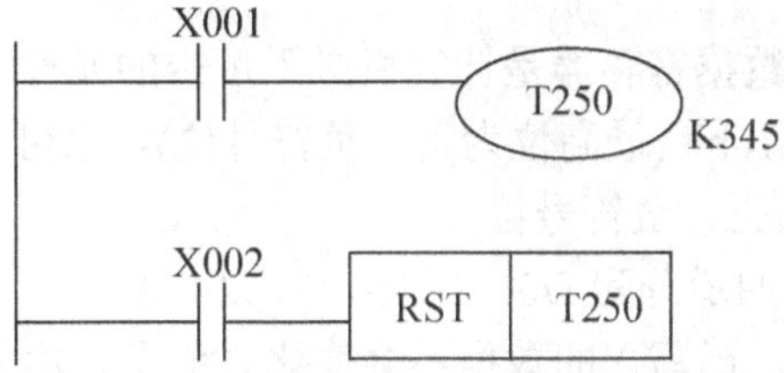

图 1.11　PLC 的积算定时器的使用

定时器线圈 T250 的驱动输入 X001 接通时，T250 的当前值计数器对 100ms 的时钟脉冲进行累积计数，当该值与设定值 K345 相等时，定时器的输出触点动作。在计数过程中，即使输入 X001 在接通或复电时，计数继续进行，其累积时间为 34.5s(100×345ms =34.5s)时触点动作。当复位输入 X002 接通，定时器就复位，输出触点也复位。

(5) 计数器(C)。FX_{2N} 中的 16 位增计数器，是 16 位二进制加法计数器，它是在计数信号的上升沿进行计数，它有两个输入，一个用于复位，一个用于计数。每一个计数脉冲上升沿使原来的数值减 1，当现时值减到零时停止计数，同时触点闭合。直到复位控制信号的上升沿输入时，触点才断开，设定值又写入，再次进入计数状态。

其设定值在 K1～K32767 范围内有效。

设定值 K0 与 K1 含义相同，即在第一次计数时，其输出触点就动作。

通用计数器的通道号：C0～C99，共 100 点。

保持用计数器的通道号：C100～C199，共 100 点。

通用与掉电保持用的计数器点数分配，可由参数设置而随意更改。

如图 1.12 所示，由计数输入 X011 每次驱动 C0 线圈时，计数器的当前值加 1。当第 10 次执行线圈指令时，计数器 C0 的输出触点即动作。之后即使计数器输入 X011 再动作，计数器的当前值保持不变。

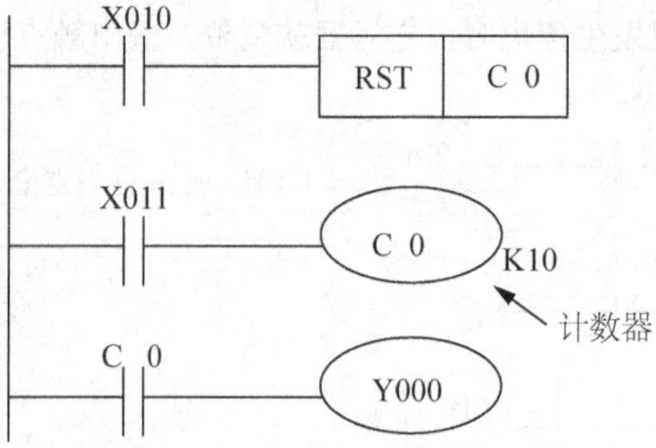

图 1.12　PLC 的积算定时器的使用

当复位输入 X010 接通(ON)时，执行 RST 指令，计数器的当前值为 0，输出接点也复位。

特别提示

计数器 C100～C199，即使发生停电，当前值与输出触点的动作状态或复位状态也能保持。

(6) 数据寄存器(D)。数据寄存器是计算机必不可少的元件，用于存放各种数据。FX_{2N}中每一个数据寄存器都是 16bit (最高位为正、负符号位)，也可用两个数据寄存器合并起来存储 32 bit 数据(最高位为正、负符号位)。

①通用数据寄存器 D 通道分配 D0～D199，共 200 点。

只要不写入其他数据，已写入的数据不会变化。但是，由 RUN→STOP 时，全部数据均清零(若特殊辅助继电器 M8033 已被驱动，则数据不被清零)。

②停电保持用寄存器通道分配 D200～D511，共 312 点，或 D200～D999，共 800 点(由机器的具体型号定)。

基本上同通用数据寄存器。除非改写，否则原有数据不会丢失，不论电源接通与否，PLC 运行与否，其内容也不变化。然而在两台 PLC 作点对点的通信时，D490～D509 被用作通信操作。

③文件寄存器通道分配 D1000～D2999，共 2 000 点。

文件寄存器是在用户程序存储器(RAM、EEPROM、EPROM)内的一个存储区，以 500 点为一个单位，最多可在参数设置时到 2000 点。用外部设备口进行写入操作。在 PLC 运行时，可用 BMOV 指令读到通用数据寄存器中，但是不能用指令将数据写入文件寄存器。

用 BMOV 将数据写入 RAM 后，再从 RAM 中读出。将数据写入 EEPROM 盒时，需要花费一定的时间，务必请注意。

④RAM 文件寄存器通道分配 D6000～D7999，共 2000 点。

驱动特殊辅助继电器 M8074，由于采用扫描被禁止，上述的数据寄存器可作为文件寄存器处理，用 BMOV 指令传送数据(写入或读出)。

⑤特殊用寄存器通道分配 D8000～D8255，共 256 点。

是写入特定目的的数据或已经写入数据寄存器，其内容在电源接通时，写入初始化值(一般先清零，然后由系统 ROM 来写入)。

2) FX_{2N} 系列的基本逻辑指令

基本逻辑指令是 PLC 中最基本的编程语言，掌握了它也就初步掌握了 PLC 的使用方法，各种型号 PLC 的基本逻辑指令都大同小异，现在针对 FX_{2N} 系列，逐条学习其指令的功能和使用方法。每条指令及其应用实例都以梯形图和语句表两种编程语言对照说明。

(1) 输入输出指令(LD/LDI/OUT)。下面把 LD/LDI/OUT 三条指令的功能、梯形图表示形式、操作元件以列表的形式加以说明，见表 1-7。

表 1-7　输入输出指令

符号	功能	梯形图表示	操作元件
LD(取)	常开触点与母线相连	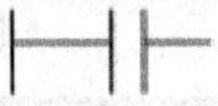	X，Y，M，T，C，S
LDI(取反)	常闭触点与母线相连	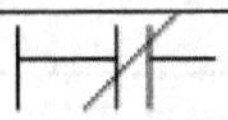	X，Y，M，T，C，S
OUT(输出)	线圈驱动	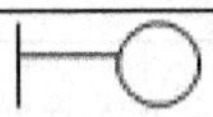	Y，M，T，C，S，F

LD 与 LDI 指令用于与母线相连的接点，此外还可用于分支电路的起点。

OUT 指令是线圈的驱动指令，可用于输出继电器、辅助继电器、定时器、计数器、状态寄存器等，但不能用于输入继电器。输出指令用于并行输出，能连续使用多次，如图 1.13 所示，指令表见表 1-8。

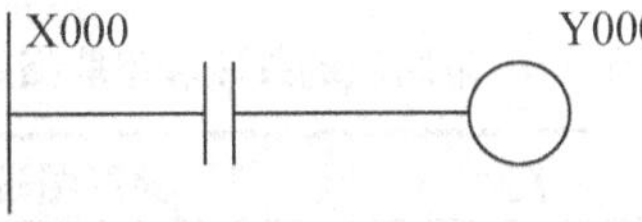

图 1.13　梯形图

表 1-8　指令表

地址	指令	数据
0000	LD	X000
0001	OUT	Y000

(2) 触点串联指令(AND/ANI)、并联指令(OR/ORI)。触点串联指令(AND/ANI)、并联指令(OR/ORI)见表 1-9。

表 1-9　触点串连指令与并联指令

符号(名称)	功　　能	梯形图表示	操作元件
AND(与)	常开触点串联连接	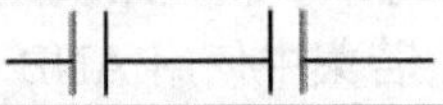	X，Y，M，T，C，S
ANI(与非)	常闭触点串联连接		X，Y，M，T，C，S
OR(或)	常开触点并联连接		X，Y，M，T，C，S
ORI (或非)	常闭触点并联连接	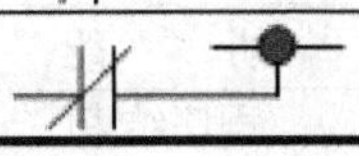	X，Y，M，T，C，S

AND、ANI 指令用于一个触点的串联，但串联触点的数量不限，这两个指令可连续使

用。梯形图如图 1.14 所示，指令表见表 1-10。

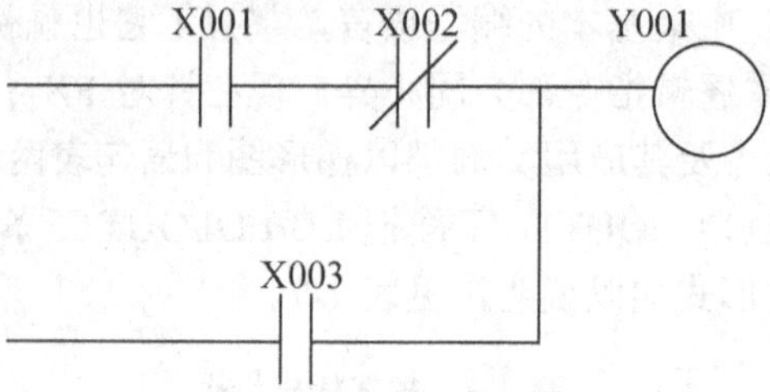

图 1.14　梯形图

表 1-10　指令表

地址	指令	数据
0000	LD	X001
0001	ANDI	X002
0002	OR	X003
0003	OUT	Y001

(3) 电路块的并联和串联指令(ORB、ANB)。电路块的并联和串联指令(ORB、ANB)见表 1-11。

表 1-11　电路块的并联和串联指令

符号(名称)	功　　能	梯形图表示	操作元件
ORB(块或)	电路块并联连接	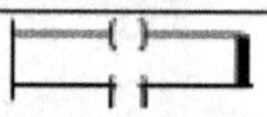	无
ANB(块与)	电路块串联连接		无

含有两个以上触点串联连接的电路称为“串联连接块”，串联电路块并联连接时，支路的起点以 LD 或 LDI 指令开始，而支路的终点要用 ORB 指令。ORB 指令是一种独立指令，其后不带操作元件号，因此，ORB 指令不表示触点，可以看成电路块之间的一段连接线。如需要将多个电路块并联连接，应在每个并联电路块之后使用一个 ORB 指令，用这种方法编程时并联电路块的个数没有限制；也可将所有要并联的电路块依次写出，然后在这些电路块的末尾集中写出 ORB 的指令，但这时 ORB 指令最多使用 7 次。

将分支电路(并联电路块)与前面的电路串联连接时使用 ANB 指令，各并联电路块的起点，使用 LD 或 LDNOT 指令。与 ORB 指令一样，ANB 指令也不带操作元件，如需要将多个电路块串联连接，应在每个串联电路块之后使用一个 ANB 指令，用这种方法编程时串联电路块的个数没有限制，若集中使用 ANB 指令，最多使用 7 次，如图 1.15 所示。

(4) 程序结束指令(END)。程序结束指令(END)见表 1-12。

表 1-12　程序结束指令

符号(名称)	功　　能	梯形图表示	操作元件
END(结束)	程序结束	—[END]	无

在程序结束处写上 END 指令，PLC 只执行第一步至 END 之间的程序，并立即输出处

理。若不写 END 指令，PLC 将以用户存储器的第一步执行到最后一步，因此，使用 END 指令可缩短扫描周期。另外，在调试程序时，可以将 END 指令插在各程序段之后，分段检查各程序段的动作，确认无误后，再依次删去插入的 END 指令。

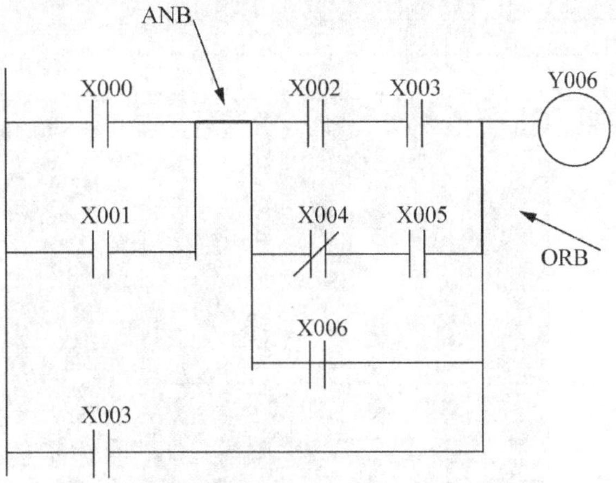

图 1.15　梯形图

它的一些指令，如置位复位、脉冲输出、清除、移位、主控触点、空操作、跳转指令等，可以参考一些课外书，在这里我们不详细介绍了。

3) 三菱 PLC 编程软件简介

目前应用于三菱公司 FX 系列 PLC 的常用编程软件有两种：SWOPC-FXGP/WIN-C 和 GX-Developer。三菱 SWOPC-FXGP/WIN-C 是一种简单易用的编程软件，是应用于 FX 系列 PLC 的中文编程软件；GX-Developer 是三菱公司设计的支持其公司旗下所有 PLC 的编程软件，功能强大；这两种软件都能在 Windows 环境下使用。

(1) 用 GX-Developer 编写梯形图。GX-Developer 软件使用起来灵活简单，将其安装在程序中，使用时只要进入程序，选中 MELSEC Applications → GX-Developer 。

打开工程，选中“新建”选项，出现如图 1.16 所示画面，先在 PLC 系列中选出所使用的程控器的 CPU 系列，如在实验中，选用的是 FX 系列，所以选 FXCPU，PLC 类型是指选机器的型号，实验用 FX_{2N} 系列，所以选中“FX2N(C)”选项，确定后出现如图 1.17 所示画面，在画面上清楚地看到，最左边是根母线，蓝色框表示现在可写入区域，上方有菜单，只要任意单击其中的元件，就可得到所要的线圈、触点等。

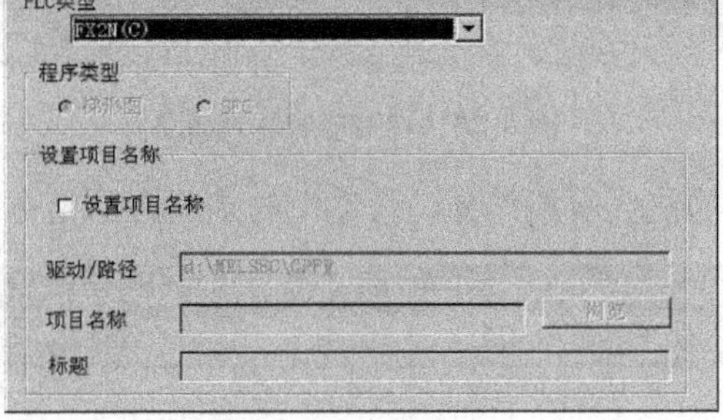

图 1.16　“建立新工程”对话框

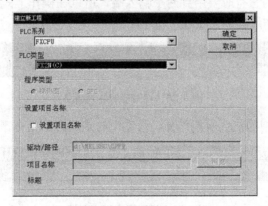

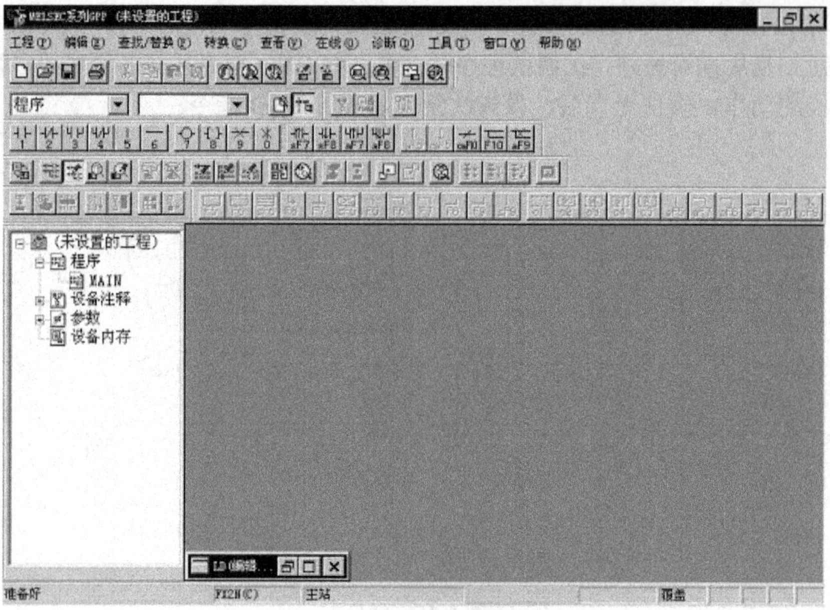

图 1.17 建立新工程后的界面

如要在某处输入 X000，只要把蓝色光标移动到需要写入的地方，然后在菜单上选中“┤├触点”选项，如图 1.18 所示。

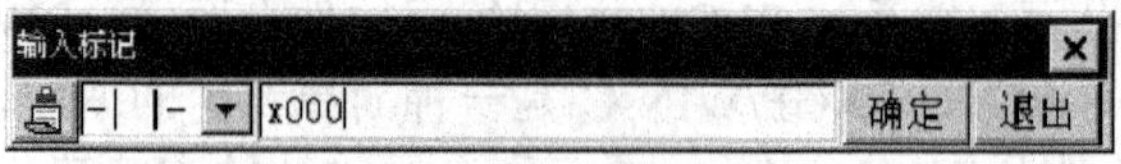

图 1.18 梯形图节点输入

再输入 X000，即可完成写入 X000。

如要输入一个定时器，先选中“线圈”选项，再输入一些数据，如图 1.19 所示。

图 1.19 梯形图线圈输入

对于计数器，因为它有时要用到两个输入端，所以在操作上既要输入线圈部分，又要输入复位部分，其操作过程如图 1.20 所示。

图 1.20 梯形图计数器输入

注意，在图 1.21 中的箭头所指部分，它选中的是“应用指令”选项，而不是线圈。

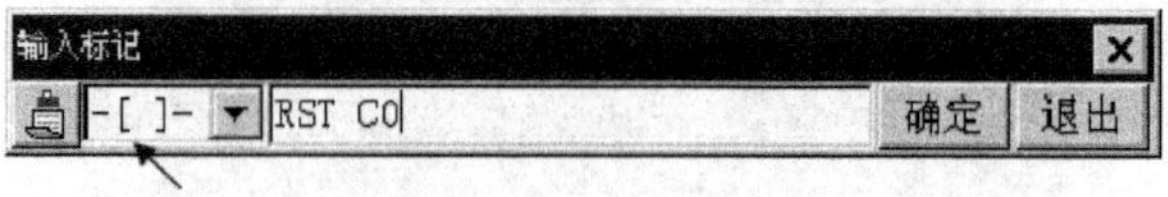

图 1.21 梯形图应用指令输入

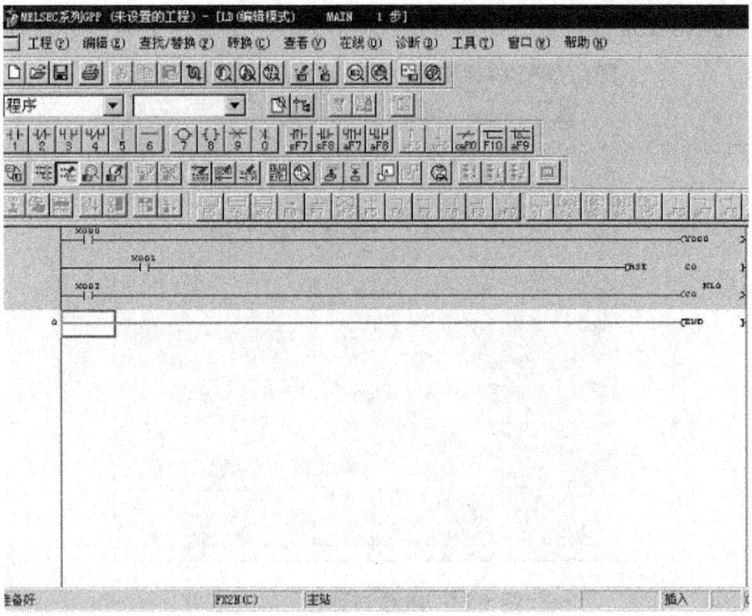

图 1.22　梯形图输入

通过图 1.22 的举例，就明白了，如果需要画梯形图中的其他一些线、输出触点、定时器、计时器、辅助继电器等，在菜单上都能方便地找到，再输入元件编号即可。还有其他的一些功能菜单，如果把光标指向菜单上的某处，在屏幕的左下角就会显示其功能，或者打开菜单上的“帮助”标签，可找到一些快捷键列表、特殊继电器/寄存器等信息，可自己边学习边练习。

(2) 传输、调试。当写完梯形图，最后写上 END 语句后，必须进行程序转换，转换功能键有两种，如图 1.23 箭头所指位置。

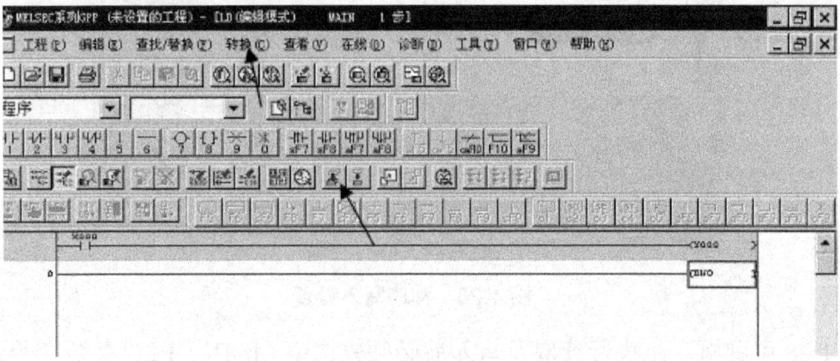

图 1.23　梯形图转换

在程序的转换过程中，如果程序有错，它会显示，也可通过菜单“工具”标签，查询程序的正确性。

只有当梯形图转换完毕后，才能进行程序的传送，传送前，必须将 FX_{2N} 面板上的开关拨向 STOP 状态，再打开“在线”菜单，进行传送设置，如图 1.24 所示。

根据图 1.24 所示，必须确定 PLC 与计算机的连接是通过 COM1 口还是 COM2 口，在实验中已统一将RS-232线连在了计算机的COM1口，在操作上只要进行设置选择。

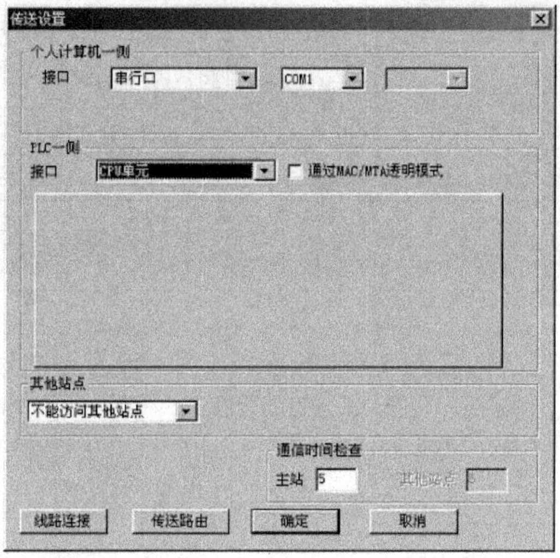

图 1.24　PLC与计算机的连接

写完梯形图后，在菜单上还是选择“在线”标签，选中“写入 PLC(W)”选项，就出现如图 1.25 所示画面。

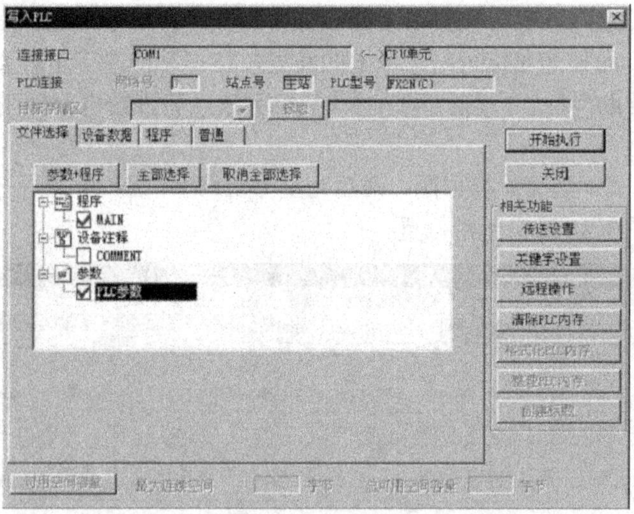

图 1.25　程序写入设置

从图 1.25 可看出，在执行读取及写入前必须先选中 MAIN、PLC 参数，否则，不能执行对程序的读取、写入，然后单击“开始执行”按钮即可。

1.3.2　气动基础知识训练

1. 气压传动概述

1) 气压传动的工作原理

气压传动简称气动，是指以压缩空气为工作介质来传递动力和控制信号，从而控制和驱动各种机械和设备，以实现生产过程机械化、自动化的一门技术。气压传动与液压传动的工作原理完全相同，都是以密封容积中的受压工作介质来传递运动和动力。它先将机械能转换成压力能，然后通过各种元件组成的控制回路来实现能量的调控，最终再将压力能转换成机械能，使执行机构实现预定的运动。

图 1.26 中，原动机驱动空气压缩机 1，空气压缩机将原动机的机械能转换为气体的压力能，元件 2 为后冷却器，元件 3 为除油器，元件 4 为干燥器，元件 5 为储气罐，它储存压缩空气并稳定压力。元件 6 为过滤器，元件 7 为调压器(减压器)，它用于将气体压力调节到气压传动装置所需的工作压力，并保持稳定。元件 8 为气压表，元件 9 为油雾器，用于将润滑油喷成雾状，悬浮于压缩空气内，使控制阀及气缸得到润滑。经过处理的压缩空气，经气压控制元件 10、11、12、14 和 15 控制进入气压执行元件 13，推动活塞带动负载工作。气压传动系统的能源装置一般都设在距控制、执行元件较远的空气压缩机站内，用管道输出给执行元件，而其他从动过滤器以后的部分一般都集中安装在气压传动工作机构附近，把各种控制元件按要求进行组合后构成气压传动回路。

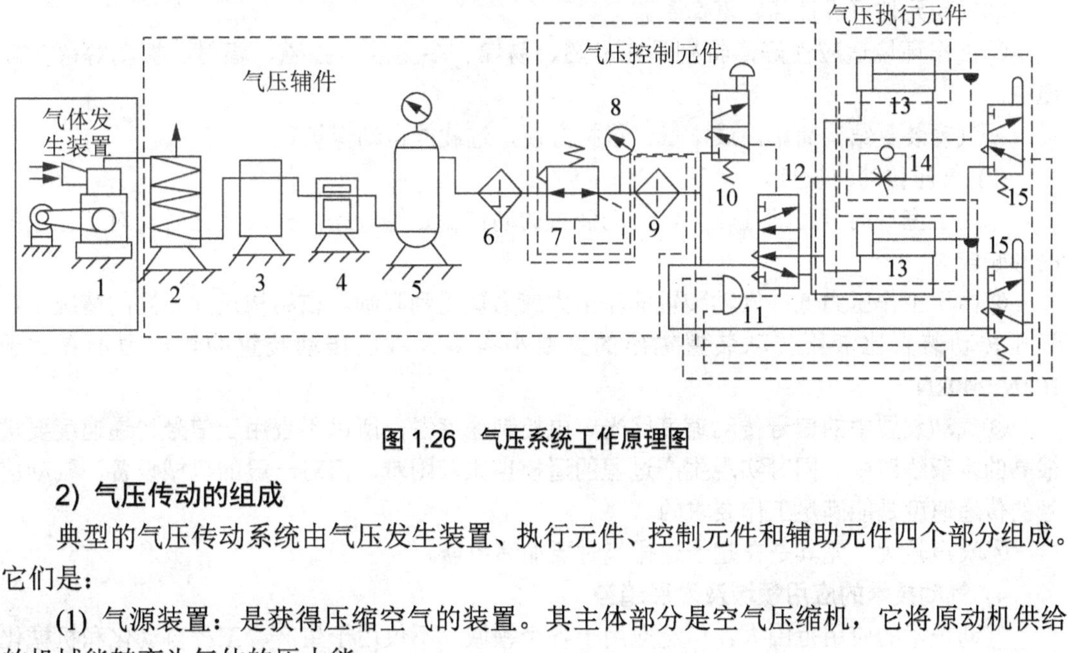

图 1.26　气压系统工作原理图

2) 气压传动的组成

典型的气压传动系统由气压发生装置、执行元件、控制元件和辅助元件四个部分组成。它们是：

(1) 气源装置：是获得压缩空气的装置。其主体部分是空气压缩机，它将原动机供给的机械能转变为气体的压力能。

(2) 控制元件：是用来控制压缩空气的压力、流量和流动方向的，以便使执行机构完成预定的工作循环，它包括各种压力控制阀、流量控制阀和方向控制阀等。

(3) 执行元件：是将气体的压力能转换成机械能的一种能量转换装置。它包括实现直线往复运动的气缸和实现连续回转运动或摆动的气马达或摆动马达等。

(4) 辅助元件：是保证压缩空气的净化、元件的润滑、元件间的连接及消声等所必需的，它包括过滤器、油雾器、管接头及消声器等。

3) 气压传动的优缺点

气动技术在国外发展很快，在国内也被广泛应用于机械、电子、轻工、纺织、食品、医药、包装、冶金、石化、航空、交通运输等各个工业部门。气动机械手、组合机床、加工中心、生产自动线、自动检测和实验装置等已大量涌现，它们在提高生产效率、自动化程度、产品质量、工作可靠性和实现特殊工艺等方面显示出极大的优越性。这主要是因为气压传动与机械、电气、液压传动相比有以下特点。

(1) 气压传动的优点。

①工作介质是空气，取之不尽、用之不竭。气体不易堵塞流动通道，用后可将其随时排入大气中，不污染环境。

②空气的特性受温度影响小。在高温下能可靠地工作，不会发生燃烧或爆炸。且温度变化时，对空气的粘度影响极小，故不会影响传动性能。

③空气的粘度很小(约为液压油的万分之一)，所以流动阻力小，在管道中流动的压力损失较小，所以便于集中供应和远距离输送。

④相对液压传动而言，气动动作迅速、反应快，一般只需 0.02s～0.3s 就可达到工作压力和速度。

⑤气体压力具有较强的自保持能力，即使压缩机停机，关闭气阀，但装置中仍然可以维持一个稳定的压力。

⑥气动元件可靠性高、寿命长。

⑦工作环境适应性好，特别是在易燃、易爆、多尘埃、强磁、辐射、振动等恶劣环境中。

⑧气动装置结构简单，成本低，维护方便，过载能自动保护。

(2) 气压传动的缺点。

①由于空气的可压缩性较大，气动装置的动作稳定性较差，外载变化时，对工作速度的影响较大。

②由于工作压力低，气动装置的输出力或力矩受到限制。在结构尺寸相同的情况下，气压传动装置比液压传动装置输出的力要小得多。气压传动装置的输出力不宜大于10kN～40kN。

③气动装置中的信号传动速度比光、电控制速度慢，所以不宜用于信号传递速度要求很高的复杂线路中。同时实现生产过程的遥控也比较困难，但对一般的机械设备，气动信号的传递速度是能满足工作要求的。

④噪声较大，尤其是在超音速排气时要加消声器。

4) 气动技术的应用领域及发展趋势

气动技术的应用范围大，广泛应用于各个领域，不仅用于生产、工程自动化和机械化中，还渗透到医疗保健和日常生活中。气动系统具有防火、防爆等特点，可应用于矿山、石油、天然气、煤气等设备。还因其耐高温，适用于火力发电设备、焊接夹紧装置等。同时，它容易净化，可用于半导体制造、纯水处理、医药、香烟制造等设备。气动系统的高速工作性能在冲床、压机、压铸机械、注塑机等设备中得到了广泛的应用，还用于工件的装配生产线、包装机械、印刷机械、工程机械、木工机械和金属切削机床和纺织设备等。

随着生产自动化程度的不断提高，气动技术应用面迅速扩大、气动产品品种规格持续增多，性能、质量不断提高，市场销售产值稳步增长。气动产品的发展趋势主要在下述方面。

(1) 小型化、集成化。有限的空间要求气动元件的外形尺寸尽量小，小型化是主要发展趋势。气阀的集成化不仅仅将几只阀合装，还包含了传感器、可编程序控制器等功能。集成化的目的不单是节省空间，还有利于安装、维修和提高工作的可靠性。

(2) 组合化、智能化。最简单的元件组合是带阀、带开关气缸。在物料搬运中，已使用了气缸、摆动气缸、气动夹头和真空吸盘的组合体；还有一种移动小件物品的组合体，是将带导向器的两只气缸分别按 X 轴和 Y 轴组合而成，还配有电磁阀、程控器，结构紧凑，占用空间小，行程可调。

日本精器(株)开发的智能阀带有传感器和逻辑回路，是气动和光电技术的结合。不需外部执行器，可直接读取传感器的信号，并由逻辑回路判断以决定智能阀和后续执行元件的工作。开发功能模块已有十多年历史，现在正在不断地完善。这些通用化的模块可以进行多种方案的组合，以实现不同的机械功能，经济、实用、方便。

(3) 精密化。为了使气缸的定位更精确，使用传感器、比例阀等实现了反馈控制，定位精度达 0.01mm。

在气缸精密方面还开发了 0.3mm/s 低速气缸和 0.01N 微小载荷气缸。

在气源处理中，过滤精度 0.01mm,过滤效率为 99.9999%的过滤器和灵敏度 0.001MPa 的减压阀已开发出来。

(4) 高速化。为了提高生产率，自动化的节拍正在加快，高速化是必然趋势。

目前气缸的活塞速度范围为 50mm/s～750mm/s。要求气缸的活塞速度提高到 5m/s，最高达 10m/s。据调查，五年后，速度 2m/s～5m/s 的气缸需求量将增加 2.5 倍，5m/s 以上的气缸需求量将增加 3 倍。与此相应，阀的响应速度将加快，要求由现在的 1/100 秒级提高到 1/1000 秒级。

(5) 无油、无味、无菌化。人类对环境的要求越来越高，因此无油润滑的气动元件将普及化。还有些特殊行业，如食品、饮料、制药、电子等，对空气的要求更为严格，除无油外，还要求无味、无菌等，这类特殊要求的过滤器将被不断开发。

(6) 高寿命、高可靠性和自诊断功能。气动元件大多用于自动生产线上，元件的故障往往会影响全线的运行，生产线的突然停止，造成的损失严重，为此，对气动元件的工作可靠性提出了高要求。江苏某化纤公司要求供应的气动元件在设定寿命内绝对可靠，到期不管能否继续使用，全部更换。这里又提出了各类元件寿命的平衡问题，即所谓等寿命设计。有时为了保证工作可靠，不得不牺牲寿命指标，因此，气动系统的自诊断功能提到了议事日程上，附加预测寿命等自诊断功能的元件和系统正在开发之中。

随着机械装置的多功能化，接线数量越来越多，不仅增加了安装、维修的工作量，也容易出现故障，影响工作可靠性，因此配线系统的改进也为气动元件和系统设计人员所重视。

(7) 节能、低功耗。节能是企业永久的课题，气动元件的低功耗不仅仅为了节能，更主要的是能与微电子技术相结合。

(8) 机电一体化。为了精确达到预先设定的控制目标(如开关、速度、输出力、位置等)，应采用闭路反馈控制方式。气-电信号之间转换，成了实现闭路控制的关键，比例控制阀可成为这种转换的接口。在今后相当长的时期内开发各种形式的比例控制阀和电-气比例/伺服系统，并且使其性能好、工作可靠、价格便宜是气动技术发展的一个重大课题。

现在比例/伺服系统的应用例子已不少，如气缸的精确定位；用于车辆的悬挂系统以实现良好的减振性能；缆车转弯时自动倾斜装置；服侍病人的机器人等。如何让以上实例更实用、更经济还有待技术的进一步完善。

(9) 满足某些行业的特殊要求。在激烈的市场竞争中，为某些行业的特定要求开发专用的气动元件是开拓市场的一个重要方面，各厂家都十分关注。国内气动行业近期开发的如铝业专用气缸(耐高温、自锁)，铁路专用气缸(抗震、高可靠性)，铁轨润滑专用气阀(抗低温、自过滤能力)，环保型汽车燃气系统(多介质、性能优良)等。

(10) 应用新技术、新工艺、新材料。型材挤压、铸件浸渗和模块拼装等技术十多年前在国内已广泛应用；压铸新技术(液压抽芯、真空压铸等)、去毛刺新工艺(爆炸法、电解法等)已在国内逐步推广；压电技术、总线技术，新型软磁材料、透析滤膜等正在被应用；超精加工、纳米技术也将被移植。

(11) 标准化。贯彻标准，尤其是 ISO 国际标准是企业必须遵循的准则。它有两个方面工作要做：第一是气动产品应贯彻与气动有关的现行标准，如术语、技术参数、试验方法、安装尺寸和安全指标等。第二是企业要建立标准规定的保证体系，现有 3 个：质量(ISO9000)、环保(ISO14000)和安全(ISO18000)。标准在不断增添和修订，企业及其产品也将随之持续发展和更新，只有这样才能推动气动技术稳步发展。

(12) 安全性。产品开发和系统设计切实考虑安全指标是气动技术发展的总趋势。对国内企业而言，由于过去的行业标准忽视了安全问题，有必要对已投入市场的产品重新考核和修正。

2. 气动元件

1) 气源装置

气源装置主要指空气压缩站内的装置，包括空气压缩机(简称空压机)、后冷却器、储气罐等，如图 1.27 所示。

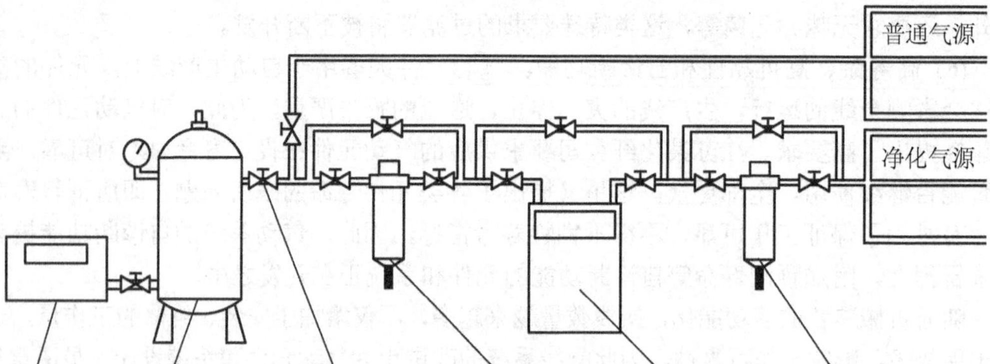

图 1.27 典型的气源及空气净化处理系统

1—空压机；2—储气罐；3—阀门；4—主管过滤器(Ⅰ)；5—干燥剂；6—主管过滤器(Ⅱ)

(1) 空气压缩机。空气压缩机是气源装置中的主体，它是将原动机(通常是电动机)的机械能转换成气体压力能的装置，是压缩空气的气压发生装置。

空气压缩机的种类很多，按工作原理可分为容积式压缩机、速度式压缩机。容积式压缩机的工作原理是压缩气体的体积，使单位体积内气体分子的密度增加以提高压缩空气的压力；速度式压缩机的工作原理是提高气体分子的运动速度，使气体分子具有的动能转化为气体的压力能，从而提高压缩空气的压力。

空气压缩机在使用过程中的保养与维护应注意：

① 按图 1.27 维修及更换各部件时必须确定：空压机系统内的压力都已释放，与其他压力源已隔开，主电路上的开关已经断开，且已做好不准合闸的安全标识。

② 压缩机冷却润滑油的更换时间取决于使用环境、湿度、尘埃和空气中是否有酸碱性气体。新购置的空压机首次运行 500 小时须更换新油，以后按正常换油周期每 4000 小时更换一次，年运行不足 4000 小时的机器应每年更换一次。

③ 油过滤器在第一次开机运行 300～500 小时必须更换，第二次在使用 2000 小时更换，以后则按正常时间每 2000 小时更换。

④ 维修及更换空气过滤器或进气阀时切记防止任何杂物落入压缩机主机腔内。操作时将主机入口封闭，操作完毕后，要用手按主机转动方向旋转数圈，确定无任何阻碍，才能开机。

⑤ 在机器每运行 2000 小时左右须检查皮带的松紧度，如果皮带偏松，须调整，直至皮带张紧为止；为了保护皮带，在整个过程中需防止皮带因受油浸染而报废。

⑥ 每次换油时，须同时更换油过滤器。

⑦ 更换部件尽量采用原装公司部件，否则易出现不匹配的问题。

(2) 储气罐。储气罐是指专门用来储存气体的设备，根据储气罐的承受压力不同可以分为高压储气罐、低压储气罐、常压储气罐。

储气罐的作用：

①起稳定系统压力的作用。

②减缓空压机排出气流脉动。

③储存一定量的压缩空气，停电时可以使系统继续维持一定时间。

④从压缩空气中分出油、水的作用。

储气罐使用过程中应当注意：储气罐属于压力容器，应当按照压力容器的有关规定，必须具有产品耐压合格证书。

储气罐上必须要安装以下器件：

①安全阀：当罐体内的压力超过允许值时，可自动排除压缩空气。

②压力表：显示罐体内的压力。

③压力开关：用储气罐内的压力来控制电机，它设置一个最高压和一个最低压，达到最高压电机停止，小于最低压电机启动。

④电机：为罐体内的气体加压提供动力。

⑤单向阀：让压缩空气从压缩机进入气罐，当压缩机停止时，阻止压缩空气反向流出。

⑥排水阀：设置在系统最低处，用于排除凝结在储气罐内的水。

2) 气动执行元件

将气体压力能转换成机械能以实现往复运动或回转运动的执行元件。实现直线往复运动的气动执行元件称为气缸，实现在一定角度范围内摆动的称为摆动气缸、气爪，连续回转运动的称为气动马达。

(1) 气缸。普通气缸是指缸筒内只有一个活塞和一个活塞杆的气缸。有单作用和双作用气缸两种。

① 双作用气缸动作原理：如图 1.28 所示为普通型单活塞杆双作用气缸的结构原理。

双作用气缸一般由缸筒、前缸盖、后缸盖、活塞、活塞杆、密封件和紧固件等零件组成，缸筒与前后缸盖之间由四根螺杆将其紧固锁定。缸内有与活塞杆相连的活塞，活塞上装有活塞密封圈。为防止漏气和外部灰尘的侵入，前缸盖上装有活塞杆、密封圈和防尘密封圈。这种双作用气缸被活塞分成两个腔室：有杆腔(简称头腔或前腔)和无杆腔(简称尾腔或后腔)。有活塞杆的腔室称为有杆腔，无活塞杆的腔室称为无杆腔。

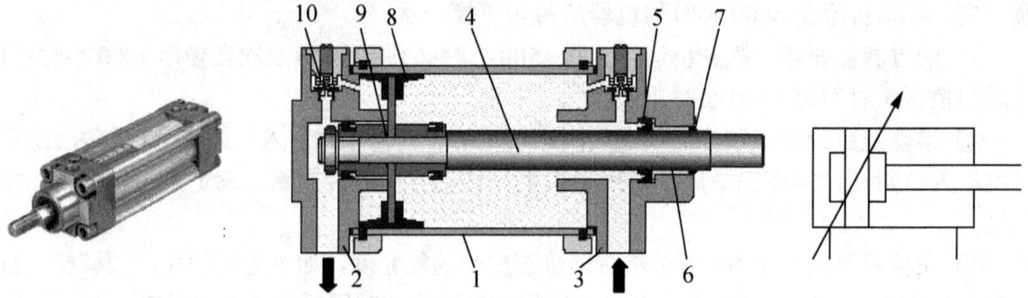

(a)外观　　(b)结构　　(c)职能符号

图 1.28　普通型单杆双作用气缸结构及符号

1—缸筒；2—后缸盖；3—前缸盖；4—活塞杆；5—防尘密封圈；
6—导向套；7—密封圈；8—活塞；9—缓冲柱塞；10—缓冲节流阀

从无杆腔端的气口输入压缩空气时，若气压作用在活塞左端面上的力克服了运动摩擦力、负载等各种反作用力，则当活塞前进时，有杆腔内的空气经该端气口排出，使活塞杆伸出。同样，当有杆腔端气口输入压缩空气时，活塞杆缩回至初始位置。通过无杆腔和有杆腔交替进气和排气，活塞杆伸出和缩回，气缸实现往复直线运动。

气缸缸盖上未设置缓冲装置的气缸称为无缓冲气缸，缸盖上设置缓冲装置的气缸称为缓冲气缸。如图 1.28 所示的气缸为缓冲气缸，缓冲装置由缓冲节流阀、缓冲柱塞和缓冲密封圈等组成。当气缸行程接近终端时，由于缓冲装置的作用，可以防止高速运动的活塞撞击缸盖的现象发生。

② 单杆单作用普通气缸原理：如图 1.29 所示为普通型单杆单作用气缸结构原理。单作用气缸在缸盖一端气口输入压缩空气使活塞杆伸出(或缩回)，而另一端靠弹簧力、自重或其他外力等使活塞杆恢复到初始位置。 单作用气缸只在动作方向需要压缩空气，故可节约一半压缩空气。主要用在夹紧、退料、阻挡、压入、举起和进给等操作上。

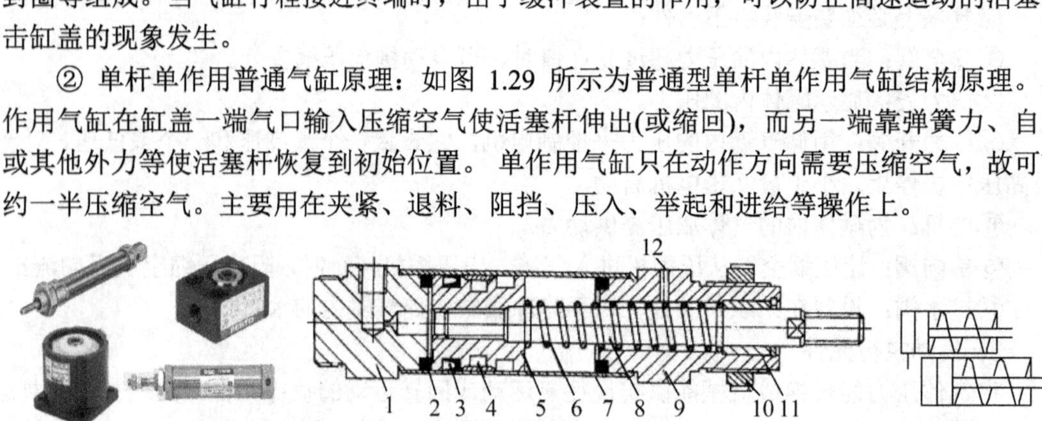

(a)外观　　(b)结构　　(c)职能符号

图 1.29　普通型单杆单作用气缸结构及符号

1—后缸盖；2—橡胶缓冲垫；3—活塞密封圈；4—导向环；5—活塞；6—弹簧；
7—缸筒；8—活塞杆；9—前缸盖；10—缓冲节流阀；11—导向套；12—呼吸孔

根据复位弹簧位置将作用气缸分为预缩型气缸和预伸型气缸。 当弹簧装在有杆腔内时，由于弹簧的作用力而使气缸活塞杆初始位置处于缩回位置，我们将这种气缸称为预缩型单作用气缸；当弹簧装在无杆腔内时，气缸活塞杆初始位置为伸出位置的称为预伸型气缸。

③ 无杆气缸：无杆气缸没有普通气缸的刚性活塞杆，它利用活塞直接或间接地实现往复运动。行程为 L 的有活塞杆气缸，沿行程方向的实际占有安装空间约为 $2.2L$。没有活塞杆，则占有安装空间仅为 $1.2L$，且行程缸径比可达 50mm～100mm。没有活塞杆，还能避免由于活塞杆及杆密封圈的损伤而带来的故障。而且，由于没有活塞杆，活塞两侧受压面积相等，双向行程具有同样的推力，有利于提高定位精度。

这种气缸的最大优点是节省了安装空间，特别适用于小缸径、长行程的场合。无杆气缸现已广泛用于数控机床、注塑机等的开门装置上及多功能坐标机器手的位移和自动输送线上工件的传送等。

无杆气缸主要分机械接触式和磁性耦合式两种，而将磁性耦合无杆气缸称为磁性气缸。

如图 1.30 所示为机械接触式无杆气缸。在拉制而成的不等壁厚的铝制缸筒上开有管状沟槽缝，为保证开槽处的密封，设有内外侧密封带。内侧密封带靠气压力将其压在缸筒内壁上，起密封作用。外侧密封带起防尘作用。活塞轭穿过长开槽，把活塞和滑块连成一体。活塞轭又将内、外侧密封带分开，内侧密封带穿过活塞轭，外侧密封带穿过活塞轭与滑块之间，而内、外侧密封带未被活塞轭分开处相互夹持在缸筒开槽上，以保持槽被密封。内、外侧密封带两端都固定在气缸缸盖上。与普通气缸一样，两端缸盖上带有气缓冲装置。

在压缩空气作用下，活塞-滑块机械组合装置可以做往复运动。这种无杆气缸通过活塞-滑块机械组合装置传递气缸输出力，缸体上管状沟槽可以防止其扭转。图 1.30(a)为德国气动元件制造商 FESTO 的 DGP 型无杆缸的外观。

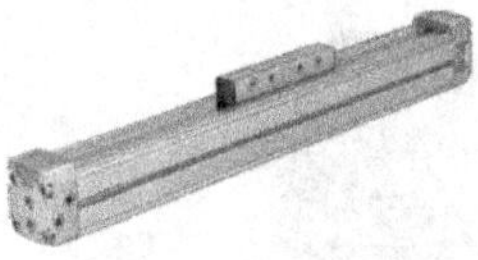

(a)外观

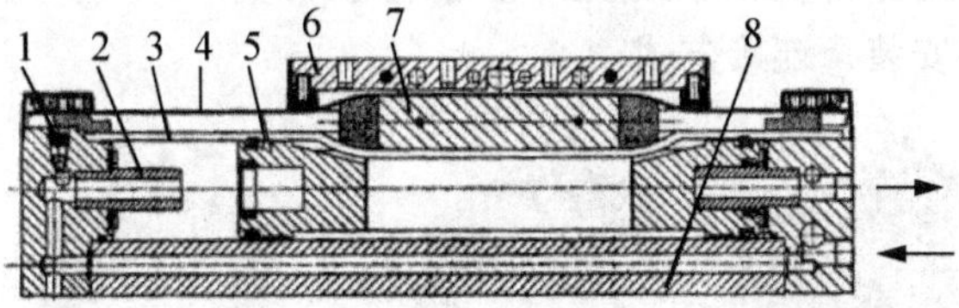

(b)结构

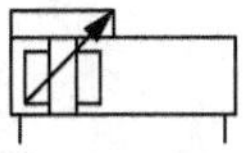

(c)职能符号

图 1.30　机械接触式无杆气缸结构及符号

1—节流阀；2—缓冲柱塞；3—内侧密封带；4—外侧密封带；
5—活塞；6—滑块；7—活塞轭；8—缸筒

图 1.31 为一种磁性耦合式无杆气缸。它是在活塞上安装了一组高磁性的永久磁环，磁力线通过薄壁缸筒(不锈钢或铝合金非导磁材料)与套在外面的另一组磁环作用。由于两组磁环极性相反，因此它们之间有很强的吸力。若活塞在一侧输入气压作用下移动，则在磁耦合力作用下带动套筒与负载一起移动。在气缸行程两端设有空气缓冲装置。

磁性耦合式的无杆气缸的特点是体积小，重量轻，无外部空气泄漏，维修保养方便等。当速度快、负载大时，内外磁环易脱开，即负载大小受速度影响，且磁性耦合的无杆气缸中间不可能增加支撑点，最大行程受到限制。

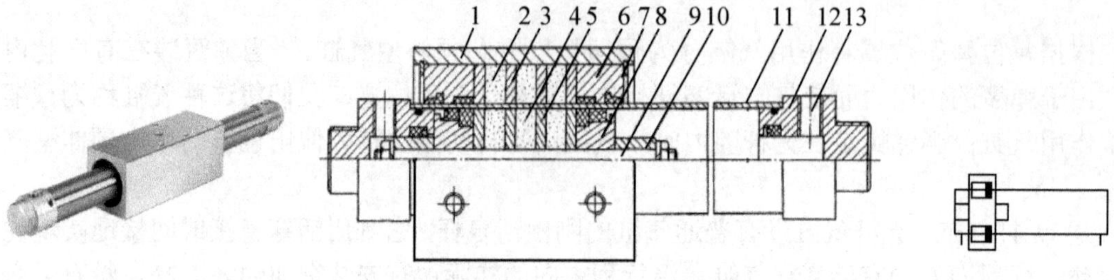

(a)外观　　(b)结构　　(c)职能符号

图 1.31　磁性耦合式无杆气缸气缸结构及符号

1—套筒(移动支架)；2—外磁环(永久磁铁)；3—外磁导板；
4—内磁环(永久磁铁)；5—内磁导板；6—压盖；7—卡环；8—活塞；
9—活塞轴；10—缓冲柱塞；11—气缸筒；12—端盖；13—进排气口

(2) 摆动气缸。

摆动气缸是出力轴被限制在某个角度内做往复摆动的一种气缸，又称为旋转气缸。摆动气缸是利用压缩空气驱动输出轴在一定角度范围内作往复回转运动的气动执行元件。用于物体的转位、翻转、分类、夹紧、阀门的开闭以及机器人的手臂动作等。其工作原理也是将压缩空气的压力能转变为机械能。常用的摆动气缸的最大摆动角度分别为 90°、180°、270° 三种规格。按照摆动气缸的结构特点可分为齿轮条式和叶片式两类。

(3) 气爪。气爪能实现各种抓取功能，是现代气动机械手的关键部件。如图 1.32 所示的气爪具有如下特点。

① 所有的结构都是双作用的，能实现双向抓取，可自动对中，重复精度高。

② 抓取力矩恒定。

③ 在气缸两侧可安装非接触式检测开关。

④ 有多种安装、连接方式。

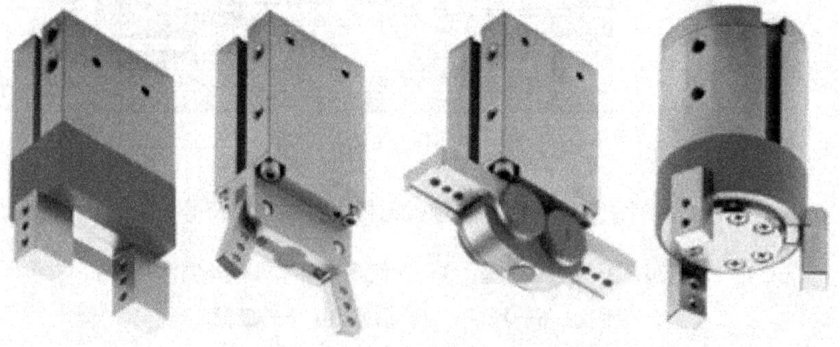

(a)平行气爪　　(b)摆动气爪　　(c)旋转气爪　　(d)三点气爪

图 1.32　气爪

如图 1.32(a)所示为 FESTO 平行气爪，平行气爪通过两个活塞工作，两个气爪对心移动。这种气爪可以输出很大的抓取力，既可用于内抓取，也可用于外抓取。

如图 1.32(b)所示为 FESTO 摆动气爪，内、外抓取 40° 摆角，抓取力大，并确保抓取力矩始终恒定。

如图 1.32(c)所示为 FESTO 旋转气爪，其动作和齿轮齿条的啮合原理相似。两个气爪可同时移动并自动对中，其齿轮齿条原理确保了抓取力矩始终恒定。

如图 1.32(d)所示为 FESTO 三点气爪，三个气爪同时开闭，适合夹持圆柱体工件及工件的压入工作。

(4) 气动马达

气动马达是一种作连续旋转运动的气动执行元件，是一种把压缩空气的压力能转换成回转机械能的能量转换装置，其作用相当于电动机或液压马达，它输出转矩，驱动执行机构作旋转运动。在气压传动中使用广泛的是叶片式、活塞式和齿轮式气动马达。

气动马达的工作适应性较强，可用于无级调速、频繁启动、经常换向、高温潮湿、易燃易爆、负载启动、不便人工操作及有过载可能的场合。目前，气动马达主要应用于矿山机械、专业性的机械制造业、油田、化工、造纸、炼钢、船舶、航空、工程机械等行业，许多气动工具如风钻、风扳手、风砂轮等均装有气动马达。随着气压传动的发展，气动马达的应用将更趋广泛。

(5) 真空发生器及真空吸盘。典型的真空发生器的工作原理图如图 1.33 所示，它由先收缩后扩张的拉伐尔喷管、负压腔、接收管和消声器等组成。真空发生器是根据文丘里原理产生真空。当压缩空气从供气口 P(1) 流向排气口 R(3) 时，在真空口 U(1V)上就会产生真空。吸盘与真空口 1V 连接，靠真空压力便可吸起物体。如果切断供气口 P 的压缩空气，则抽空过程就会停止。

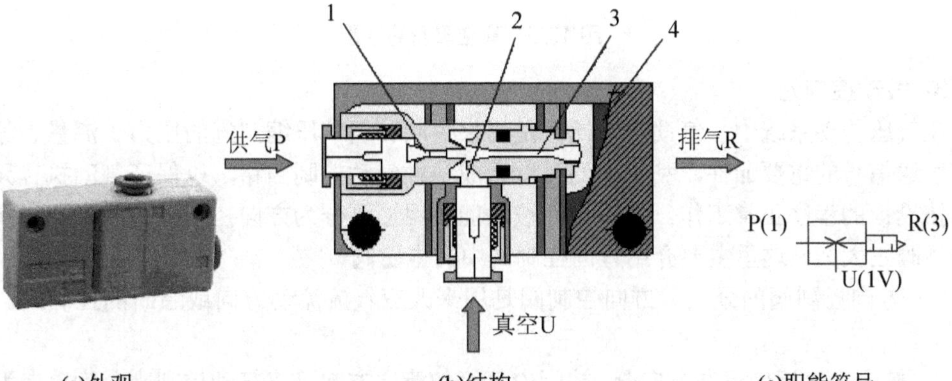

(a)外观　　(b)结构　　(c)职能符号

图 1.33　真空发生器结构及符号

1—拉伐尔喷管；2—负压腔；3—接收管；4—消声器

用真空发生器产生真空的特点有：

① 结构简单、体积小、使用寿命长。

② 产生的真空度 (负压力)可达 88kPa，吸入流量不大，但可控、可调，稳定可靠。

③ 瞬时开关特性好，无残余负压。

真空吸盘是直接吸吊物体的元件，是真空系统中的执行元件。吸盘通常是由橡胶材料和金属骨架压制而成。制造吸盘的材料通常有丁晴橡胶，聚氨脂橡胶和硅橡胶等，其中硅橡胶适用于食品行业。

如图 1.34 所示为常用的一些吸盘，1.34(a)所示为圆形平吸盘，适合吸表面平整的工件；

1.34(b)所示为波纹吸盘，采用风箱型结构，适合吸表面突出的工件。

(a)圆形平吸盘外观　　(b)波纹吸盘外观　　(c)职能符号

图 1.34　真空吸盘及符号

真空吸盘的安装是靠吸盘上的螺纹直接与真空发生器或者真空安全阀、空心活塞杆气缸相连，如图 1.35 所示。

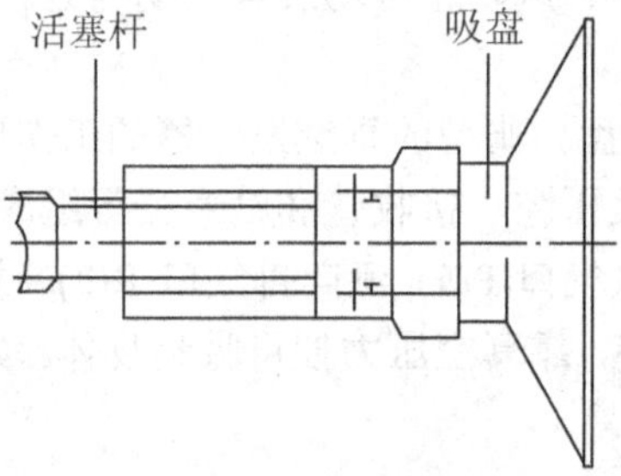

图 1.35　真空吸盘的连接

3) 气动控制元件

在气压传动系统中，气动控制元件是用来控制和调节压缩空气的压力、流量、流动方向和发送信号的重要元件，利用它们可以组成各种气动控制回路，以保证气动执行元件或机构按设计的程序正常工作。控制元件按功能和用途可分为方向控制阀、流量控制阀和压力控制阀三大类。这里主要介绍方向控制阀中的电磁阀。

(1) 方向控制阀的分类。方向控制阀是用来改变气流流动方向或通断的控制阀。其分类如下。

① 按阀内气流的流通方向分。按阀内气流的流通方向可将气动控制阀分为单向型和换向型。只允许气流沿一个方向流动的控制阀称为单向型控制阀，如单向阀、梭阀、双压阀和快速排气阀等。可以改变气流流动方向的控制阀称为换向型控制阀，如电磁换向阀和气控换向阀等。

② 按控制方式分。按控制方式分通常可分为气压、电磁、人力和机械四种操作方式，见表 1-13。

表 1-13　气动控制阀的几种控制方式的职能符号

人力控制		一般手动操作		按钮式
		手柄式、带定位		脚踏式

续表

机械控制	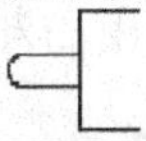	控制轴	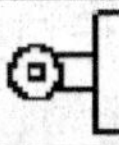	滚轮杠杆式
	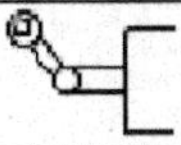	单项滚轮式	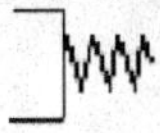	弹簧复位
气动控制	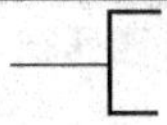	直动式	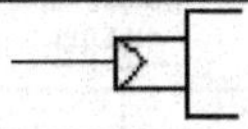	先导式
电磁控制	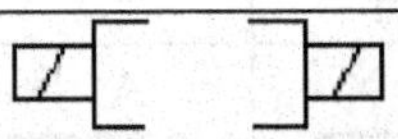	双电控	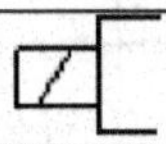	单电控
	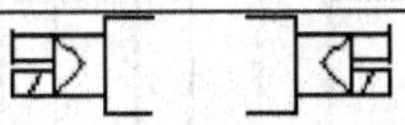	先导式双电控，带手动		

电磁控制：利用电磁线圈通电时，静铁心对动铁心产生电磁吸力使阀切换以改变气流方向的阀，称为电磁控制换向阀，简称电磁阀。这种阀易于实现电-气联合控制，能实现远距离操作，故得到广泛应用。

按电磁力作用于主阀阀芯的方式分为直动式和先导式两种。直动式电磁控制是用电磁铁产生的电磁力直接推动阀芯来实现换向的一种电磁控制阀。根据阀芯复位的控制方式可分为单电控和双电控。先导式电磁控制是指由先导式电磁阀(一般为直动式电磁控制换向阀)输出的气压力来操纵主阀阀芯实现阀换向的一种电磁控制方式。它实际上是一种由电磁控制和气压控制(加压、卸压、差压等)的复合控制，通常称为先导式电磁气控。

气压控制：利用气体压力来使主阀芯切换而使气流改变方向的阀，称为气压控制换向阀，简称气控阀。这种阀在易燃、易爆、潮湿、粉尘大的工作环境中，工作安全可靠。按控制方式不同可分为加压控制、卸压控制、差压控制和延时控制等。

加压控制是指输入的控制气压是逐渐上升的，当压力上升到某值时，阀被切换。这种控制方式是气动系统中最常用的控制方式，有单气控和双气控之分。

卸压控制是指输入的控制气压是逐渐降低的，当压力降至某一值时阀便被切换。

差压控制是利用阀芯两端受气压作用的有效面积不等，在气压的作用下产生的作用力之差值使阀切换。

延时控制是利用气流经过小孔或缝隙节流后向气室内充气。当气室里的压力升至一定值后使阀切换，从而达到信号延时输出的目的。

人力控制：用人力来获得轴向力使阀迅速移动换向的控制方式称作人力控制。人力控制可分为手动控制和脚踏控制等。按人力作用于主阀的方式可分为直动式、先导式。依靠人力使阀切换的换向阀，称为手动控制换向阀，简称人控阀。它可分为手动阀和脚踏阀两大类。

人控阀与其他控制方式相比，具有可按人的意志进行操作、使用频率较低、动作较慢、操作力不大，通径较小、操作灵活的特点。人控阀在手动气动系统中，一般用来直接操纵气动执行机构。在半自动和全自动系统中，多作为信号阀使用。

机械控制：用机械力来获得轴向力使阀芯迅速移动换向的控制方式称作机械控制。按机械力作用于主阀的形式可分为直动式和先导式两种。用凸轮、撞块或其他机械外力使阀切换的阀称为机械控制换向阀，简称机控阀。

这种阀常用作信号阀使用。这种阀可用于湿度大、粉尘多、油分多，不宜使用电气行程开关的场合，但不宜用于复杂的控制装置中。

③ 按阀的切换通口数目分类。阀的通口数目包括输入口、输出口和排气口。按切换通口的数目分，有二通阀、三通阀、四通阀和五通阀等，见表 1-14。

表 1-14　换向阀的通口数和职能符号

名称	二通阀		三通阀		四通阀	五通阀
	常断	常通	常断	常通		
职能符号	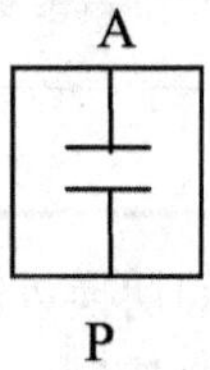	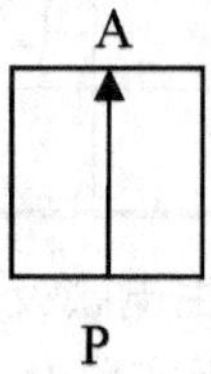	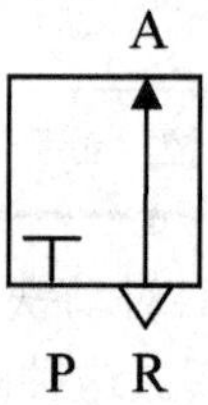	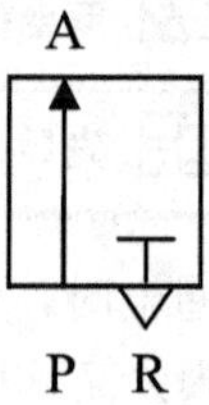	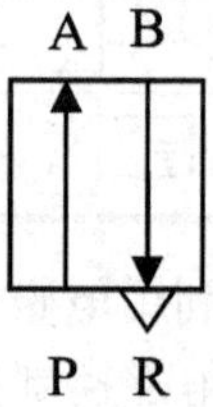	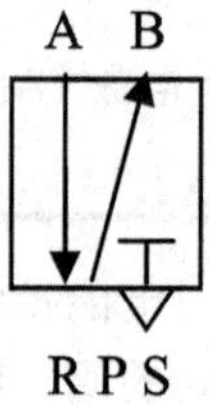

二通阀有两个口，即一个输入口(用 P 表示)和一个输出口(用 A 表示)。

三通阀有三个口，除 P 口、A 口外，增加一个排气口(用 R 或 O 表示)。三通阀既可以是两个输入口(用 P1、P2 表示)和一个输出口，作为选择阀(选择两个不同大小的压力值)；也可以是一个输入口和两个输出口，作为分配阀。

二通阀、三通阀有常通型和常断型之分。常通型是指阀的控制口未加控制信号(即零位)时，P 口和 A 口相通。反之，常断型阀在零位时，P 口和 A 口是断开的。

四通阀有四个口，除 P、A、R 外，还有一个输出口(用 B 表示)，通路为 P→A、B→R 或 P→B、A→R。

五通阀有五个口，除 P、A、B 外，有两个排气口(用 R、S 或 O1、O2 表示)。通路为 P→A、B→S 或 P→B、A→R。五通阀也可以变成选择式四通阀，即两个输入口(P1 和 P2)、两个输出口(A 和 B)和一个排气口(R)。两个输入口供给压力不同的压缩空气。

④ 按阀芯工作的位置数分。阀芯的切换工作位置简称“位”，阀芯有几个切换位置就称为几位阀。

有两个通口的二位阀称为二位二通阀(常表示为 2/2 阀，前一位数表示通口数，后一位数表示工作位置数)，它可以实现气路的通或断。有三个通口的二位阀，称为二位三通阀(常表示为 3/2 阀)。在不同的工作位置，可实现 P、A 相通，或 A、R 相通。常用的还有二位五通阀(常表示为 5/2 阀)，它可以用于推动双作用气缸的回路中。

阀芯具有三个工作位置的阀称为三位阀。当阀芯处于中间位置时，各通口呈关断状态，则称为中间封闭式；若输出口全部与排气口接通则称中间卸压式；若输出口都与输入口接通称中间加压式。若在中间卸压式阀的两个输出口都装上单向阀，则称为中位式止回阀。

换向阀处于不同工作位置时，各通口之间的通断状态是不同的。阀处于各切换位置时，各通口之间的通断状态分别表示在一个长方形的方块上，就构成了换向阀的图形符号。

(2) 电磁阀。用电磁力来获得轴向力，使阀芯迅速移动的换向控制方式称为电磁控制。它按电磁力作用于主阀阀芯的方式分为直动式和先导式两种。

① 直动式电磁阀。直动式电磁控制是用电磁铁产生的电磁力直接推动阀芯来实现换向的一种电磁控制阀。根据阀芯复位的控制方式可分为单电控和双电控，其控制原理如图 1.36 所示。图 1.36(a)、(b)为直动式单电磁控制弹簧复位方式，图 1.36(c)、(d)为直动式双电磁控制方式。

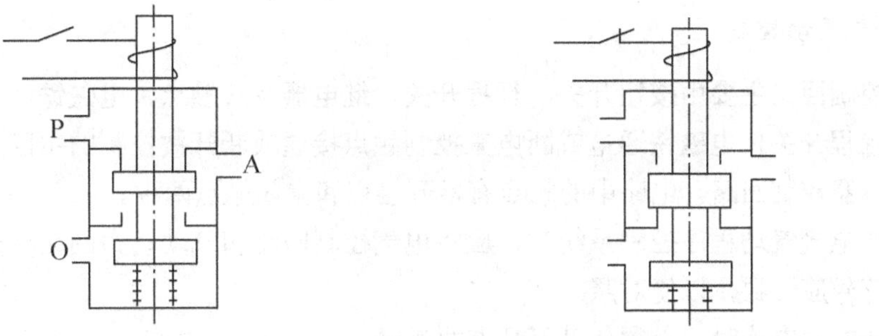

(a)断电状态　　(b)通电状态

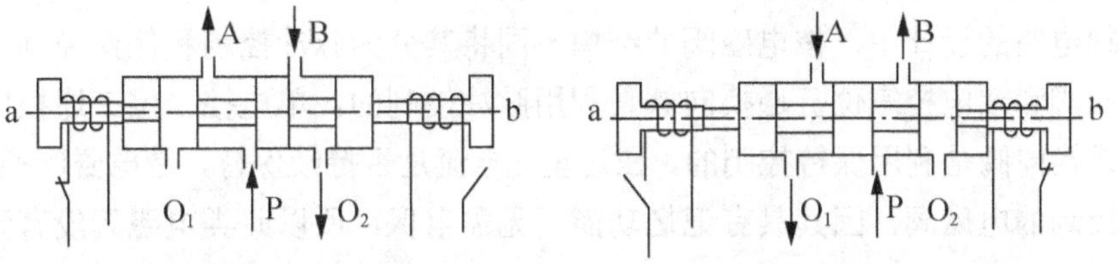

(c)电磁铁 a 通电 b 断电　　(d)电磁铁 b 通电 a 断电

图 1.36　直动式电磁控制换向阀原理

② 先导式电磁阀。先导式电磁控制是指由先导式电磁阀(一般为直动式电磁控制换向阀)输出的气压力来操纵主阀阀芯实现阀换向的一种电磁控制方式。它实际上是一种由电磁控制和气压控制(加压、卸压、差压等)的复合控制，通常称为先导式电磁气控。如图 1.37 所示为先导式电磁气控换向阀原理，图 1.37(a)、(b)为单电控动作原理，图 1.37(c)、(d)为双电控动作原理。

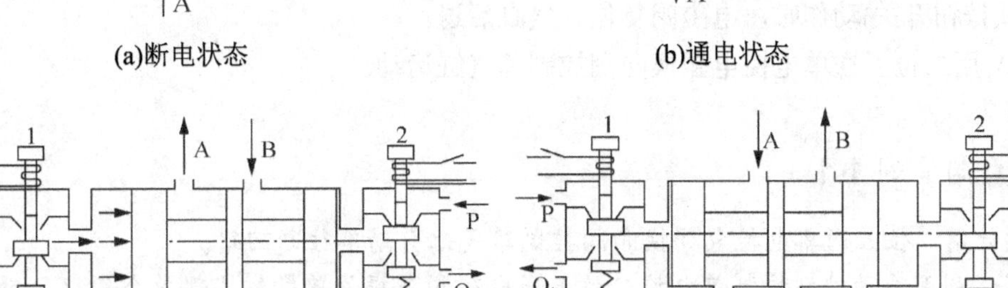

(a)断电状态　　(b)通电状态

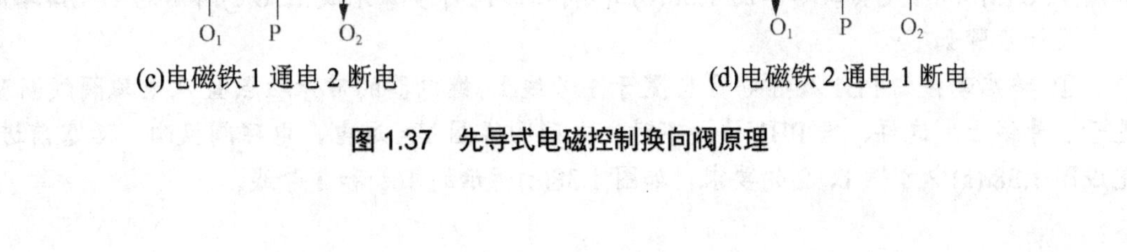

(c)电磁铁 1 通电 2 断电　　(d)电磁铁 2 通电 1 断电

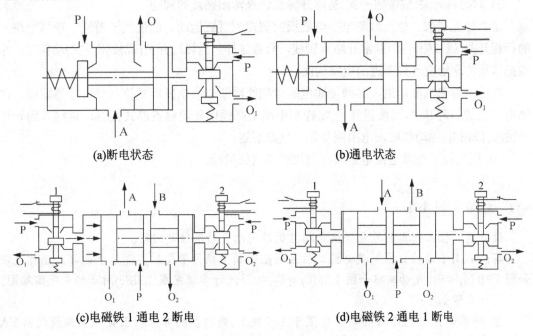

图 1.37　先导式电磁控制换向阀原理

3. 电气气动控制

电气控制回路主要由按钮开关、行程开关、继电器及其触点、电磁铁线圈等组成。通过按钮或行程开关使电磁铁通电或断电来控制触点接通或断开被控制的主回路，这种回路也称为继电器控制回路。电路中的触点有常开触点和常闭触点两种。

在设计电气气动程序控制系统时，应将电气控制回路和气动动力回路分开画，两个图上的文字符号应一致，以便对照。

在设计控制电路时，必须从以下几方面考虑。

1) 分清电磁换向阀的结构差异

在控制电路的设计中，按电磁阀的结构不同将其分为脉冲控制和保持控制。双电控二位五通换向阀和双电控三位五通换向阀是利用脉冲控制的。单电控二位三通换向阀和单电控二位五通换向阀是利用保持控制的，在这里，电流是否持续保持，是电磁阀换向的关键。利用脉冲控制的电磁阀，因其具有记忆功能，无需自保，所以此类电磁阀没有弹簧。为避免因误动作造成电磁阀两边线圈同时通电而烧毁线圈，在设计控制电路时必须考虑互锁保护。利用保持电路控制的电磁阀，必须考虑使用继电器实现中间记忆，此类电磁阀通常具有弹簧复位或弹簧中位，这种电磁阀比较常用。

2) 注意动作模式

如气缸的动作是单个循环，用按钮开关操作前进，利用行程开关或按钮开关控制回程。若气缸动作为连续循环，则利用按钮开关控制电源的通、断电，在控制电路上比单个循环多加一个信号传送元件(如行程开关)，使气缸完成一次循环后能再次动作。

3) 对行程开关(或按钮开关)是常开触点还是常闭触点的判别

用二位五通或二位三通单电控电磁换向阀控制气缸运动，欲使气缸前进，控制电路上的行程开关(或按钮开关)以常开触点接线，只有这样，当行程开关(或按钮开关)动作时，才能把信号传送给使气缸前进的电磁线圈。

相反，若使气缸后退，必须使通电的电磁线圈断电，电磁阀复位，气缸才能后退，控制电路上的行程开关(或按钮开关)在控制电路上必须以常闭触点形式接线，这样，当行程开关(或按钮开关)动作时，电磁阀复位，气缸后退。

(1) 用二位五通单电控电磁换向阀控制单气缸运动。

应用实例 1-1

设计用二位五通单电控电磁换向阀控制单气缸自动单往复回路。

解：利用手动按钮控制单电控二位五通电磁阀来操作单气缸实现单个循环。动作流程如图 1.38 (a)所示，气动回路如图 1.38(b)所示，依照设计步骤完成 1.38(c)所示的电气回路图。

设计步骤如下：

① 将启动按钮 PB1 及继电器 K 置于 1 号线上，继电器的常开触点 K 及电磁阀线圈 YA 置于 3 号线上。这样，当 PB1 被按下时，电磁阀线圈 YA 通电，电磁阀换向，活塞前进，完成图 1.38 (a)中方框 1、2 的要求，如图 1.38(c)所示的 1 号和 3 号线。

② 由于 PB1 为点动按钮，手一放开，电磁阀线圈 YA 就会断电，活塞后退。为使活塞保持前进状态，必须将继电器 K 所控制的常开触点接于 2 号线上，形成自保电路，完成图 1.38 (a)中方框 3 的要求，如图 1.38(c)所示的 2 号线。

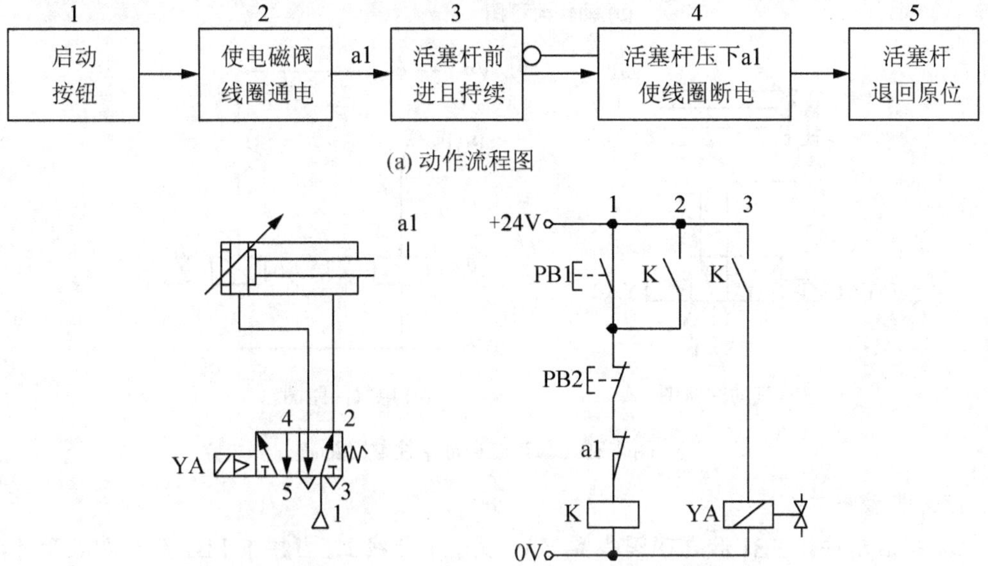

(a) 动作流程图

(b) 气动回路图　　(c) 电气回路图

图 1.38　单汽缸自动单往复回路

③ 将行程开关 a1 的常闭触点接于 1 号线上，当活塞杆压下 a1 时，切断自保电路，电磁阀线圈 YA 断电，电磁阀复位，活塞退回，完成图 1.38 (a)中方框 5 的要求。图 1.38(c)中的 PB2 为停止按钮。

动作说明如下：

① 将启动按钮 PB1 按下，继电器线圈 K 通电，控制 2 号和 3 号线上所控制的常开触点闭合，继电器 K 自保，同时 3 号线接通，电磁阀线圈 YA 通电，活塞前进。

② 活塞杆压下行程开关 a1，切断自保电路，1 号和 2 号线断路，继电器线圈 K 断电，K 所控制的触点恢复原位。同时，3 号线断开，电磁阀线圈 YA 断电，活塞后退。

(2) 用二位五通双电控电磁换向阀控制单气缸运动。

由应用实例 1-1 可知：使用单电控电磁阀控制气缸运动，由于电磁阀的特性，控制电路上必须有自保电路。而二位五通双电控电磁阀有记忆功能，且阀芯的切换只要一个脉冲信号即可，控制电路上不必考虑自保，电气回路的设计简单。

应用实例 1-2

设计用二位五通双电控电磁换向阀控制单气缸自动单往复回路。

解： 利用手动按钮使气缸前进，直至到达预定位置，其自动后退。动作流程如图 1.39(a)所示，气动回路如图 1.39(b)所示，依照设计步骤完成 1.39(c)所示的电气回路图。

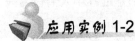

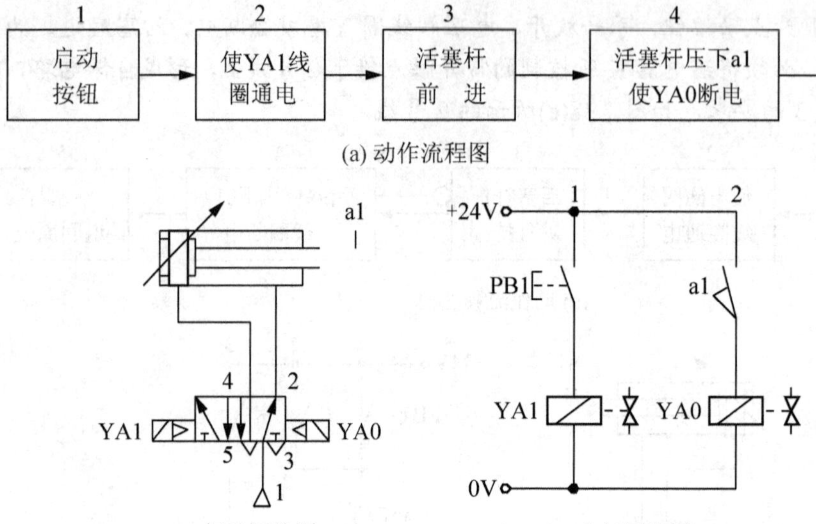

(a) 动作流程图

(b) 气动回路图　　(c) 电气回路图

图 1.39　单汽缸自动单往复回路

设计步骤如下：

① 将启动按钮 PB1 和电磁阀线圈 YA1 置于 1 号线上。当按下 PB1 后立即放开时，线圈 YA1 通电，电磁阀换向，活塞前进，达到图 1.39(a)中方框 1、2 和 3 的要求。

② 将行程开关 a1 以常开触点的形式和线圈 YA0 置于 2 号线上。当活塞前进时，压下 a1，YA0 通电，电磁阀复位，活塞后退，完成图 1.39(a)中方框 4 和 5 的要求，其电路如图 1.39(c)所示。

1.3.3　传感器基础知识训练

1. 传感技术概述

人是靠视觉、听觉、嗅觉、味觉和触觉这些感觉器官来接收信息的，而一台光机电一体化的自动化设备在运行中也有大量的信息需要准确地被“感受”，以使设备能按照设计要求实现自动化控制，自动化设备用于“感受”信息的装置就是传感器。传感技术是实现自动化的关键技术之一。

目前，传感器已广泛地应用到了工业、农业、环境保护、交通运输、国防以及日常工作与生活等各个领域中，并伴随着现代科技的进步而发展，尤其是新材料、新技术的不断开发与创新，对传感器的发展起到了重要的推动作用。

开发新的敏感材料是研制新型传感器的关键。功能陶瓷材料、高分子有机敏感材料、生物活性物质(如酶、激素等)和生物敏感材料(如微生物、组织切片)都是近几年人们极为关注且具有应用潜力的新型敏感材料。

随着新的加工技术、微电子技术、微处理技术的飞速发展，微型化、多维多功能化、集成化、数字化及智能化是传感器的发展方向。

1) 传感器的基本概念

下面是关于传感器的定义。

根据我国的国家标准(GB7765-87)，传感器(Transducer/Sensor)的定义是：“能够感受规定的被测量并按照一定规律转换成可用输出信号的器件或装置。”

定义包含的意思如下：

(1) 传感器是测量装置，能完成检测任务。

(2) 它的输入量是某一种被测量，可能是物理量，也可能是化学量、生物量等。

(3) 它的输出量是某种物理量，这种量应便于传输、转换、处理、显示等等，这种量不一定是电量，还可以是气压、光强等物理量，但主要是电物理量。

(4) 输出与输入之间有确定的对应关系，且能达到一定的精度。

输出量为电量的传感器，一般由敏感元件、转换元件、调理电路三部分组成，如图 1.40 所示。

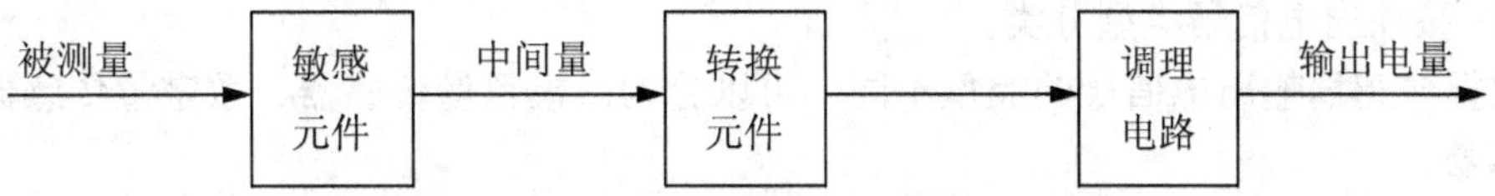

图 1.40　传感器基本原理

敏感元件：它是直接感受被测量，并输出与被测量成确定关系的某一物理量的元件。

转换元件：将敏感元件的输出转换成一定的电路参数。有时敏感元件和转换元件的功能是由一个元件(敏感元件)实现的。

调理电路：将敏感元件或转换元件输出的电路参数转换、调理成一定形式的电量输出。

随着微电子技术的发展和加工工艺的进步，传感器的体积越来越小，功能越来越强，以前作为传感器输出信号的后期处理器，如放大器、各种补偿电路、运算电路、A/D 转换电路等，都在制造时作为传感器的一部分集成到了一起，为用户提供了极大的方便，为实现传感的标准化，从而为传感器具有良好的互换提供了前提。当在传感器中集成微处理器后，就可以实现传感器的自学习、自诊断、自校准、自适应等功能，成为智能化的传感器。

2) 传感器的基本分类

(1) 按工作机理分类。

根据传感器的工作机理可分为以下两种类型：

结构型传感器：是利用传感器的结构参数变化来实现信号转换的。

物性型传感器：在实现转换的过程中，传感器的结构参数基本不变，而是依靠传感器中敏感元件内部的物理或化学性质的变化来实现检测功能的。

(2) 按能量转换情况分类。

根据传感器的能量转换情况，可分为以下两种类型：

①能量控制型传感器，如电阻式、电感式等传感器。

②能量转换型传感器，如基于光电效应等的传感器。

(3) 按物理原理分类。

根据传感器应用的物理原理，可分为以下几种类型：

①电路参量式传感器，包括电阻式、电感式、电容式三个基本类型。

②磁电式传感器，包括磁电感应式、霍耳式、磁栅式等。

③压电式传感器。

④光电式传感器，包括一般光电式、光栅式、激光式、光电码盘式、光导纤维式、红

外式等。

⑤气电式传感器。

⑥热电式传感器。

⑦波式传感器，包括超声波式、微波式等。

⑧射线式传感器。

⑨半导体式传感器等。

(4) 按用途分类。

按照传感器的用途来分类，可分为：位移传感器、压力传感器、振动传感器、温度传感器、速度传感器等。

(5) 按输出电信号类型分类。

根据传感器输出电信号的类型不同，可以分为：模拟量传感器、数字量传感器、开关量传感器。

接近开关是一种采用非接触式检测、输出开关量的传感器。该类传感器主要用于位置量的检测。在各种接近开关传感器中，广泛应用的是高频接近开关，因为这类开关具有抗干扰能力强、灵敏度高、可靠性好、使用寿命长等特点。

2. 电感式接近开关

1) 电涡流效应

根据电磁感应原理可知，当金属物体处于一个交变的磁场中时，在金属物体内部会产生交变的电涡流，该涡流又会反作用于产生它的磁场。如果这个交变的磁场是由一个电感线圈产生，则这个电感线圈中的电流就会发生变化，用于平衡涡流产生的磁场。原理图如图 1.41 所示。

利用这一原理，通过研究电感线圈中的电流的变化情况，就可以得知是否有金属物体处于电感线圈的磁场中(接近电感线圈)。线圈的电感 L、阻抗 Z 及 Q 都是涡流相量的函数；涡流相量取决于线圈的几何尺寸、激励电流的频率、被检测金属物体的电阻率、磁导率、几何形状、线圈与被测金属体之间的距离及环境温度等因素。

2) 电感式接近开关的基本工作原理

电感式接近开关就是利用电涡流效应制造的传感器。

高频振荡型电感式接近开关。

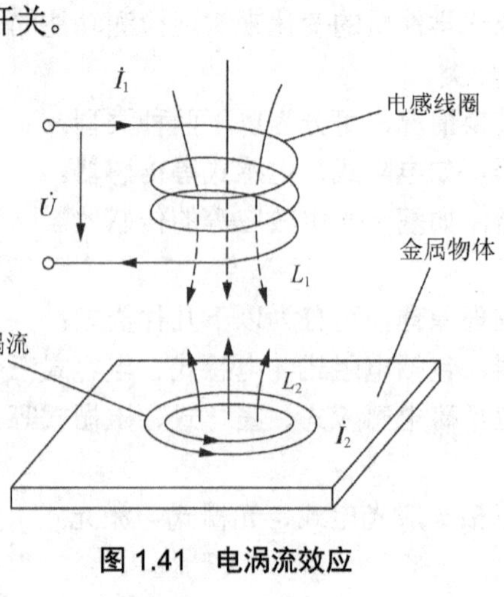

图 1.41　电涡流效应

它以高频振荡器(LC 振荡器)中的电感线圈作为检测元件，利用被测金属物体接近电感线圈时产生的涡流效应，引起振荡器振幅或频率的变化，由传感器的信号调理电路将该变化转换成开关量输出，从而达到检测的目的。

差动线圈型电感式接近开关。

它有两个电感线圈，由其中一个电感线圈作为检测线圈，另一个电感线圈作为比较线圈；由于被测金属物体接近检测线圈时会产生涡流效应，从而引起检测线圈中磁通的变化，检测线圈的磁通与比较线圈的磁通进行比较，然后利用比较后的磁通差，经由传感器的信号调理电路将该磁通差转换成电的开关量输出，从而达到检测的目的。

3) 电感式接近开关的分类

(1) 按工作电源的性质进行分类

① 交流型：采用交流电源供电，用于交流控制回路。

② 直流型：采用直流电源供电，用于直流控制回路。

(2) 按接线方式进行分类：二线制、三线制、四线制、五线制、六线制。

(3) 按触点的性质分类：常开式、常闭式、常开与常闭混合式。

(4) 按输出逻辑分类：正逻辑型、负逻辑型、浮空逻辑型、混合型。

(5) 按外形分类：螺纹型、圆柱型、长方体型、U 型等。

(6) 按防护方式分类：防水型、防爆型、耐高温型、耐高压型等。

4) 电感式接近开关的图形符号

接近开关的通用符号及电感式接近开关的图形符号如图 1.42 和图 1.43 所示。

3. 电容式接近开关

1) 电容式接近开关的基本工作原理

在高频振荡型电容式接近开关中，以高频振荡器(LC 振荡器)中的电容作为检测元件，利用被测物体接近该电容时由于电容器的介质发生变化导致电容量 C 的变化，从而引起振荡器振幅或频率的变化，由传感器的信号调理电路将该变化转换成开关量输出，从而达到检测的目的。

电容式接近开关的分类、技术术语与主要技术指标与电感式接近开关相同。

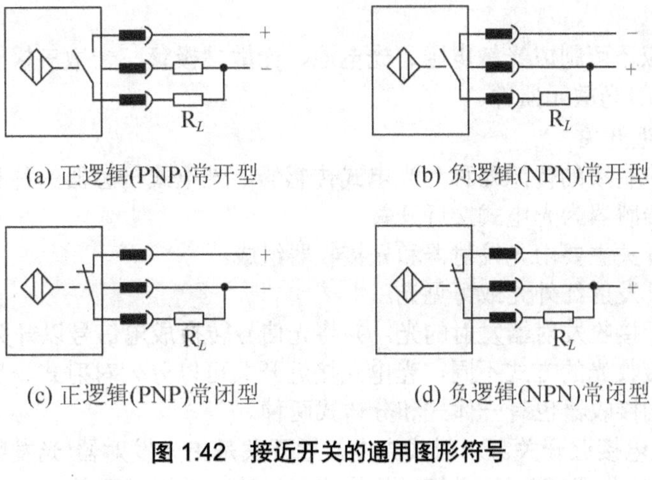

(a) 正逻辑(PNP)常开型　(b) 负逻辑(NPN)常开型

(c) 正逻辑(PNP)常闭型　(d) 负逻辑(NPN)常闭型

图 1.42　接近开关的通用图形符号

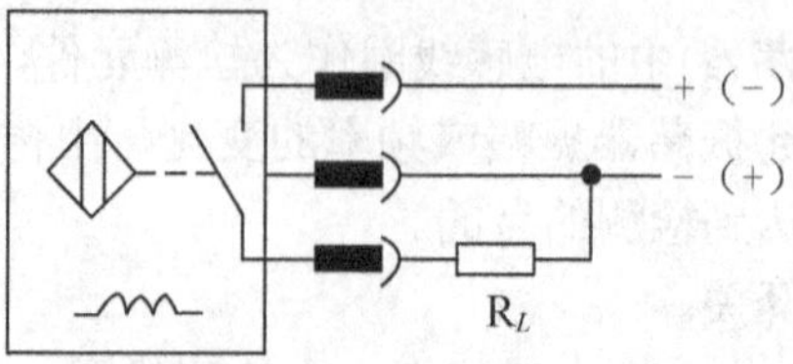

图 1.43　电感式接近开关图形符号

2) 电容式接近开关的图形符号

电容式接近开关图形符号如图 1.44 所示。

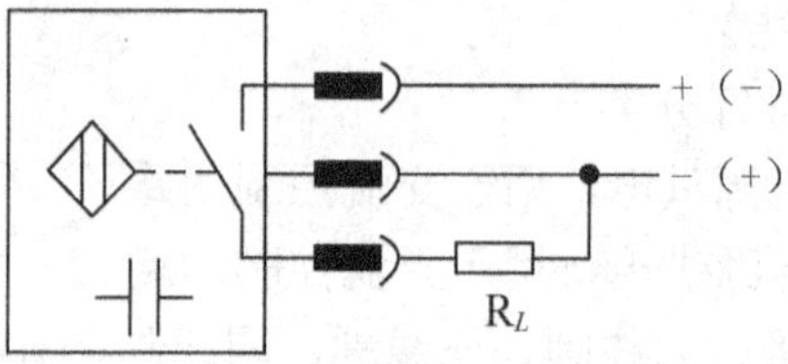

图 1.44　电容式接近开关图形符号

4. 光电式接近开关

光电式传感器是用光电转换器件作敏感元件、将光信号转换为电信号的装置。光电式传感器的种类很多，按照其输出信号的形式，可以分为模拟式、数字式、开关量输出式。

以开关量形式输出的光电传感器，即为光电式接近开关。

1) 光电效应

物质(主要是指金属)在光的照射下释放出电子的现象，称之为光电效应。其所释放出的电子称为“光电子”。1887 年德国物理学家赫兹首先发现，这种效应不能简单地用光的波动理论来解释，1905 年爱因斯坦引入光子概念才合理地说明了这一现象。

光电效应：物质(主要指金属)在光的照射下释放出电子的现象。

外光电效应：物体在光的照射下光电子飞到物体外部的现象。

内光电效应：物体在受到光的照射时，使物体内部的部分束缚电子变为自由电子，从而使物体的导电能力增强，或者在特殊结构的物体内部使电子按照一定的规律运动形成电动势的现象。

利用内光效应还可制成光敏电阻、光电池、光敏二极管、光敏三极管、结型场效应光敏管及 CCD 器件等光敏元器件。

2) 光电式接近开关

利用光电效应制成的传感器称为光电式传感器。光电式传感器的种类很多，其中输出形式为开关量的传感器为光电式接近开关。

光电式接近开关主要由光发射器和光接收器组成。

光发射器用于发射红外光或可见光。

光接收器用于接收发射器发射的光，并将光信号转换成电信号以开关量形式输出。

按照接收器接收光的方式不同，光电式接近开关可以分为对射式、反射式和漫射式三种。光发射器和光接收器也有一体式和分体式两种。

(1) 对射式光电接近开关。对射式光电接近开关是指光发射器(光发射器探头或光源探头)与光接收器(光接收器探头)处于相对的位置工作的光电接近开关。

对射式光电接近开关的工作原理是：当物体通过传感器的光路时，光路被遮断，光接收器接收不到发射器发出的光，则接近开关的“触点”不动作；当光路上无物体遮断光线时，则光接收器可以接收到发射器传送的光，因而接近开关的“触点”动作，输出信号将被改变，如图 1.45 所示。

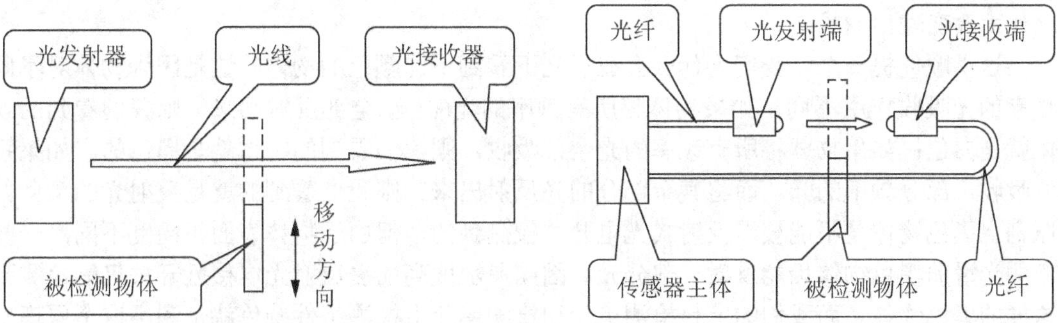

(a)分体式　　(b)一体式

图 1.45　对射式接近开关工作原理

(2) 反射式光电接近开关。

反射式光电接近开关的光发射器与光接收器处于同一侧位置，且光发射器与光接收器为一体化的结构，在其相对的位置上安置一个反光镜，光发射器发出的光经反光镜反射回来后由光接收器接收，如图 1.46 所示。

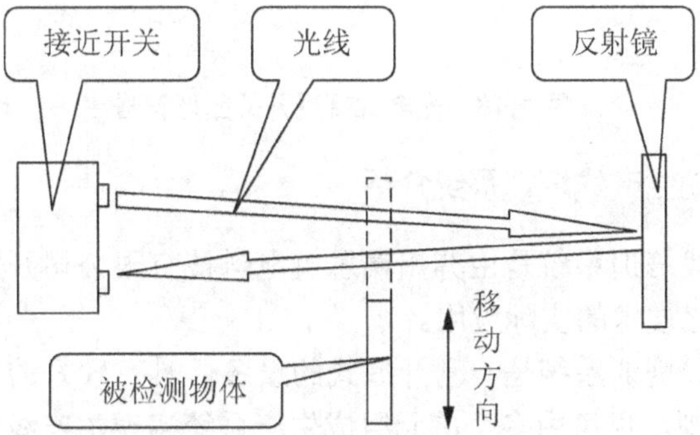

图 1.46　反射式接近开关工作原理

(3) 漫射式(漫反射式)光电接近开关。

漫射式光电接近开关是利用光照射到被测物体上后反射回来的光线而工作的，由于物体反射的光线为漫射光，故该种传感器称为漫射式光电接近开关，如图 1.47 所示。

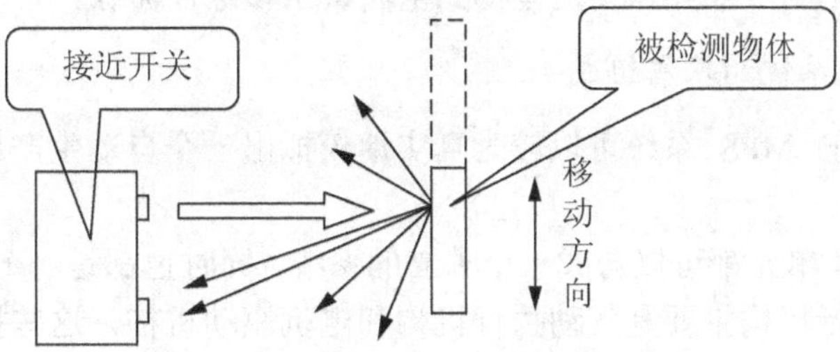

图 1.47　漫射式接近开关工作原理

漫反射式光电接近开关，它的光发射器与光接收器处于同一侧位置，且为一体化的结构。在工作时，光发射器始终发射检测光，当接近开关的前方一定距离内没有物体时，则没有光被反射回来，接近开关就处于常态而不动作；如果在接近开关的前方一定距离内出现物体，只要反射回来的光的强度足够，则接收器接收到足够的漫射光后就会使接近开关动作而改变输出的状态。

这里顺便提一个，我们为什么会在日光下看到不同颜色的物体？这是因为物体对不同频率的光吸收作用不同，如果物体将所有频率的光(白光)全部反射回来，则我们看到的物体就是白色；如果物体将所有频率的光全部吸收，则我们看到的物体就是黑色的。如果物体吸收一部分频率的光，而将其余部分的光反射出来，则我们看到的就是反射光的颜色。原则上黑色物体是不能被漫反射式光电开关检测到的，但由于物体表面粗糙度不同，一些表面光滑的黑色物体仍能反射一部分光，因此灵敏度高的漫反射光电接近开关仍能检测到这样的黑色物体。而我们的上料检测单元和检测单元上检测工件颜色就是利用这个原理来分辨出工件的黑与白的。

3) 光电式接近开关的图形符号

光电式接近开关的图形符号如图 1.48 所示。

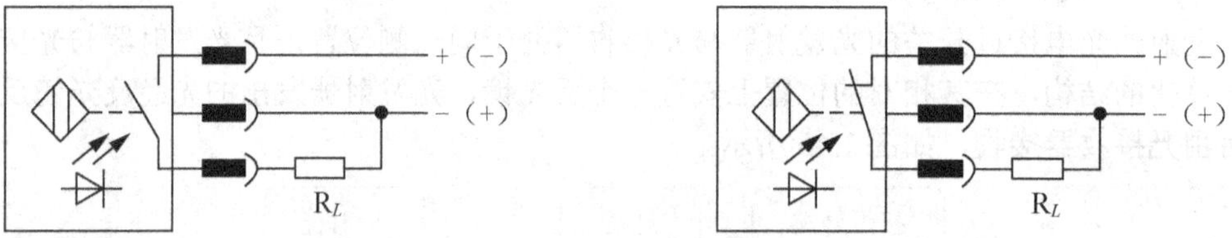

图 1.48　光电式接近开关图形符号

1.3.4　模块化自动生产线培训系统介绍

模块化自动生产线培训系统是由苏州瑞思机电科技有限公司开发研制的教学设备。该系统体现了机电一体化技术的实际应用。

模块化自动生产线培训系统是一套开放式的设备，具有较好的柔性，即每站各有一套 PLC 控制系统独立控制，也可由多个单元组成生产系统实现生产线的控制。用户可根据自己的需要选择设备组成单元的数量、类型等。在基本单元模块培训完成以后，又可以将相邻的两站、三站……直至六站连在一起，学习复杂系统的控制、编程、装配和调试技术。

模块化自动生产线培训系统囊括了机电一体化专业学习中所涉及的诸如电机驱动、气动、PLC(可编程控制器)、传感器等多种技术，给学生提供了一个典型的综合科技环境，使学生将学过的诸多单科专业知识在这里得到全面认识和综合训练。

1. 自动生产线系统的基本组成

多个单元组成的 MPS 系统可以较为真实地模拟出一个自动生产加工流水线的工作过程，如图 1.49 所示。

其中，每个工作单元都可以自成一个独立的系统，同时也都是一个机电一体化的系统。

各个单元的执行机构主要是气动执行机构和电机驱动机构，这些执行机构的运动位置都可以通过安装在其上面的传感器的信号来判断。

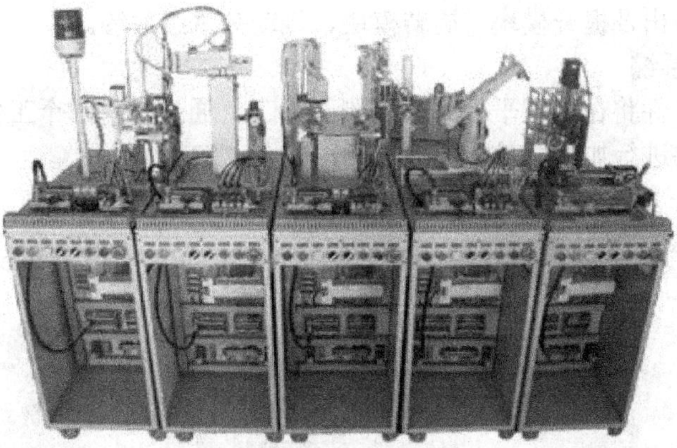

图 1.49　模块化自动生产线系统

在模块化自动生产线设备上应用多种类型的传感器，分别用于判断物体的运动位置、物体的通过状态、物体的颜色、物体的材质、物体的高度等。传感器技术是机电一体化技术中的关键技术之一，是现代工作实现高度自动化的前提之一。

在控制方面，模块化自动生产线设备采用 PLC 进行控制，用户可根据需要选择不同厂家的 PLC 。模块化自动生产线设备的硬件结构是相对固定的，但学员可以根据自己对设备的理解、对生产加工工艺的理解，编写一定的生产工艺过程，然后再通过编写 PLC 控制程序实现该工艺过程，从而实现对 MPS 设备的控制。

2. 模块化自动生产线系统的基本功能

模块化自动生产线设备给学生提供了一个半开放式的学习环境，虽然各个组成单元的结构已经固定，但是设备的各个执行机构按照什么样的动作顺序执行、各个单元之间如何配合、最终使模块化自动生产线系统模拟一个什么样的生产加工控制过程、模块化自动生产线系统作为一条自动生产流水线具有怎么样的操作运行模式等，学员都可根据自己的理解，运用所学理论知识，设计出 PLC 控制程序，使模块化自动生产线设备实现一个最符合实际的自动控制过程。

模块化自动生产线系统中每个单元都具有最基本的功能，学员可在这些基本功能的基础上进行流程编排设计和发挥。

1) 上料检测系统

功能简介：完成整个生产线的上料工作，将大工件输出，判断出其颜色，并将其信息发给后一站。此站可配合组态控制而成为整个系统的主站，如图 1.50 所示。

PLC 主机：三菱 FX_{2N} 系列 。

扩展模块：485、N:N 网络 。

组成模块：报警器、传送带装置、光电识别组件、气动装置等。

2) 原料搬运系统

功能简介：操作手单元由不同的气动执行部件组成，通过摆动、伸缩、气动抓取等动作， 将前一单元上的工件传入下一执行单元的输入工位，如图 1.51 所示。

PLC 主机：三菱 FX_{2N} 系列。

扩展模块：485、N:N 网络。

组成模块：伸出及提升模块、旋转模块、气动夹爪组件等。

3) 原料加工系统

功能简介：工件将在旋转平台上被检测及加工。通过具有四个工位的加工旋转平台，进行加工模拟，并进行加工质量的模拟检测，如图 1.52 所示。

PLC 主机：三菱 FX_{2N} 系列。

扩展模块：485、N:N 网络。

组成模块：旋转平台、模拟钻孔模块、模拟检测组件。

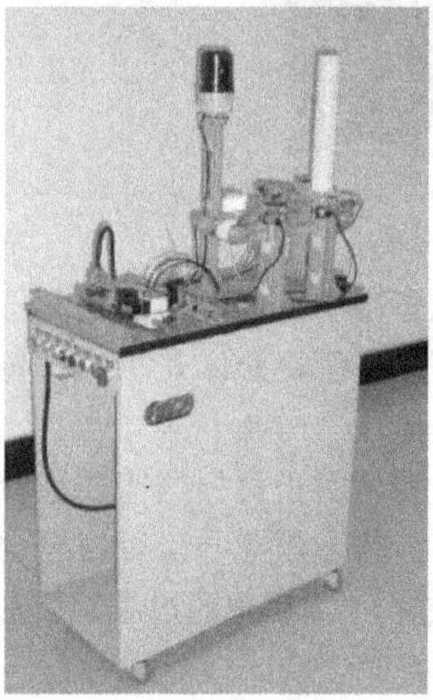

图 1.50 上料检测系统

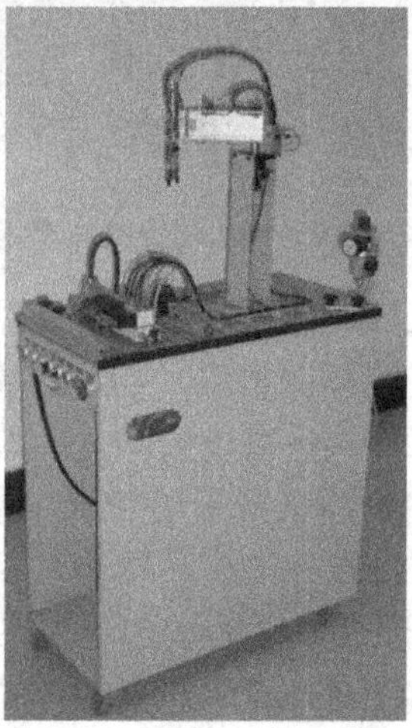

图 1.51 原料搬运系统(机械手)

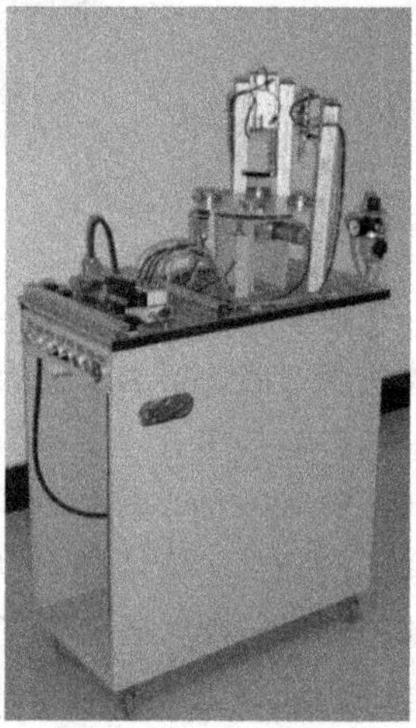

图 1.52 原料加工系统

4) 原料安装系统

功能简介：该单元提供两色小工件，并能将其输入大工件的空腔中。气缸将料仓中的两色小工件交替推出，由真空吸盘吸取，通过转臂输入到大工件的空腔中，如图 1.53 所示。

PLC 主机：三菱 FX_{2N} 系列。

扩展模块：485、N:N 网络。

组成模块：送料模块、旋转模块、真空组件。

5) 安装搬运系统

功能简介：将工件从前一站搬运至下一站，并可在本站上完成大、小工件的组装，如图 1.54 所示。

PLC 主机：三菱 FX_{2N} 系列。

扩展模块：485、N:N 网络。

组成模块：旋转运动模块、气动夹爪装置。

6) 分类立体仓库系统

功能简介：该站为仓库存储的模拟，它将系统加工完成的合格产品，按照不同类别，进行分类立体存放，如图 1.55 所示。

PLC 主机：三菱 FX_{2N} 系列。

扩展模块：485、N:N 网络。

步进电机及驱动器：Start。

组成模块：步进电机控制模块、滚珠丝杆模块、工件推出组件、立体仓库。

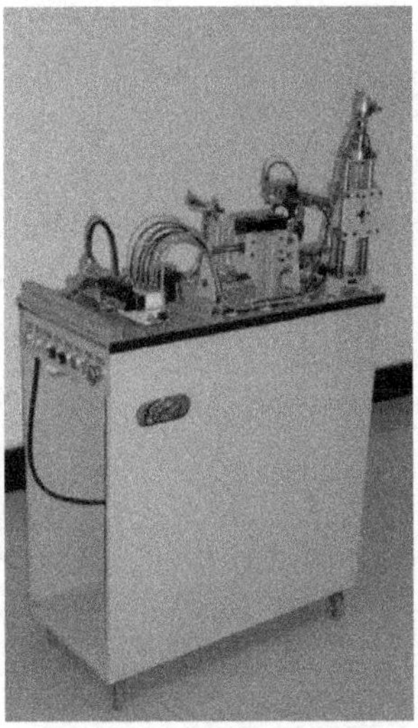
图 1.53　原料安装系统

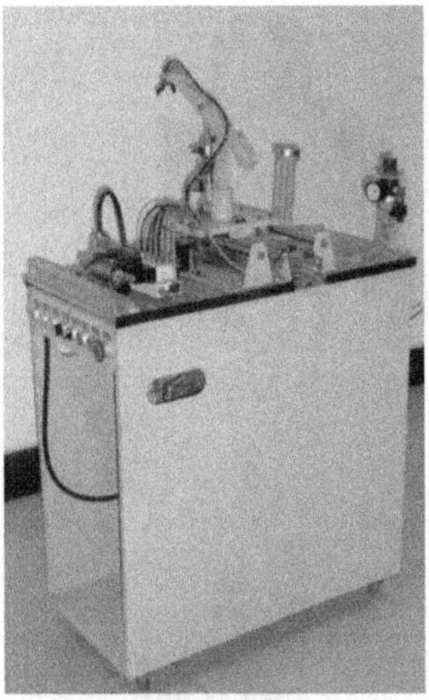
图 1.54　安装搬运系统

图 1.55 分类立体仓库系统

3. 自动生产线系统公共器件

1) 空气压缩机

空气压缩机(air compressor)是气源装置中的主体，它是将原动机(通常是电动机)的机械能转换成气体压力能的装置，是压缩空气的气压发生装置。教学用空气压缩机参数见表 1-15。

表 1-15　空气压缩机参数

压缩介质	空气	工作原理	活塞式压缩机
润滑方式	机油润滑空压机	品牌	日豹
用途	气源组件	型号	2.5HP
功率	1.5(kW)	冷却方式	水冷式
传动方式	联轴器传动	排气量大小	小型
型式	移动式压缩机	排气压力	0.8(MPa)

在使用过程中为气动元件提供气压。

2) 气源处理组件

气源处理组件是气动控制系统中的基本组成器件，其作用是除去压缩空气中的杂质和凝结水，以调节保持恒定的工作压力，输送干燥洁净的压缩空气。

气源处理组件及其回路原理图分别如图 1.56 和图 1.57 所示。气源处理组件是气动控制系统中的基本组成器件，其作用是除去压缩空气中的杂质和凝结水，以调节保持恒定的工作压力，输送干燥洁净的压缩空气。该气源处理组件的气路入口处安装一个快速气路开关，用于关闭气源。在使用时，应注意经常检查过滤器中凝结水的水位， 在超过最高标线以前必须排放，以免被重新吸入。

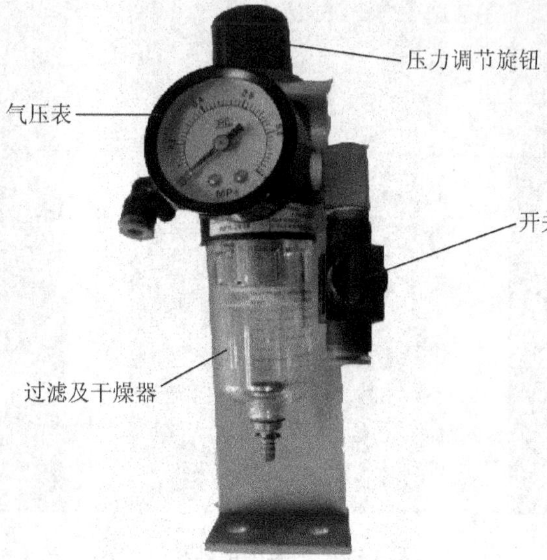

图 1.56　气源处理组件

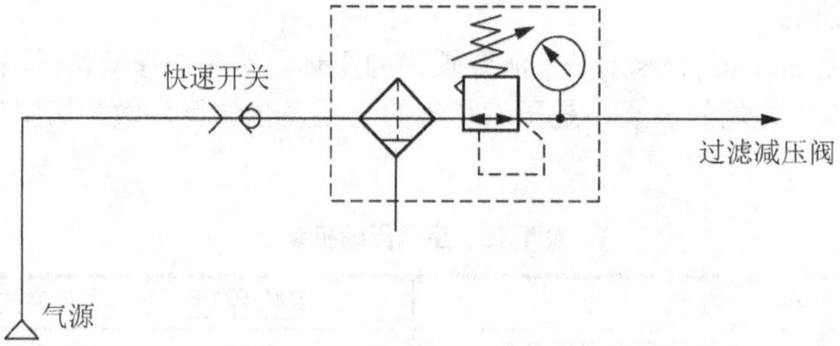

图 1.57　气源处理组件的气动原理图

气源处理组件输入气源来自空气压缩机，所提供的压力为 0.6MPa～1.0MPa，输出压力为 0～0.8MPa，可调。输出的压缩空气通过快速三通接头和气管输送到各工作系统。

1.4　考核评价

考核标准详见质量评价表，见表 1-16。

表 1-16　质量评价表

考核项目	考核要求	配分	评分标准	扣分	得分	备注
PLC 基础知识	1.PLC 的基本结构； 2.掌握基本的指令； 3.能按要求编写程序	40	1.机构的掌握，每错一处扣 4 分； 2.基本指令的使用，每错一处扣 4 分； 3.程序编写过程中参数的设定，每错一处扣 4 分； 4.是否实现要求的功能，每错一处扣 5 分			
气动技术基础知识	1.了解气缸的组成； 2.掌握汽缸的基本结构； 3.掌握气阀的控制	20	1.汽缸的识别，每错一处扣 4 分； 2.气阀的识别，每错一处扣 4 分； 3.气源组件的识别，每错一处扣 4 分			
传感器基础知识	1.传感器的分类； 2.电涡流式传感器的基本原理； 3.电容式传感器的基本原理； 4.光电式传感器的基本原理	20	1.传感器的分类，每错一处扣 3 分； 2.电涡流式传感器的识别，每错一处扣 4 分； 3.电容式传感器的识别，每错一处扣 4 分； 4.光电式传感器的识别，每错一处扣 4 分			
自动生产线系统组成	系统的组成	20	1.由哪几部分组成，每错一处扣 4 分； 2.各部分的功能，每错一处扣 5 分			
时间	6 小时		提前正确完成，每 5 分钟加 2 分； 超过定额时间，每 5 分钟扣 2 分			
开始时间：		结束时间：		实际时间：		

项目 2

上料检测系统

2.1 项目任务

上料检测系统项目的主要内容见表 2-1。

表 2-1 上料检测系统项目内容

项目内容	(1) 元器件布局及线路布局设计； (2) 上料检测系统机械机构的安装； (3) 上料检测系统气缸的安装与气路连接； (4) 上料检测系统电气元件的安装； (5) 上料检测系统程序的编写与调试
重难点	(1) 元器件布局与线路布局设计； (2) 上料检测系统的安装； (3) 上料检测系统程序的编写与调试
参考的相关文件	GB/T 13869—2008《用电安全导则》 GB 19517—2009《国家电气设备安全技术规范》 GB/T 25295—2010《电气设备安全设计导则》 GB 50150—2006《电气装置安装工程一电气设备交接试验标准》
操作原则与安全注意事项	(1) 一般原则：培训的学员必须在指导老师的指导下才能操作该设备。请务必按照技术文件和各独立元件的使用要求使用该系统，以保证人员和设备安全。 (2) 电气系统：只有在断电状态下才能连接和断开各种电气连线，使用直流 24V 以下的电压。 (3) 气动系统：气动系统的使用压力不得超过 800kPa(8bar)。在气动系统管路接好之前不得接通气源。接通气源和长时间停机后开始工作，个别气缸可能会运动过快，所以要特别当心。 (4) 机械系统：所有部件的紧定螺钉应拧紧。不要在系统运行时人为的干涉正常工作。

项目导读

上料检测系统是生产加工的首要环节，也是非常重要的环节。原料的供应是自动化生产线的起始端，供料的准确和检测都直接决定了后续工作的开展。此环节在实际生产中也有很广泛的应用，如高炉供料系统、粉体配料系统和塑料加工的中央供料系统等。例如，集中供料系统的整体环境如图 2.1 所示。本项目主要通过原料送入、定位检测、颜色检测等方面对该系统进行介绍。

图 2.1　集中供料系统

2.1.1 元器件布局及线路布局设计任务书

元器件布局及线路布局设计任务书见表 2-2。

表 2-2 元器件布局及线路布局设计

<table>
<tr><td colspan="2" rowspan="2">XX 学院</td><td colspan="2" rowspan="2">上料检测系统安装与调试任务书</td><td colspan="2">文件编号</td><td></td></tr>
<tr><td colspan="2">版　次</td><td></td></tr>
<tr><td colspan="2" rowspan="2">工序号：1</td><td colspan="2" rowspan="2">工序名称：元器件布局及线路布局设计</td><td colspan="3">共 5 页/第 1 页</td></tr>
<tr><td colspan="3">作 业 内 容</td></tr>
<tr><td colspan="2" rowspan="14">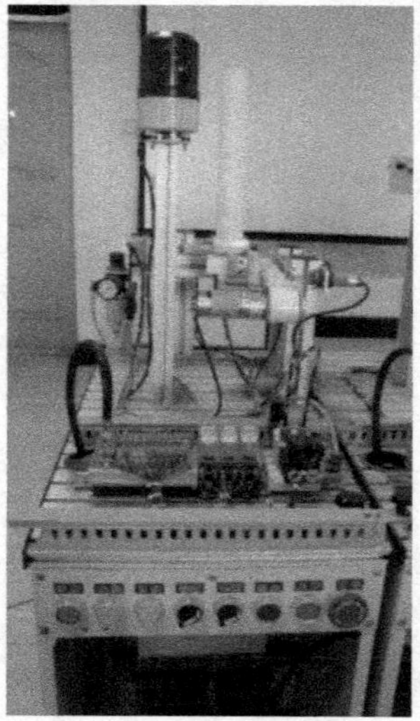
(a) 执行机构正视图</td><td colspan="2" rowspan="6">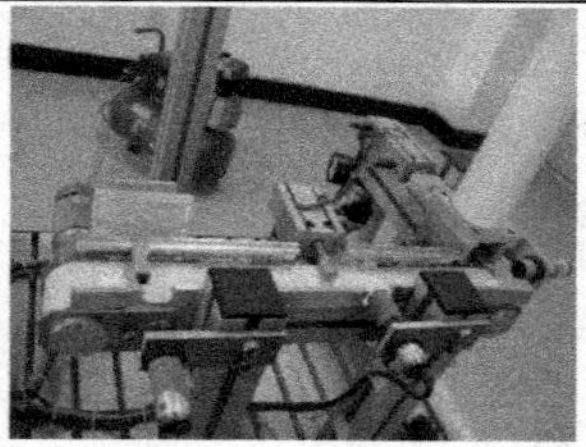
(b) 执行机构斜视图</td><td>1</td><td colspan="2">根据第一站具体功能，收集元器件安装资料，来选择安装位置</td></tr>
<tr><td>2</td><td colspan="2">制定出整个系统安装方案，确定各个部分安装流程，并对此流程进行可行性分析</td></tr>
<tr><td>3</td><td colspan="2">结合功能要求，根据支架的实际情况，制定机械机构安装的详细计划</td></tr>
<tr><td>4</td><td colspan="2">根据气路特点及实际情况，制定气缸安装与气路分布的详细计划</td></tr>
<tr><td>5</td><td colspan="2">结合功能要求，根据实际需要，制定电气元件安装的详细计划</td></tr>
<tr><td>6</td><td colspan="2">根据功能要求和计划方案，画出平面分布图；并分配小组成员任务</td></tr>
<tr><td colspan="2" rowspan="8">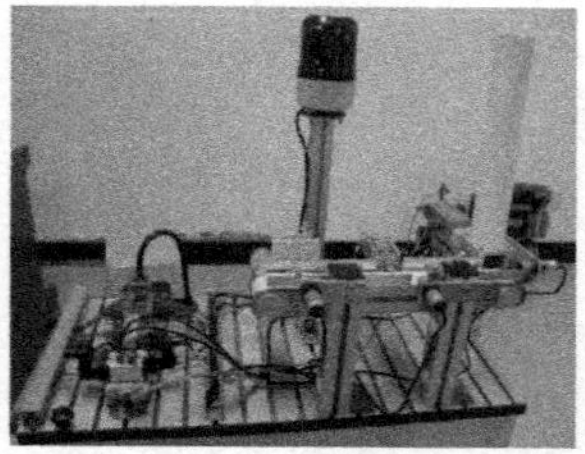
(c) 执行机构侧视图</td><td colspan="3">使 用 工 具</td></tr>
<tr><td colspan="3">内六角扳手、十字螺丝刀、一字螺丝刀(小号)</td></tr>
<tr><td colspan="3">※工艺要求(注意事项)</td></tr>
<tr><td>1</td><td colspan="2">用电安全</td></tr>
<tr><td>2</td><td colspan="2">通过讨论制定的计划方案进行可行性分析应仔细，避免后面返工</td></tr>
<tr><td>3</td><td colspan="2">画出平面分布图，应当细致，便于后面安装准确</td></tr>
</table>

<table>
<tr><td>更改标记</td><td></td><td>编　制</td><td></td><td>批　准</td><td></td></tr>
<tr><td>更改人签名</td><td></td><td>审　核</td><td></td><td>生产日期</td><td></td></tr>
</table>

2.1.2 上料检测系统机械机构的安装任务书

上料检测系统机械机构的安装任务书见表 2-3。

表 2-3 上料检测系统机械机构的安装

<table>
<tr><td rowspan="3">XX 学院</td><td rowspan="3" colspan="3">上料检测系统安装与调试任务书</td><td colspan="2">文件编号</td><td></td></tr>
<tr><td colspan="2">版　次</td><td></td></tr>
<tr><td colspan="3">共 5 页/第 2 页</td></tr>
<tr><td>工序号：2</td><td colspan="3">工序名称：上料检测系统机械机构的安装</td><td colspan="3">作 业 内 容</td></tr>
<tr><td colspan="4" rowspan="13">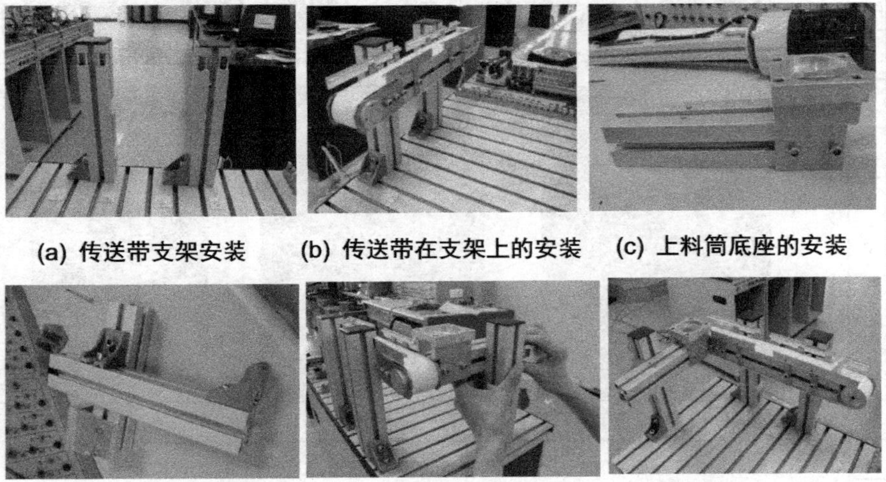
(a) 传送带支架安装　(b) 传送带在支架上的安装　(c) 上料筒底座的安装
(d) 上料筒底座与支架的固定　(e)上料筒底座及支架的安装　(f) 机械机构总体视图</td><td>1</td><td colspan="2">根据前面制定的机械机构安装详细计划，结合平面分布图，准备安装的支架及传送带等</td></tr>
<tr><td>2</td><td colspan="2">根据平面分布图确定传送带支架的位置，并固定</td></tr>
<tr><td>3</td><td colspan="2">在传送带支架上固定传送带，并调整好支架间的距离</td></tr>
<tr><td>4</td><td colspan="2">根据平面分布图确定上料筒支架的位置，并固定</td></tr>
<tr><td>5</td><td colspan="2">在上料筒支架上固定上料筒，并调整好距离</td></tr>
<tr><td colspan="3">使 用 工 具</td></tr>
<tr><td colspan="3">内六角扳手、十字螺丝刀、一字螺丝刀(小号)</td></tr>
<tr><td colspan="3">※工艺要求(注意事项)</td></tr>
<tr><td>1</td><td colspan="2">正确使用内六角扳手</td></tr>
<tr><td>2</td><td colspan="2">传送带支架间的距离要适当，以便后面安装传感器</td></tr>
<tr><td>3</td><td colspan="2">上料筒支架位置要得当，以保证传感器的安装与送料的准确</td></tr>
<tr><td>4</td><td colspan="2">整个机械位置应适宜，以保证联网时准确抓起工件</td></tr>
<tr><td colspan="3"></td></tr>
<tr><td>更改标记</td><td></td><td>编　制</td><td></td><td colspan="2">批　准</td><td></td></tr>
<tr><td>更改人签名</td><td></td><td>审　核</td><td></td><td colspan="2">生产日期</td><td></td></tr>
</table>

2.1.3 上料检测系统气缸的安装与气路连接任务书

上料检测系统气缸的安装与气路连接任务书见表 2-4。

表 2-4 上料检测系统气缸的安装与气路连接

XX 学院	上料检测系统安装与调试任务书	文件编号	
		版　次	
		共 5 页/第 3 页	
工序号：3	工序名称：上料检测系统气缸的安装与气路连接	作 业 内 容	
 (a)气压表的安装  (b)一号气缸的安装 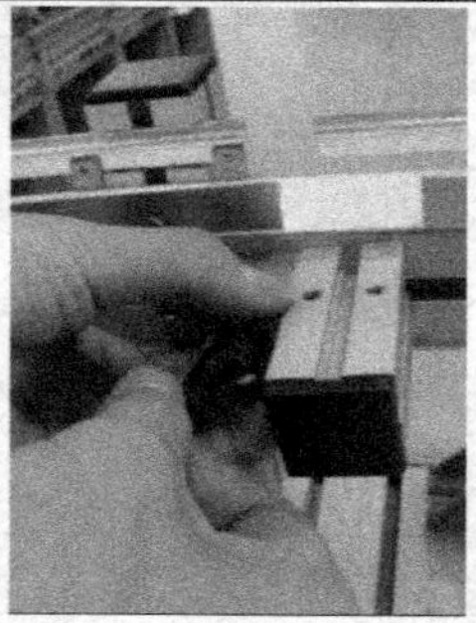 (c)二号气缸支架的固定 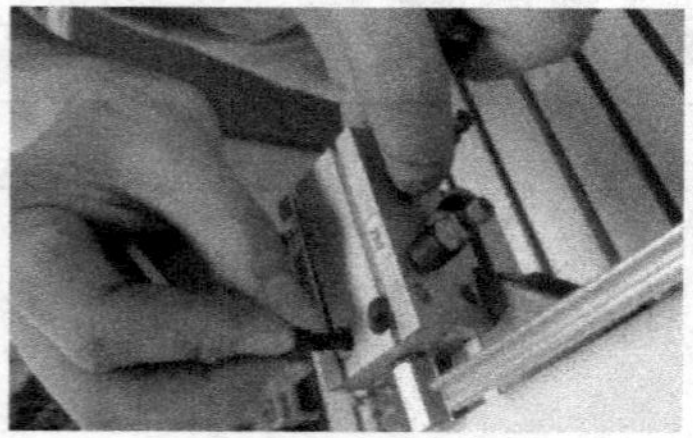 (d)二号气缸的安装  (e)气路的连接		1	根据前面制定的气缸安装和气路分布详细计划，结合平面分布图，准备安装的气缸及气压表等
		2	根据平面分布图确定气压表的安装位置，并固定
		3	根据气路安装计划和平面分布图确定一号气缸安装位置，并固定
		4	根据气路安装计划和平面分布图确定二号气缸安装位置，并固定
		5	根据气路安装计划和平面分布图确定气管的分布路线，并连接
		6	检查气路，以及气缸方向
		使 用 工 具	
		内六角扳手、十字螺丝刀、一字螺丝刀(小号)	
		※工艺要求(注意事项)	
		1	注意气管连接的方法
		2	一号气缸位置应固定准确，以保证准确推出工件
		3	二号气缸位置应固定准确，以保证二号传感器准确检测到工件
更改标记		编　制		批　准	
更改人签名		审　核		生产日期	

2.1.4　上料检测系统电气元件的安装任务书

上料检测系统电气元件的安装任务书见表 2-5。

表 2-5　上料检测系统电气元件的安装

<table>
<tr><td rowspan="3">XX 学院</td><td rowspan="3" colspan="3">上料检测系统安装与调试任务书</td><td colspan="2">文件编号</td><td></td></tr>
<tr><td colspan="2">版　　次</td><td></td></tr>
<tr><td colspan="3">共 5 页/第 4 页</td></tr>
<tr><td>工序号：4</td><td colspan="3">工序名称：上料检测系统电气元件的安装</td><td colspan="3">作 业 内 容</td></tr>
<tr><td colspan="4" rowspan="12">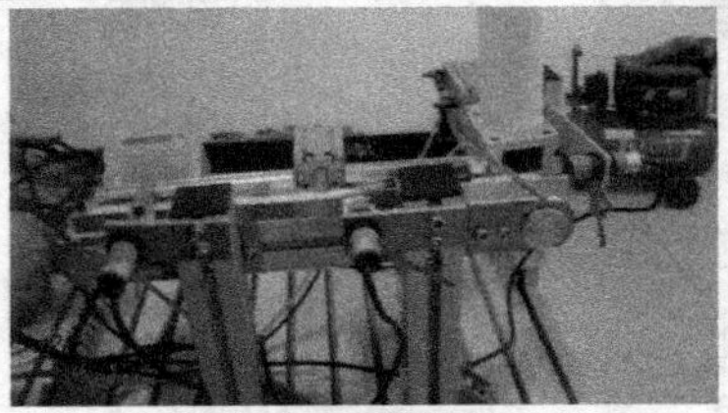
(a) 光电传感器的安装

(b) 电机及反光板的安装
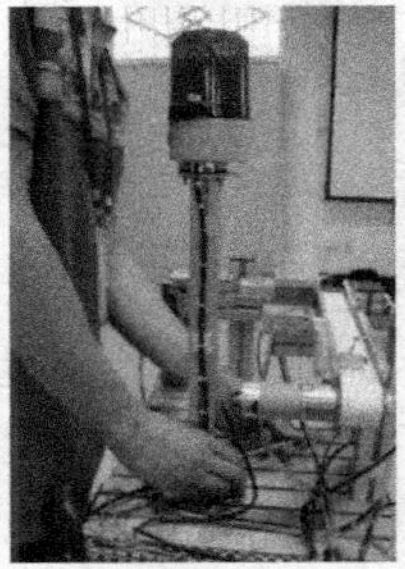
(c)报警器的安装
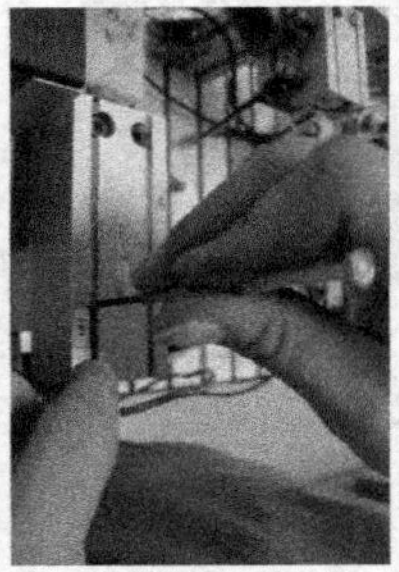
(d) 限位传感器的安装
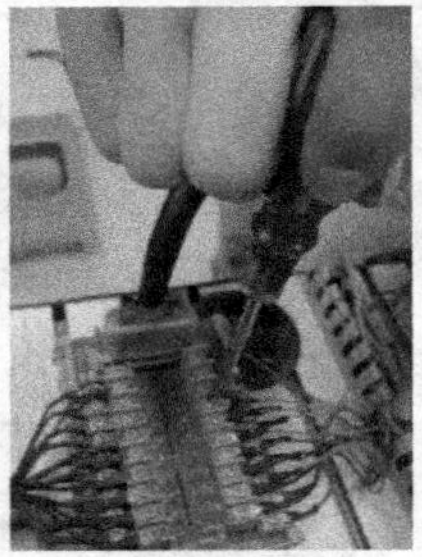
(e) 端子盘接线的安装</td><td>1</td><td colspan="2">根据前面制定的电气元件安装的详细计划，准备传感器及报警器等</td></tr>
<tr><td>2</td><td colspan="2">根据安装计划，确定电机及反光板的位置，并连接到电磁阀上</td></tr>
<tr><td>3</td><td colspan="2">根据安装计划，结合平面分布图，确定一、二、三号传感器安装的位置，安装固定，并连接到接线排上</td></tr>
<tr><td>4</td><td colspan="2">根据安装计划，结合平面分布图，确定一号气缸上下极限的位置，安装固定，并连接到接线排上</td></tr>
<tr><td>5</td><td colspan="2">根据安装计划，结合平面分布图，确定二号气缸上下极限的位置，安装固定，并连接到接线排上</td></tr>
<tr><td>6</td><td colspan="2">根据安装计划，确定报警器的位置，安装固定，并连接到电磁阀上</td></tr>
<tr><td colspan="3">使 用 工 具</td></tr>
<tr><td colspan="3">内六角扳手、十字螺丝刀、一字螺丝刀(小号)</td></tr>
<tr><td colspan="3">※工艺要求(注意事项)</td></tr>
<tr><td>1</td><td colspan="2">注意各个传感器的功能，次序不能颠倒</td></tr>
<tr><td>2</td><td colspan="2">气缸上的传感器安装应当准确，以保证气缸上下极限的准确</td></tr>
<tr><td>3</td><td colspan="2">应当保证 I/O 与给定的一致</td></tr>
<tr><td>更改标记</td><td></td><td>编　制</td><td></td><td colspan="2">批　　准</td><td></td></tr>
<tr><td>更改人签名</td><td></td><td>审　核</td><td></td><td colspan="2">生产日期</td><td></td></tr>
</table>

2.1.5 上料检测系统程序的编写与调试任务书

上料检测系统程序的编写与调试任务书见表 2-6。

表 2-6 上料检测系统程序的编写与调试

XX 学院	上料检测系统安装与调试任务书	文件编号	
		版　次	
		共 5 页/第 5 页	
工序号：5	工序名称：上料检测系统程序的编写与调试	作 业 内 容	
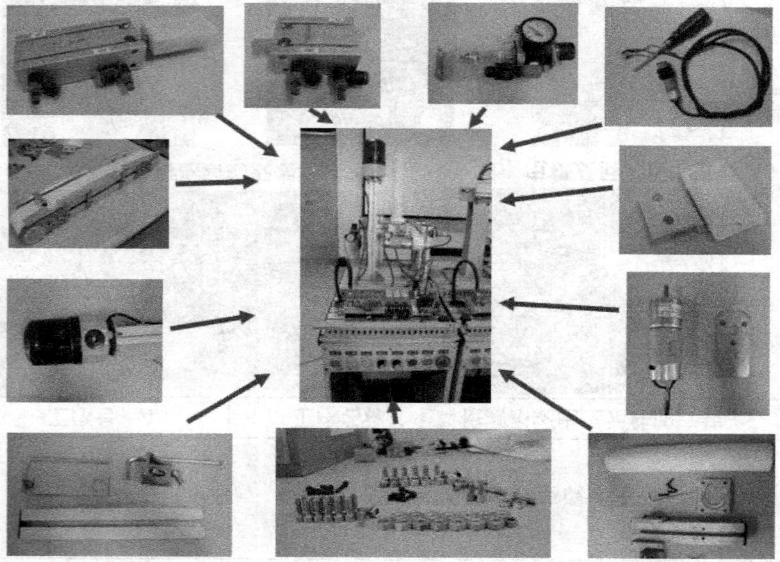		1	根据功能要求，画出流程图
		2	根据流程图，编写出程序
		3	将程序写入设备，调试运行
		4	检查运行情况，查明错误原因
		5	根据原因调整安装的元器件或修改程序等
		6	修改后再次调试运行，直至运行成功
		使 用 工 具	
		内六角扳手、十字螺丝刀、一字螺丝刀(小号)	
		※工艺要求(注意事项)	
		1	明确目的，流程图准确
		2	检查错误时，要分清是硬件安装的原因还是程序编写的原因
		3	调试完成，总结经验

更改标记		编　制		批　准	
更改人签名		审　核		生产日期	

2.2　项目准备

2.2.1　上料检测系统材料清单

上料检测系统材料清单详见表 2-7。

表 2-7　材料清单

序号	名称	数量	该元件功能	备注
1	十字螺钉	3	用于固定电机固定片	有螺帽
2	3 号(内六角)黑色螺钉	4	固定	无螺帽
3	4 号(内六角)黑色螺钉	4	固定	无螺帽
4	5 号(内六角)短螺钉	2	固定	有螺帽
5	5 号(内六角)方形螺帽	2	固定	
6	5 号(内六角)普通螺钉	15	固定	有螺帽
7	5 号(内六角)普通螺帽	17	固定	
8	5 号(内六角)长螺钉	2	固定	有螺帽
9	6 号(内六角)普通螺钉	8	固定	有螺帽
10	6 号(内六角)普通螺帽	8	固定	
11	大直三角架	2	用于传送带支架底座	
12	小直三角架	2	1.报警器支架底座 2. 2号传感器支架固定	
13	曲三角架	2	1.两面凸出者用于固定上料筒支架底座 2.一面凸出者用于上料筒水平支架与垂直支架固定	
14	传感器固定块	3	1.带弧度的长块用于 1 号传感器 2.直平的断块分别用于 2 号和 3 号传感器	
15	反光板	1	用于 3 号传感器反光	
16	气压表	1	用于测量气压的大小	
17	气管	5	传送气流，蓝色一根、黄色两根、黑色两根	
18	气缸	2	1.一号气缸用于推出工件 2.二号气缸用于确保工件颜色的检测	
19	电机	1	用于带动传送带传送工件	
20	电机固定片	1	用于固定电机	
21	上料筒底座	3	用于固定上料筒	
22	传送带支架	2	用于固定传送带	
23	上料筒支架	2	水平支架和垂直支架各 1 根，固定上料筒底座	
24	上料筒	1	用于存放工件	
25	报警器与支架	1	用于提示工件颜色	
26	光敏传感器	3	用于检测颜色和工件有无	
27	气缸限位传感器	4	用于确定气缸极限位	

2.2.2　上料检测系统安装流程图

上料检测系统安装流程图如图 2.2 所示。

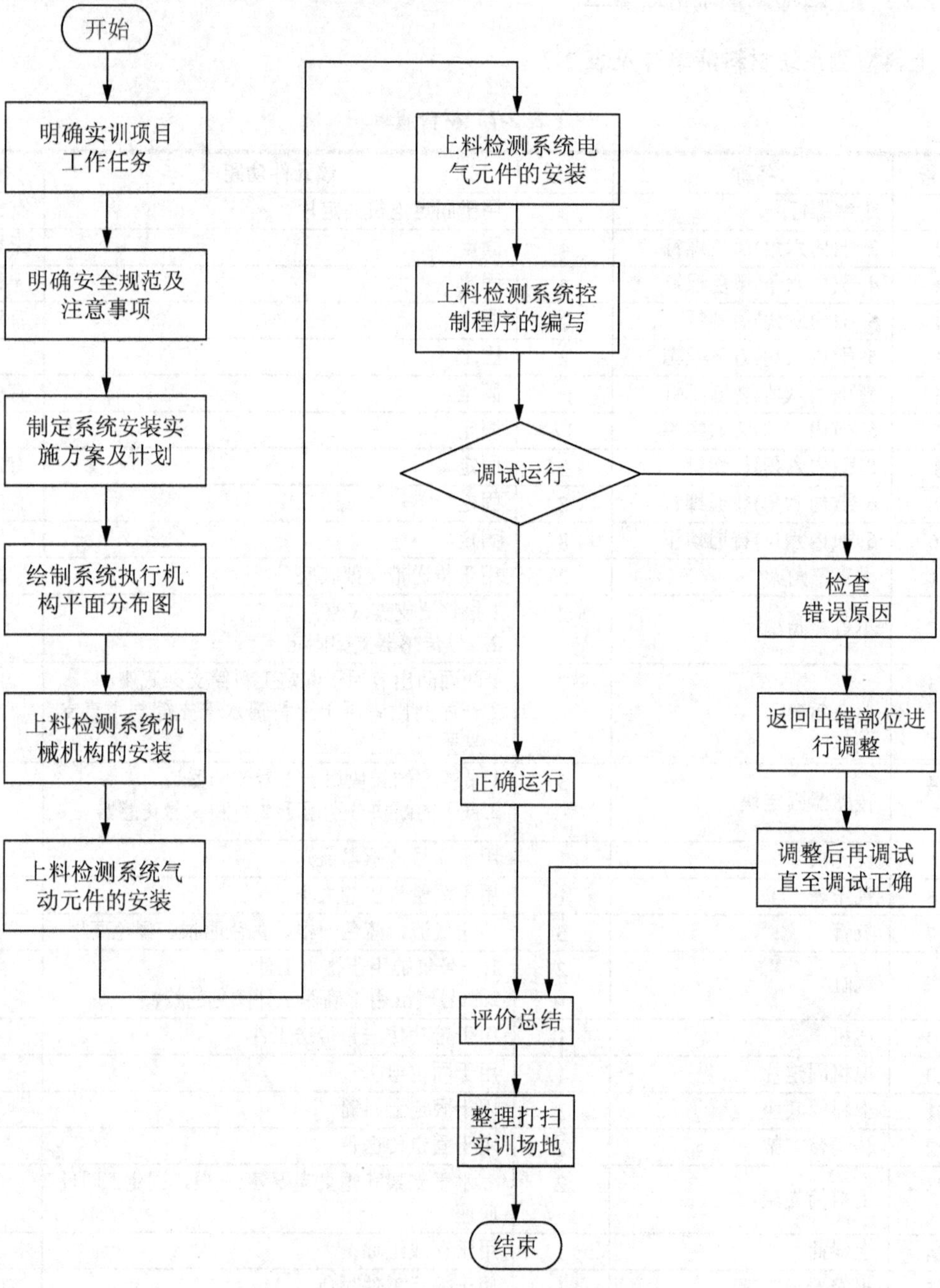

图 2.2　上料检测系统安装流程图

2.3　项目实施

2.3.1　上料检测系统元器件和线路布局设计

1. 系统基本结构

上料检测系统如图 2.3 所示。该系统是完成原料送入，经传送带进行检测的过程。本系统是将执行机构安装在带槽的铝平板上(700mm×350mm)，执行机构如图 2.4 所示，各个元器件通过接线端子排连接到下面的 PLC 上。通过 PLC 来控制每个元器件的动作，从而来完成上料检测系统的工作，控制机构如图 2.5 所示。

图 2.3　上料检测系统

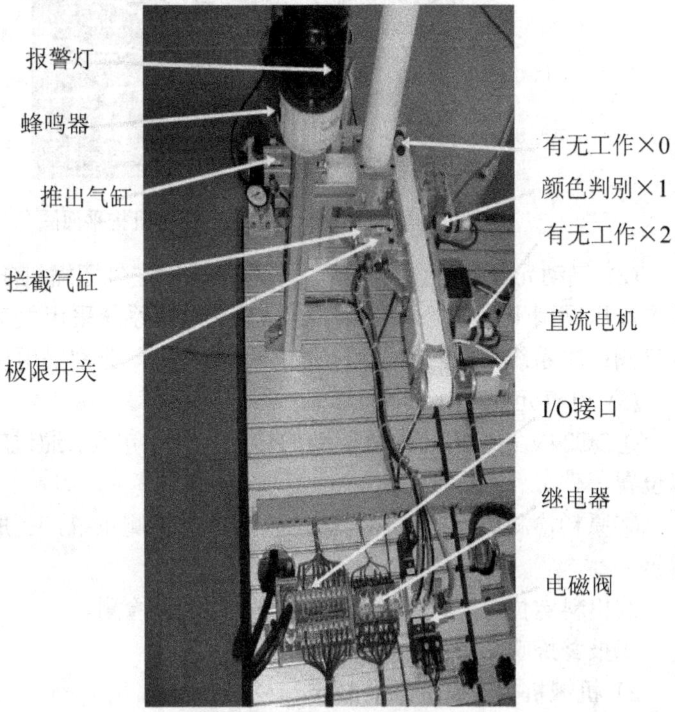

图 2.4　执行机构平面图

2. 制定上料检测系统安装实施方案

(1) 本系统主要进行执行机构的拆装。在拆装之前，需了解用到的元器件，并掌握其功能和使用方法。

(2) 制定出各个部分的详细安装计划，确定各个部分安装流程，并对此次序进行可行性分析。

1) 机构介绍及元器件

(1) 机械机构部分。①井式储存料仓：存储原料元件；②自动推料单元：采用直线气缸完成推料动作，将工件由料仓送到传送带。

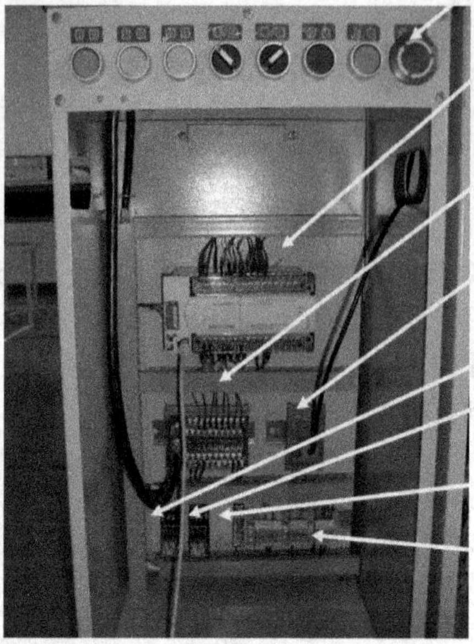

图 2.5　控制机构平面图

(2) 气动元件部分。①气源：本系统采用空气压缩机(提供气动系统所需的压缩空气，其中减压阀用于调节工作压力)；②气压表：本系统采用气动二联件(可手动调节气压大小)；③气阀：本系统采用二位五通换向阀；④气缸：分别采用单作用气缸和双作用气缸。

(3) 电气元件部分。

①DC24V 齿轮直流电机驱动的传送带传送单元，通过输送带将工件传送到传送带待搬运位置。

②原料检测单元：包含拦截定位装置与检测系统，完成工件检测与颜色辨别的光电传感器。

③出料定位单元：由传感器完成工件定位检测。

④报警蜂鸣装置：区分不同颜色工件。

2) 机械机构安装计划的制定

结合功能要求，根据支架的实际情况，结合传送带特点，制定机械机构安装的详细计划。注意安装的先后次序。

3) 气动元件安装计划的制定

结合功能要求，根据气路特点及实际情况，制定气缸安装与气路分布的详细计划。

4) 电气元件安装计划的制定

结合功能要求，根据实际需要，制定传感器及报警器安装的详细计划。在限位器安装时应注意位置的准确性。

5) 执行机构平面分布图的绘制

根据功能要求和计划方案，画出上料检测系统执行机构的平面分布图；并分配小组成员任务。

2.3.2　上料检测系统机械机构的安装

根据前面制定的机械机构安装详细计划，结合平面分布图，准备安装的支架及传送带等器件。

1. 传送带的安装

1) 传送带支架固定

根据平面分布图确定传送带支架的位置，并固定。

两侧深色箭头所指的位置采用 6 号内六角螺钉固定。在固定时注意两支架间的距离(以保证和传送带的有效连接，以及后面传感器位置的准确)。两支架的距离为平面凹槽板 5 个凹槽，如图 2.6 所示，中间白色箭头所指处为凹槽。

2) 传送带固定

在传送带支架上固定传送带。图 2.7 深色箭头处用 5 号内六角螺钉固定。在固定时应在白色箭头所指处分别装两颗 5 号螺帽，以便后面传感器的固定。

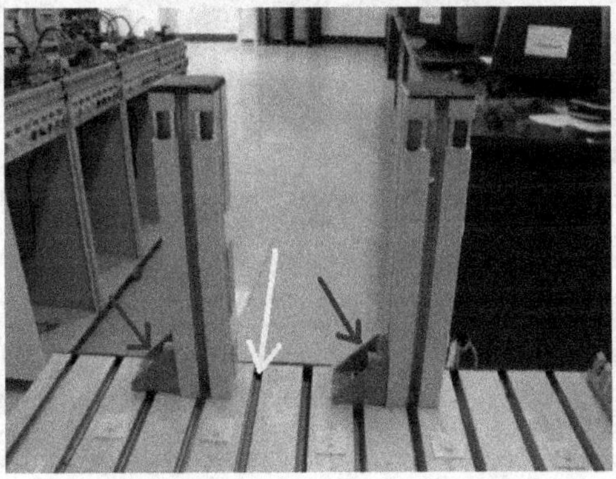

图 2.6　传送带支架的固定

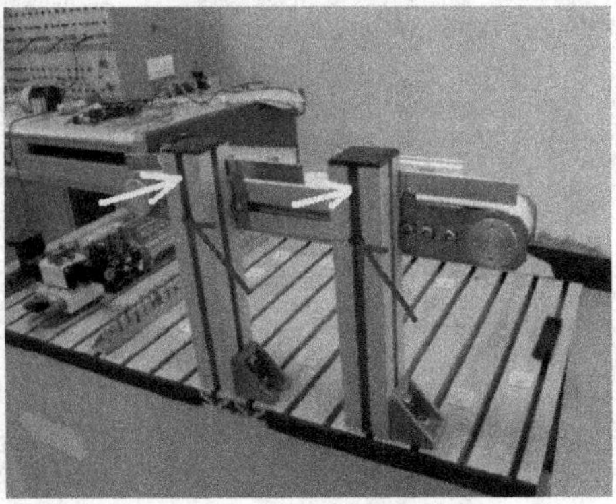

图 2.7　传送带的固定

2. 上料筒的安装

1) 组装上料筒底座

图 2.8 深色箭头处采用 5 号内六角螺钉固定，白色箭头处采用 3 号内六角螺钉固定。

2) 上料筒底座与上料筒支架固定

将组装好的上料筒底座与上料筒支架固定。图 2.9 右侧箭头所指处采用 6 号内六角螺钉固定。在下侧箭头所指的凹槽内装上两颗 5 号螺帽(以便后面安装传感器)。最左侧箭头所指的部分位置要估算好(以保证后面传感器安装的准确性)。

3) 上料筒底座及支架固定到平面凹槽板

将上料筒底座及支架固定到平面凹槽板上。图 2.10 箭头所指处用 6 号内六角螺钉固定，注意在固定时位置要安放准确(以保证工件能顺利送到传送带上)。

在上料筒底座上安装上料筒即可，如图 2.11 中箭头所指的位置。

通过上面方法即完成上料检测系统机械机构的安装。

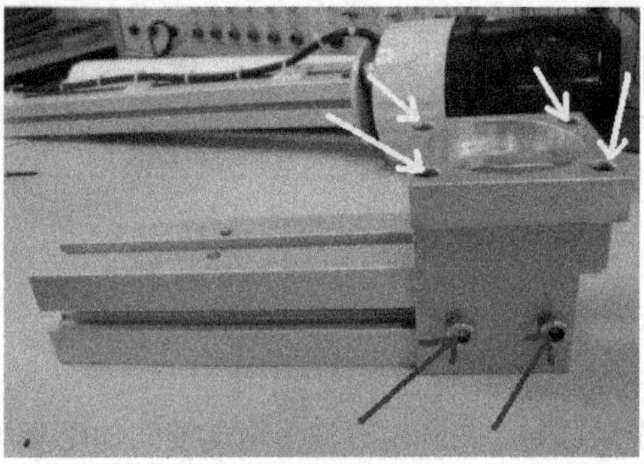

图 2.8　上料筒底座

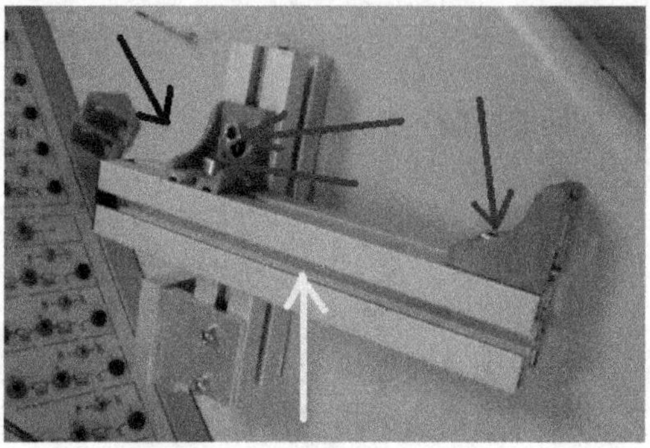

图 2.9　上料筒底座及支架

图 2.10　上料筒支架的安装

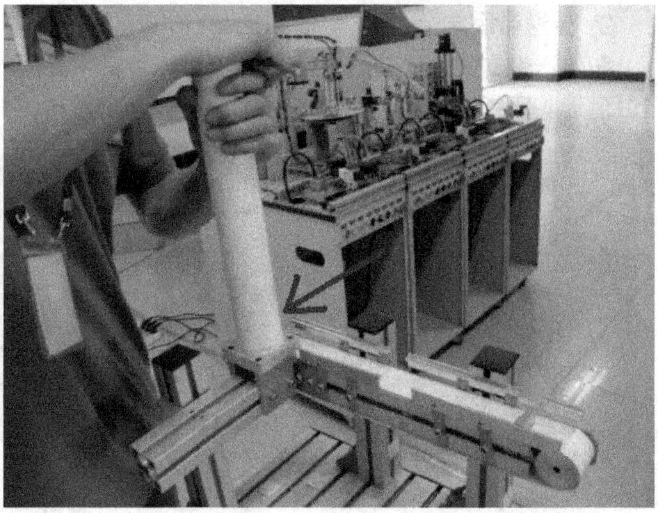

图 2.11　上料筒的安装

2.3.3　上料检测系统气缸的安装与气路的连接

根据前面制定的气缸安装和气路分布详细计划(如图 2.12 所示)，结合平面分布图，准备安装的气缸及气压表等。

1. 气压表的安装

1) 确定气压表的安装位置

根据平面分布图确定气压表的安装位置，如图 2.13 所示。

2) 气压表的固定

在所确定的安装位置上固定气压表。图 2.14 箭头所指处用 5 号内六角螺钉固定，安装在平面凹槽板的角上即可。

2. 一号(单作用)气缸的安装

图 2.15 箭头所指处用 4 号内六角螺钉固定。

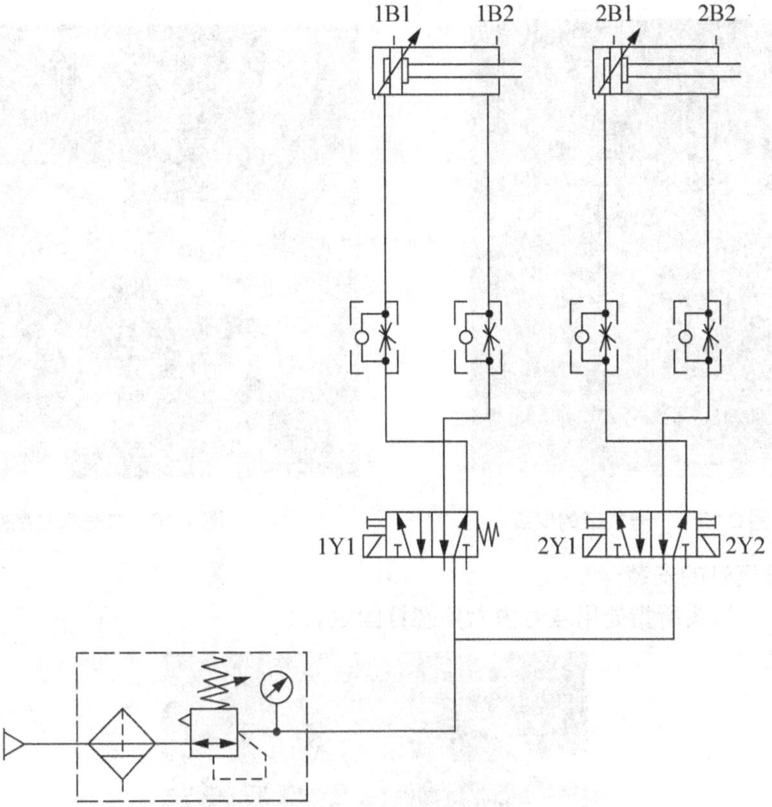

图 2.12　气路分布图

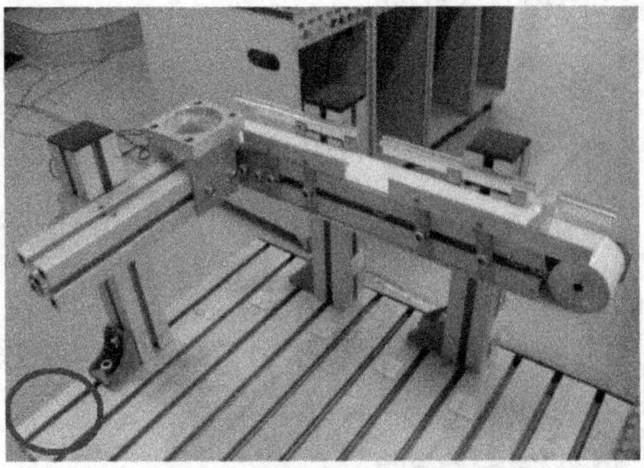

图 2.13　气压表安装位置

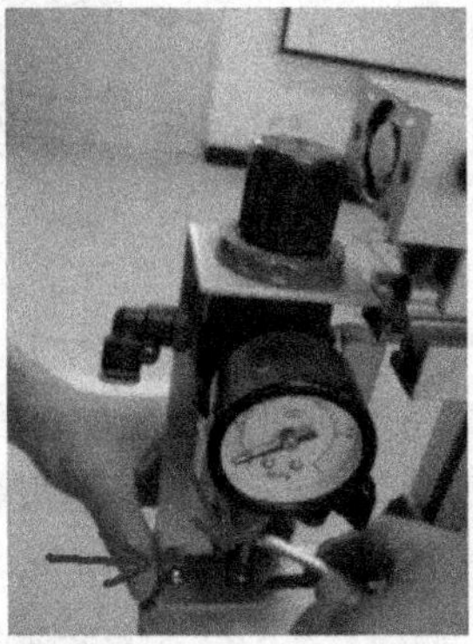

图 2.14　气压表的安装

3. 二号(双作用)气缸的安装

1) 二号气缸底座的安装

图 2.16 箭头所指处用 5 号内六角螺钉固定，注意位置的估算(以便在安装二号气缸后能准确的拦住工件进行颜色检测)。

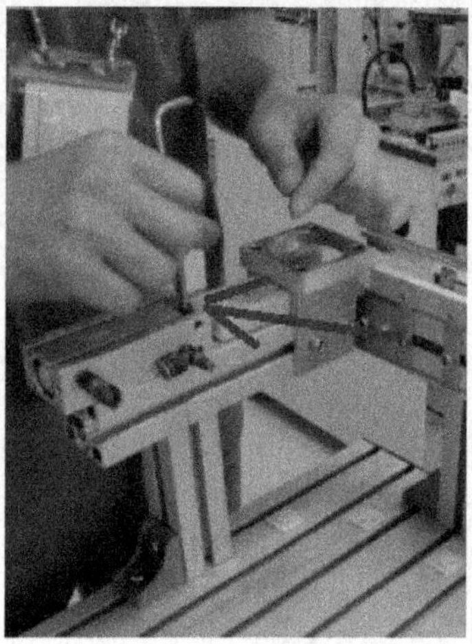

图 2.15　一号气缸的安装

图 2.16　二号气缸底座

2) 二号气缸的安装

图 2.17 中箭头所指处用 4 号内六角螺钉固定。

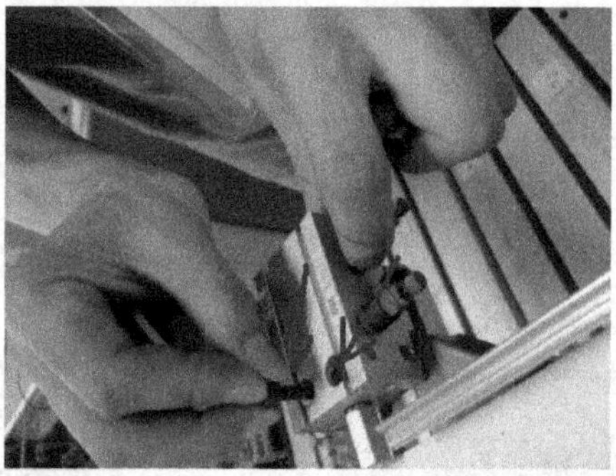

图 2.17　二号气缸的安装

4. 气路的连接

根据气路安装计划和平面分布图确定气管的分布路线，并连接。

蓝色气管为主气管，橙色和黑色气管分别连接到气缸上，用以控制气缸动作。注意橙色和黑色气管的次序，不能接反，如图 2.18 所示。

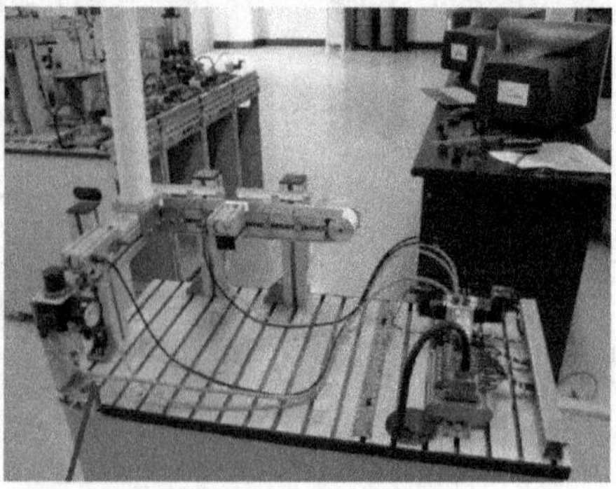

图 2.18　气路的连接

安装完成气压表与气缸，连接好气路，即可完成上料检测系统气缸的安装和气路的连接。

2.3.4 上料检测系统电气元件的安装

根据前面制定的电气元件安装的详细计划，结合平面分布图，准备待安装的传感器及报警器等电气元件。

1. 电机及反光板的安装

1) 电机与固定板的固定

如图 2.19 所示，固定即可。

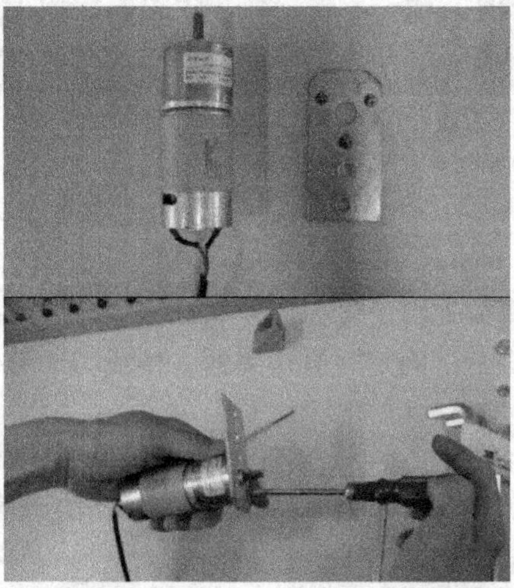

图 2.19 电机与固定板的固定

2) 电机与反光板的固定

图 2.20(a)中箭头所指处用 5 号内六角螺钉固定。电机接线加到 K1 上，如图 2.20(b)所示。

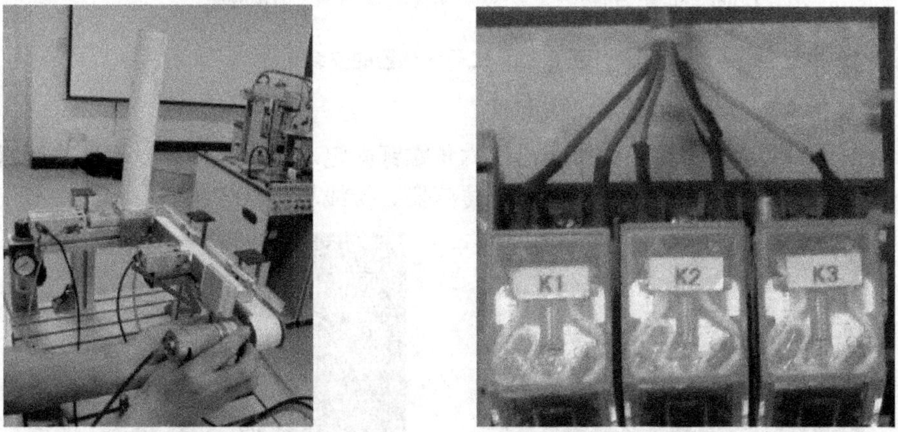

(a)安装　　(b)接线

图 2.20 电机与反光板的固定

2. 一、二、三号传感器的安装

1) 一号传感器的安装

如图 2.21(a)所示，在箭头处用 5 号内六角螺钉固定，注意高度，以保证传感器检测的准确；然后按照图 2.21(b)所示，固定一号传感器；最后按照图 2.21(c)所示接线。

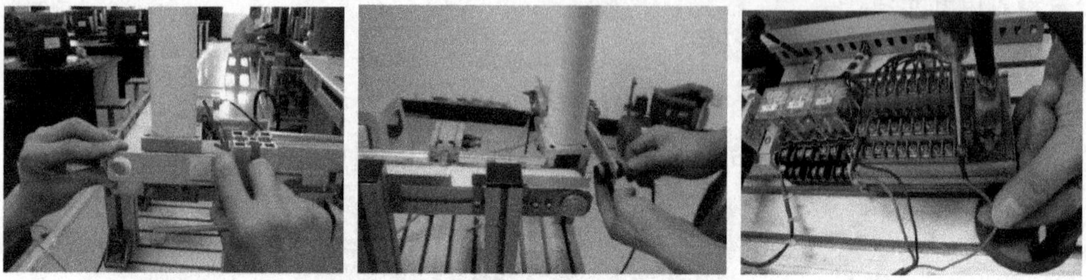

(a)固定位置　　(b)安装　　(c)接线

图 2.21　一号传感器的安装

2) 二号传感器的安装

如图 2.22(a)所示，在箭头处用 5 号内六角螺钉固定，注意高度，以保证传感器检测的准确。然后按照图 2.22(b)所示，固定一号传感器。接线与一号传感器一样。

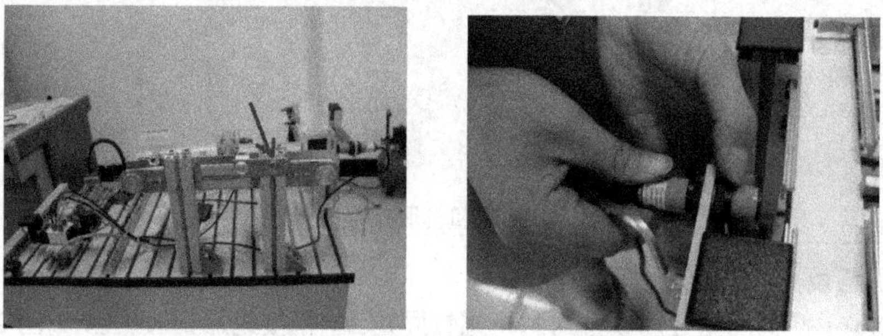

(a)固定位置　　(b)安装

图 2.22　二号传感器的安装

3) 三号传感器的安装

如图 2.23(a)所示，在箭头处用 5 号内六角螺钉固定，注意高度，以保证传感器检测的准确。然后按照图 2.23(b)所示，固定一号传感器。接线与一号传感器一样。

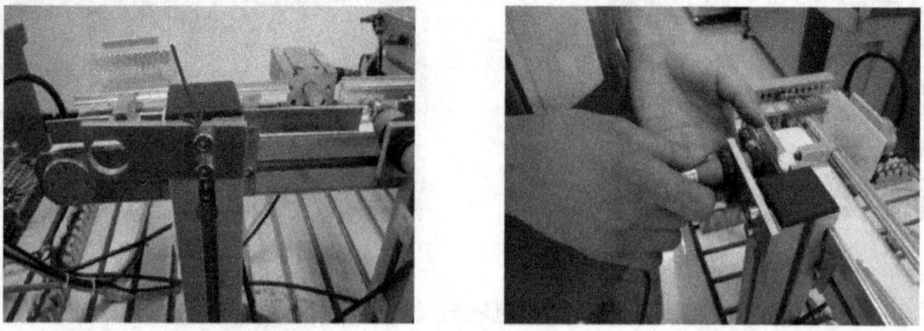

(a)固定位置　　(b)安装

图 2.23　三号传感器的安装

3. 气缸限位传感器的安装

1) 一号气缸限位传感器的安装

如图 2.24(a)所示，在箭头所指处固定限位传感器，注意位置的准确性。限位传感器接线如图 2.24(b)所示，1 号箭头所指处接棕色线，2 号箭头所指处接蓝色线。

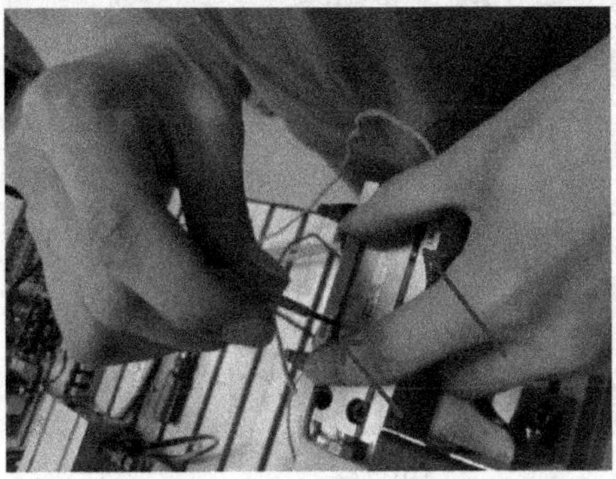

(a)安装

(b)接线

图 2.24　一号气缸限位传感器的安装

2) 二号气缸限位传感器的安装

如图 2.25 所示，在箭头所指处固定限位传感器，注意位置的准确性。接线与一号气缸限位传感器相同。

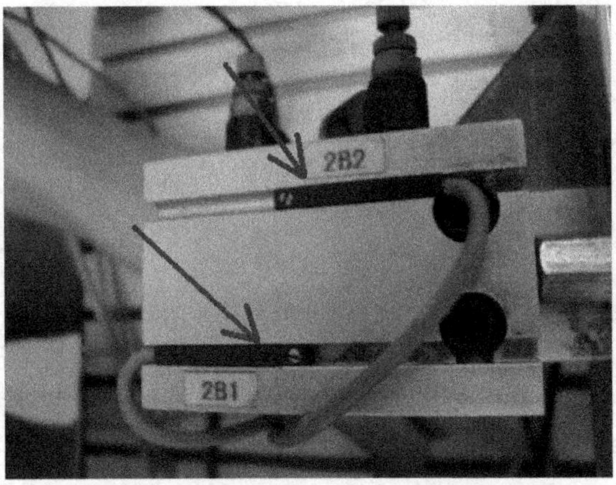

图 2.25　二号气缸限位传感器的安装

4. 报警器的安装

如图 2.26(a)所示，将报警器用 5 号内六角螺钉固定在平面凹槽上面。接线如图 2.26(b)所示，分别接到 K2 和 K3 上。

通过上面的安装，完成上料检测系统电气元件的安装。

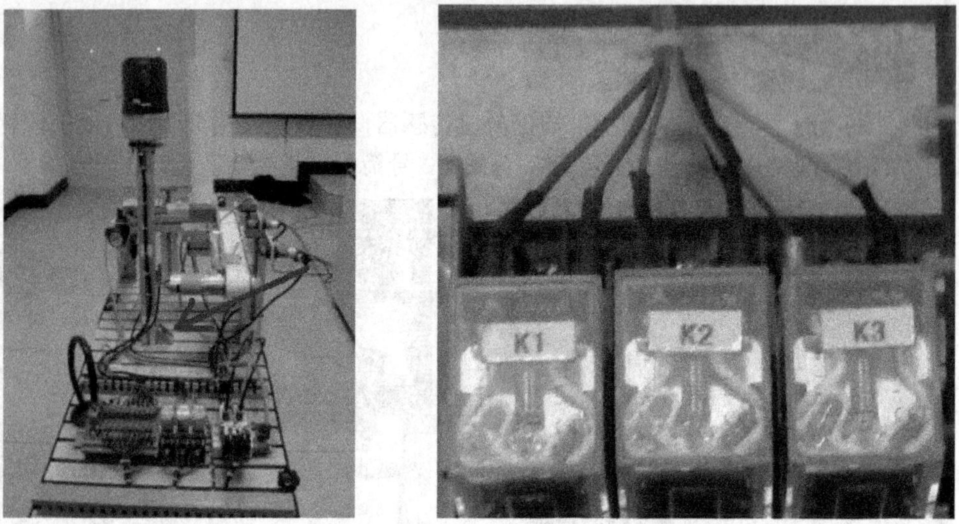

(a)安装　　　　(b)接线

图 2.26　报警器的安装

2.3.5　上料检测系统程序的编写与调试

本系统是完成原料送入，经传送带进行检测的过程。

1. 调试运行设备

(1) 组装好的上料检测系统。
(2) 安装有 WINDOWS 操作系统的 PC 机一台(具有 FXGPWIN 软件)。
(3) PLC(三菱 FX 系列)一台。
(4) PC 与 PLC 的通信电缆一根。

2. 控制要求

其具体的控制要求如下。

上电后复位灯闪，按下复位按钮后，执行复位，复位完毕之后开始灯才闪，按下开始按钮，推出工件一号气缸上升，检测有工件进位，电机启动，同时二号气缸上升，等待对工件进行颜色检测，根据颜色作出相应反映：蓝色工件报警灯亮，黑色工件蜂鸣器发出“嘀嘀嘀”声，持续时间都为 4 秒，电机再启动，同时二号气缸下降，待三号传感器检测到工件，等工件拿走后完成一个循环；返回。(在适当的位置加上停止按钮，重新启动按钮)

3. 上料检测系统 I/O 分配

1) 控制面板

控制面板 I/O 分配如图 2.27 所示。

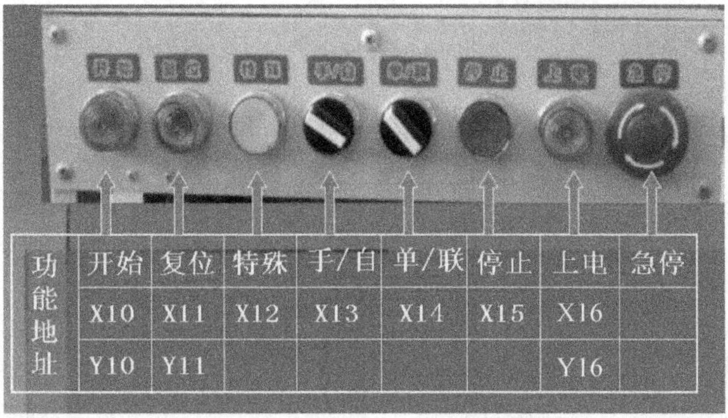

图 2.27　控制面板 I/O 分配

2) 执行机构 I/O 分配

执行机构 I/O 分配如表 2-8 所示。

表 2-8　执行机构 I/O 分配表

输入		输出	
1 号传感器	X000	回转电机	Y000
2 号传感器	X001	蜂鸣器	Y001
3 号传感器	X002	报警灯	Y002
1 号气缸下极限	X003	1 号气缸推出	Y003
1 号气缸上极限	X004	2 号气缸伸出	Y004
2 号气缸下极限	X005	2 号气缸收回	Y005
2 号气缸上极限	X006		

4. 运行调试操作

1) 绘制流程

根据控制要求及 I/O 分配情况，结合组装好的上料检测系统，绘制编写 PLC 程序的功能流程图。在流程图中体现动作先后次序，以及动作切换条件。

参考流程图如图 2.28 所示。

2) 程序的编写

根据流程图，以及控制要求和 I/O 分配情况，编写程序。启动 FXGPWIN 软件，用鼠标单击工具栏上的“新建”按钮，选择所使用的 PLC 类型(FX2N)，再单击“确认”按钮。按要求编写程序。

参考程序如图 2.29 所示。

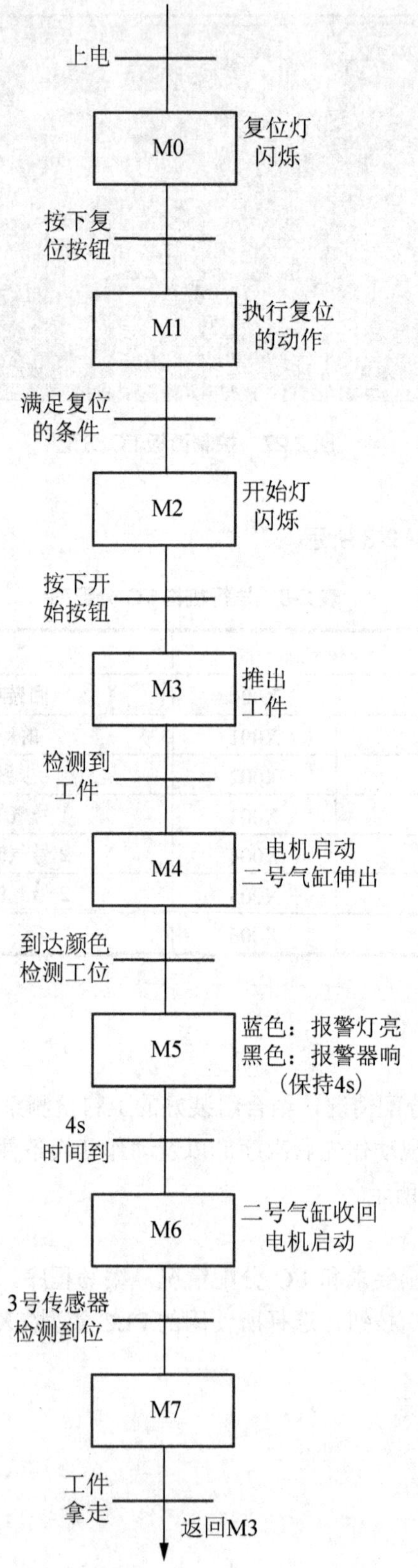
上电
M0
复位灯闪烁
按下复位按钮
M1
执行复位的动作
满足复位的条件
M2
开始灯闪烁
按下开始按钮
M3
推出工件
检测到工件
M4
电机启动
二号气缸伸出
到达颜色检测工位
M5
蓝色：报警灯亮
黑色：报警器响
（保持4s）
4s时间到
M6
二号气缸收回
电机启动
3号传感器检测到位
M7
工件拿走
返回M3

图 2.28　参考流程图

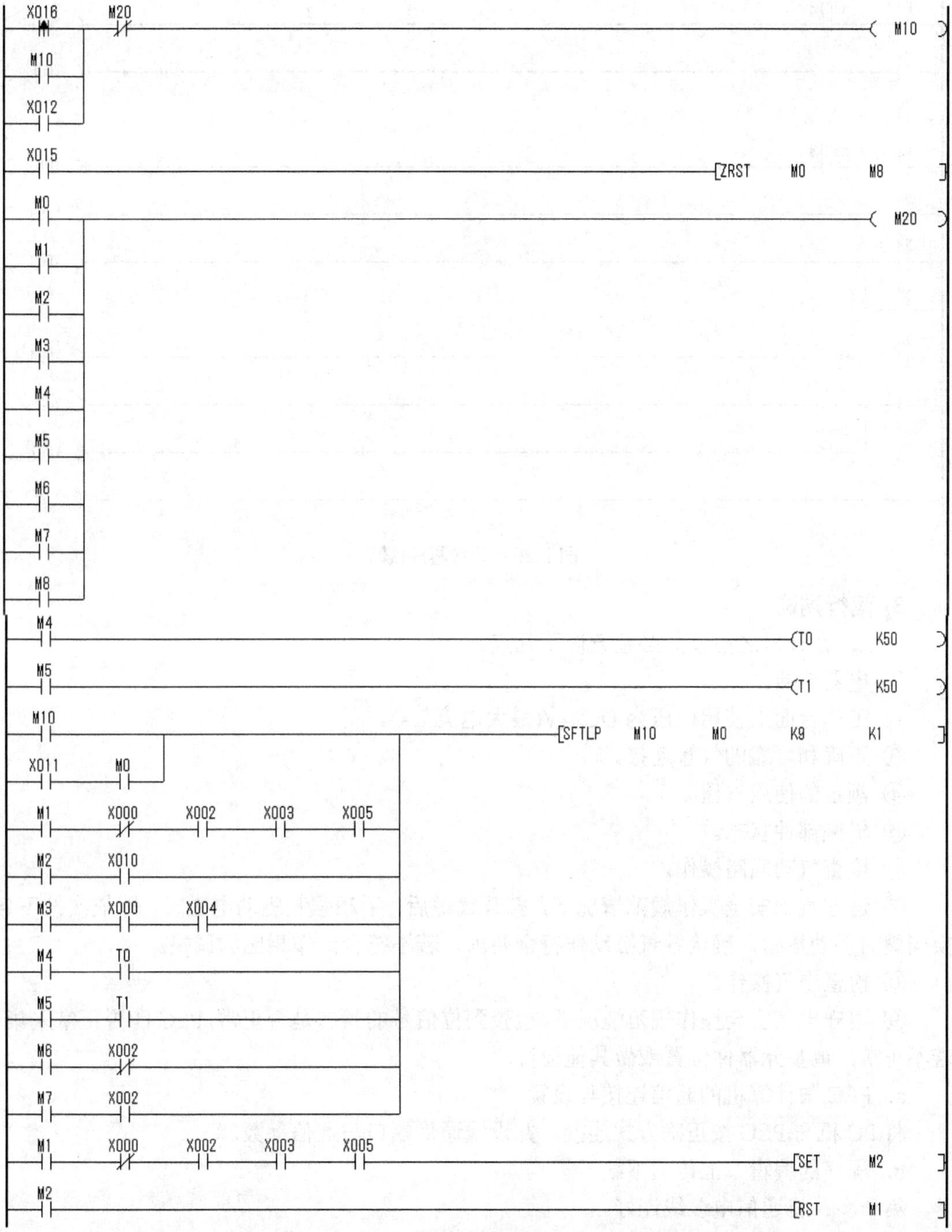
X016
M20
M10
M10
X012
X015
ZRST M0 M8
M0
M20
M1
M2
M3
M4
M5
M6
M7
M8
M4
T0 K50
M5
T1 K50
M10
SFTLP M10 M0 K9 K1
X011
M0
M1
X000
X002
X003
X005
M2
X010
M3
X000
X004
M4
T0
M5
T1
M6
X002
M7
X002
M1
X000
X002
X003
X005
SET M2
M2
RST M1

图 2.29　参考程序

图 2.29 参考程序(续)

3) 运行调试

注意：在开机之前请务必检查以下几点。

① 电器连接。

② 工作台面上使用电压为 DC24V(最大电流 2A)。

③ 正确和可靠的气管连接。

④ 额定的使用气压。

⑤ 机械部件状态。

⑥ 检查气动回路操作。

⑦ 遵守气动安全操作规范情况下，打开气源后，手动强制驱动电磁阀，即依次按下各换向阀的手动按钮，确认各气缸动作符合要求，若不符合，作相应的调整。

⑧ 检查电气操作。

⑨ 遵守电气安全操作规范情况下,检查到位信号的状态是否正常,PLC 能否正常采集;若不正常，调整元器件位置或做其他检查。

a．PLC 与计算机的通信连接与设置

将 PC 机与 PLC 按正确方式连接，并设置通信端口与通信参数。

b．程序的编辑、上传、下载

第一步：将通信电缆线连好。

第二步：将 PLC 的工作状态开关放在“PROG”处。

第三步：在刚才编写好的程序写入，选择“PLC”按钮，单击“传送”按钮，再单击“写出”按钮，弹出对话框，写好起止步数，单击“确定”按钮。

c．上电运行

根据运行情况，结合控制要求，检查是否有错误。

如果有错误，关掉电源，检查错误。查找具体原因，分清是硬件组装的错误，还是编程的错误。根据错误情况，分别改正错误，再重新调试，直至调试正确。

如果没有错误，即调试正确，完成调试。

5. 总结评价

小组讨论，分别总结经验和方法，小组汇总，形成总结报告。

6. 验收

根据学生的计划、组装、调试操作、总结情况进行评价验收。

2.4　考核评价

考核标准详见质量评价表，见表 2-9。

表 2-9　质量评价表

考核项目	考核要求	配分	评分标准	扣分	得分	备注
系统安装	1.会安装元件； 2.按图完整、正确及规范接线； 3.按照要求编号	54	1.元件松动扣 2 分，损坏一处扣 4 分； 2.错、漏线每处扣 2 分； 3.反圈、压皮、松动，每处扣 2 分； 4.错、漏编号，每处扣 1 分			
编程操作	1.会建立程序新文件； 2.正确输入梯形图； 3.正确保存文件	10	1.不能建立程序新文件或建立错误扣 4 分； 2.输入梯形图错误一处扣 2 分			
运行操作	1.操作运行系统，分析运行结果； 2.会监控梯形图； 3.会验证工作方式	25	1.系统通电操作错误一步扣 3 分； 2.分析运行结果错误一处扣 2 分； 3.监控梯形图错误一处扣 2 分； 4.验证工作方式错误扣 5 分			
安全生产	自觉遵守安全文明生产规程	11	1.每违反一项规定，扣 3 分； 2.发生安全事故，扣 11 分； 3.漏接接地线一处扣 5 分			
时间	3 小时		提前正确完成，每 5 分钟加 2 分； 超过定额时间，每 5 分钟扣 2 分			
开始时间：		结束时间：		实际时间：		

项目3

原料搬运系统(机械手)

3.1 项目任务

原料搬运系统项目内容见表3-1。

表3-1 原料搬运系统项目内容

项目内容	(1) 元器件布局及线路布局设计； (2) 原料搬运系统(机械手)机械机构的安装； (3) 原料搬运系统(机械手)气缸的安装与气路连接； (4) 原料搬运系统(机械手)电气元件的安装； (5) 原料搬运系统(机械手)程序的编写与调试
重难点	(1) 元器件布局与线路布局设计； (2) 原料搬运系统(机械手)的安装； (3) 原料搬运系统(机械手)程序的编写与调试
参考的相关文件	GB/T 13869—2008《用电安全导则》 GB 19517—2009《国家电气设备安全技术规范》 GB/T 25295—2010《电气设备安全设计导则》 GB 50150—2006《电气装置安装工程—电气设备交接试验标准》
操作原则与安全注意事项	(1) 一般原则：培训的学员必须在指导老师的指导下才能操作该设备。请务必按照技术文件和各独立元件的使用要求使用该系统，以保证人员和设备安全。 (2) 电气系统：只有在断电状态下才能连接和断开各种电气连线，使用直流24V以下的电压。 (3) 气动系统：气动系统的使用压力不得超过800kPa(8bar)。在气动系统管路接好之前不得接通气源。接通气源和长时间停机后开始工作，个别气缸可能会运动过快，所以要特别当心。 (4) 机械系统：所有部件的紧定螺钉应拧紧。不要在系统运行时人为的干涉正常工作

项目导读

能模仿人手和臂的某些动作功能，用以按固定程序抓取、搬运物件或操作工具的自动操作装置。机械手是最早出现的工业机器人，也是最早出现的现代机器人，它可代替人的繁重劳动以实现生产的机械化和自动化，能在有害环境下操作以保护人身安全，因而广泛应用于机械制造、冶金、电子、轻工和原子能等部门，如图 3.1 所示。本项目通过教学设备实现机械手抓取工件和搬运工件的工作。

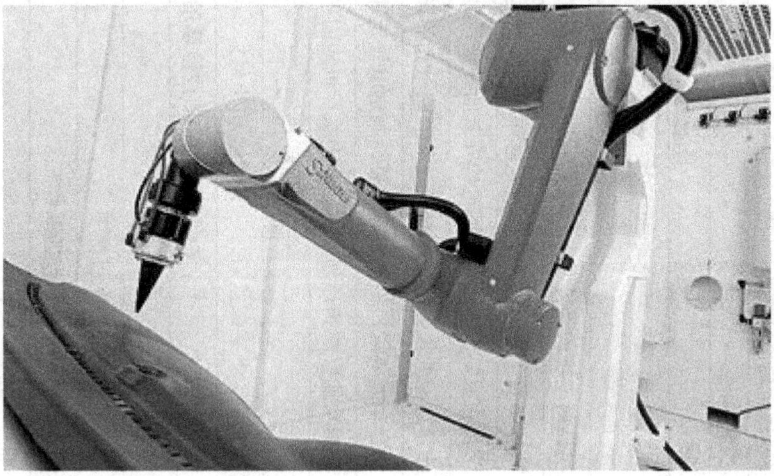

图 3.1　机械手

3.1.1　元器件布局及线路布局设计任务书

元器件布局及线路布局设计任务书见表 3-2。

表 3-2　元器件布局及线路布局设计

<table>
<tr><td rowspan="3" colspan="2">XX 学院</td><td rowspan="3" colspan="2">原料搬运系统(机械手)
安装与调试任务书</td><td colspan="2">文件编号</td><td></td></tr>
<tr><td colspan="2">版　次</td><td></td></tr>
<tr><td colspan="3">共 5 页/第 1 页</td></tr>
<tr><td colspan="2">工序号：1</td><td colspan="2">工序名称：元器件布局及线路布局设计</td><td colspan="3">作 业 内 容</td></tr>
<tr><td rowspan="12" colspan="4">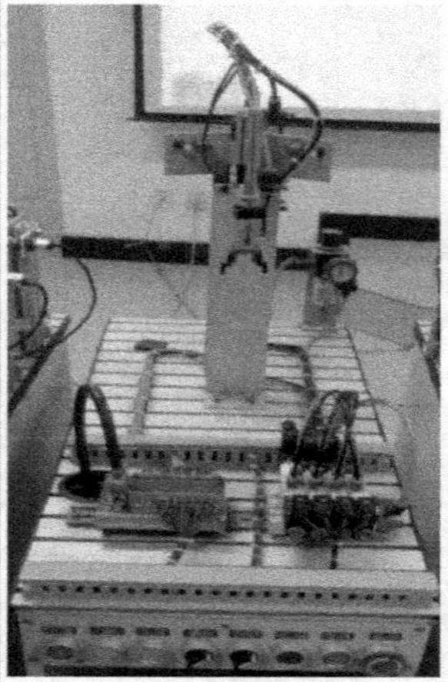
(a) 执行机构正面
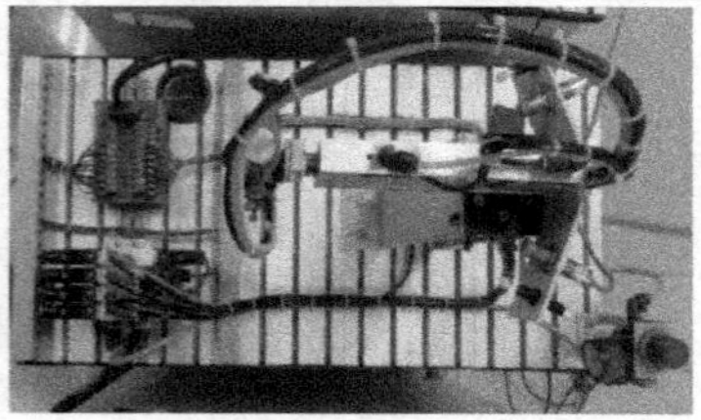
(b)执行机构俯视图
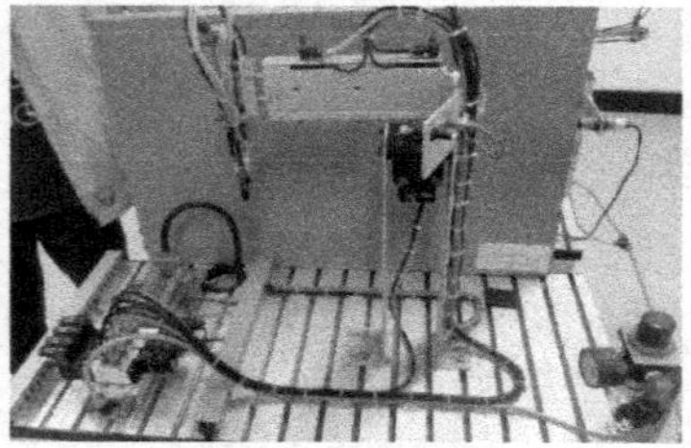
(c)执行机构侧面</td><td>1</td><td colspan="2">根据第二站的具体功能，收集元器件安装资料，来选择安装位置</td></tr>
<tr><td>2</td><td colspan="2">制定出整个系统的安装方案，确定各个部分安装流程</td></tr>
<tr><td>3</td><td colspan="2">结合功能要求，制定机械机构安装的详细计划</td></tr>
<tr><td>4</td><td colspan="2">结合功能要求，制定气缸安装与气路分布的详细计划</td></tr>
<tr><td>5</td><td colspan="2">结合功能要求，根据实际需要，制定电气元件安装的详细计划</td></tr>
<tr><td>6</td><td colspan="2">根据功能要求和计划方案，画出执行机构的平面分布图</td></tr>
<tr><td colspan="3">使 用 工 具</td></tr>
<tr><td colspan="3">内六角扳手、十字螺丝刀、一字螺丝刀(小号)</td></tr>
<tr><td colspan="3">※工艺要求(注意事项)</td></tr>
<tr><td>1</td><td colspan="2">用电安全</td></tr>
<tr><td>2</td><td colspan="2">注意气缸安装的先后次序</td></tr>
<tr><td>3</td><td colspan="2">气路连接要准确，应当细致</td></tr>
<tr><td>更改标记</td><td></td><td>编　制</td><td></td><td colspan="2">批　准</td><td></td></tr>
<tr><td>更改人签名</td><td></td><td>审　核</td><td></td><td colspan="2">生产日期</td><td></td></tr>
</table>

3.1.2　原料搬运系统机械机构的安装任务书

原料搬运系统机械机构的安装任务书见表 3-3。

表 3-3　原料搬运系统机械机构的安装

XX 学院	原料搬运系统(机械手) 安装与调试任务书	文件编号	
		版　　次	
		共 5 页/第 2 页	
工序号：2	工序名称：原料搬运系统机械机构的安装	作 业 内 容	

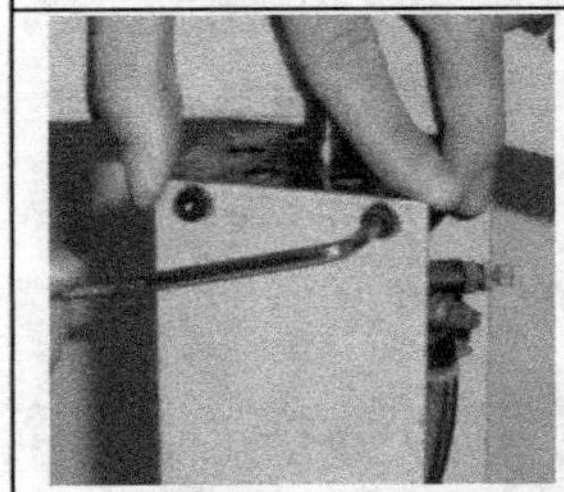

(a)旋转气缸的安装

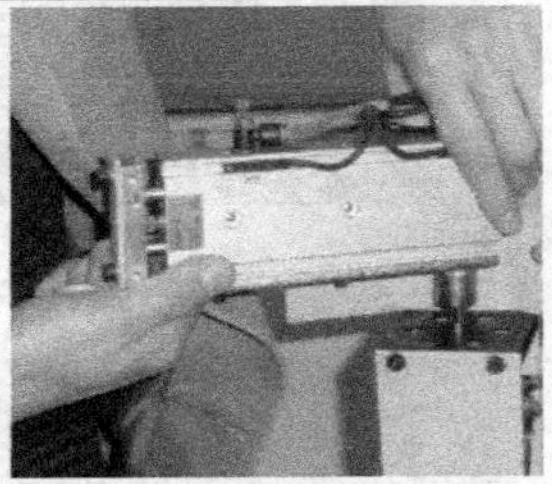

(c)水平气缸的安装

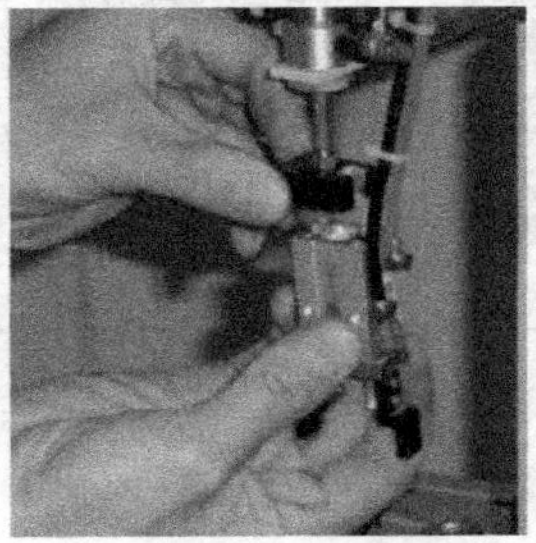

(b)气爪气缸的安装

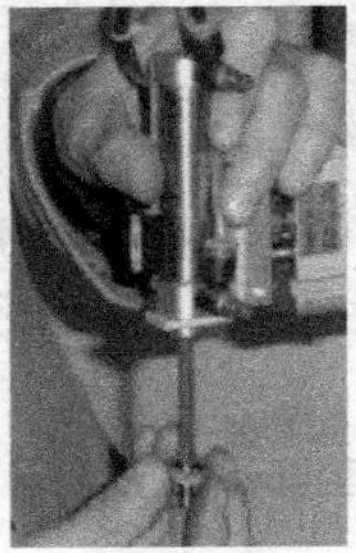

(d)垂直气缸的安装

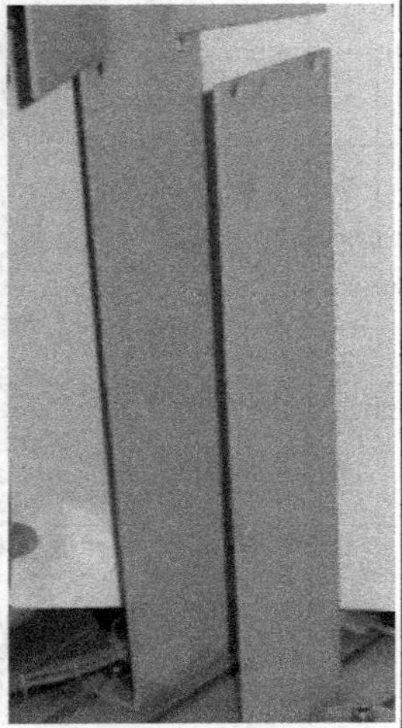

(e) 机械手支架的安装

作 业 内 容	
1	根据前面制定的机械机构安装详细计划，结合平面分布图，准备安装的支架及气缸等
2	根据平面分布图确定机械手支架的位置，并固定
3	在机械手支架上固定旋转气缸，并安装水平托架
4	在水平托架上固定水平气缸，并安装垂直气缸托架
5	在垂直气缸托架上安装垂直气缸和安装气爪气缸，并固定
使 用 工 具	
内六角扳手、十字螺丝刀、一字螺丝刀(小号)	
※工艺要求(注意事项)	
1	正确使用内六角扳手
2	机械手支架的位置要安装适当
3	气缸方向要安装正确
4	气缸固定要牢靠

更改标记		编　制		批　　准	
更改人签名		审　核		生产日期	

3.1.3 原料搬运系统气缸的安装与气路连接任务书

原料搬运系统气缸的安装与气路连接任务书见表 3-4。

表 3-4 原料搬运系统气缸的安装与气路连接

<table>
<tr><td rowspan="3">XX 学院</td><td rowspan="3">原料搬运系统(机械手)
安装与调试任务书</td><td colspan="2">文件编号</td><td colspan="2"></td></tr>
<tr><td colspan="2">版　　次</td><td colspan="2"></td></tr>
<tr><td colspan="4">共 5 页/第 3 页</td></tr>
<tr><td>工序号：3</td><td>工序名称：原料搬运系统气缸的安装与气路连接</td><td colspan="4">作 业 内 容</td></tr>
<tr><td colspan="2" rowspan="11">
(a)气压表的安装

(b) 水平气缸气路的连接

(c) 气阀气路的连接

(d)旋转气缸气路的连接

(e)气路的连接</td><td>1</td><td colspan="3">根据前面制定的气路分布详细计划，结合平面分布图，准备安装的气管及气压表等</td></tr>
<tr><td>2</td><td colspan="3">根据平面分布图确定气压表的安装位置，并固定</td></tr>
<tr><td>3</td><td colspan="3">根据气路安装计划和平面分布图确定气管的安装路线，并固定</td></tr>
<tr><td>4</td><td colspan="3">根据气路安装计划准确连接对应的气缸与气阀，并连接</td></tr>
<tr><td>5</td><td colspan="3">检查气路，以及气缸方向</td></tr>
<tr><td colspan="4">使 用 工 具</td></tr>
<tr><td colspan="4">内六角扳手、十字螺丝刀、一字螺丝刀(小号)</td></tr>
<tr><td colspan="4">※工艺要求(注意事项)</td></tr>
<tr><td>1</td><td colspan="3">注意气管连接的方法</td></tr>
<tr><td>2</td><td colspan="3">气管方向连接准确，以保证气缸动作正确</td></tr>
</table>

<table>
<tr><td>更改标记</td><td></td><td>编　制</td><td></td><td>批　　准</td><td></td></tr>
<tr><td>更改人签名</td><td></td><td>审　核</td><td></td><td>生产日期</td><td></td></tr>
</table>

3.1.4　原料搬运系统电气元件的安装任务书

原料搬运系统电气元件的安装任务书见表 3-5。

表 3-5　原料搬运系统电气元件的安装

<table>
<tr><td rowspan="3">XX 学院</td><td rowspan="3" colspan="2">原料搬运系统(机械手)
安装与调试任务书</td><td colspan="2">文件编号</td><td></td></tr>
<tr><td colspan="2">版　次</td><td></td></tr>
<tr><td colspan="3">共 5 页/第 4 页</td></tr>
<tr><td>工序号：4</td><td colspan="2">工序名称：原料搬运系统电气元件的安装</td><td colspan="3">作 业 内 容</td></tr>
<tr><td colspan="3" rowspan="13">
(a) 水平方向前后极限的安装
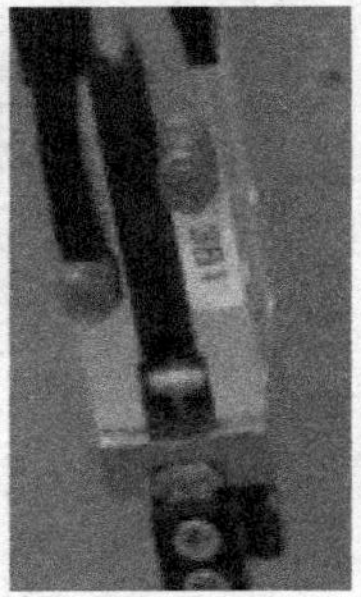
(c)放松极限的安装
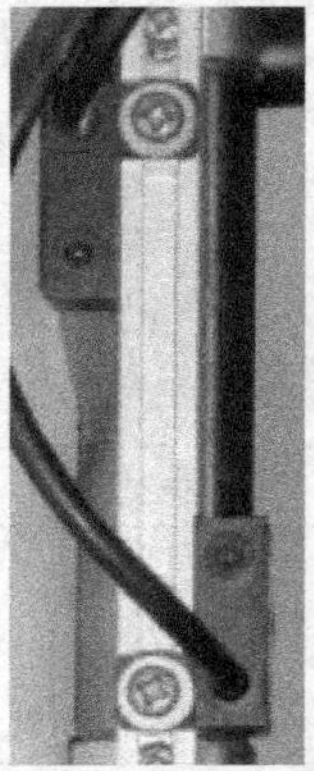
(b)垂直方向上下极限的安装
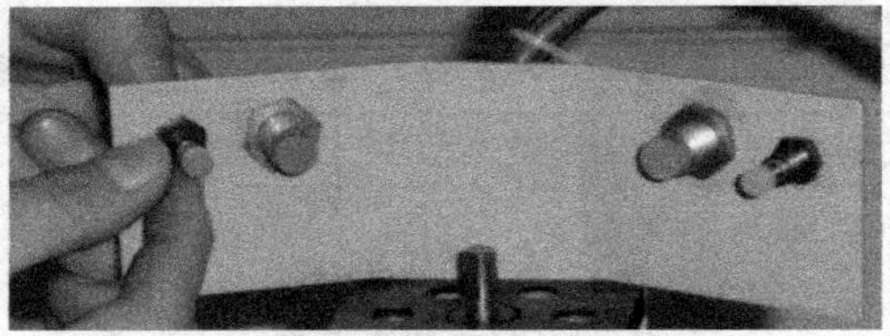
(d) 旋转左右极限的安装</td><td>1</td><td colspan="2">根据前面制定的电气元件安装的详细计划，结合平面分布图，准备待安装的传感器等</td></tr>
<tr><td>2</td><td colspan="2">根据安装计划，结合支架情况，安装旋转左右气缸极限传感器，并安装缓冲弹簧</td></tr>
<tr><td>3</td><td colspan="2">根据安装计划，结合水平气缸的情况，安装水平前后极限</td></tr>
<tr><td>4</td><td colspan="2">根据安装计划，结合平面分布图，结合垂直气缸情况，安装上下极限</td></tr>
<tr><td>5</td><td colspan="2">根据安装计划，结合气爪情况，安装气爪的放松极限</td></tr>
<tr><td>6</td><td colspan="2">根据安装计划，结合平面分布图，连接所有极限到端子排上</td></tr>
<tr><td colspan="3">使 用 工 具</td></tr>
<tr><td colspan="3">内六角扳手、十字螺丝刀、一字螺丝刀(小号)</td></tr>
<tr><td colspan="3">※工艺要求(注意事项)</td></tr>
<tr><td>1</td><td colspan="2">注意各个极限传感器的功能，位置要准确</td></tr>
<tr><td>2</td><td colspan="2">支架上缓冲弹簧的安装要配合旋转左右传感器的情况来安装</td></tr>
<tr><td>3</td><td colspan="2">极限位连接到接线排上时，应当保证 I/O 与给定的一致</td></tr>
<tr><td colspan="3"></td></tr>
<tr><td>更改标记</td><td></td><td>编　制</td><td colspan="2">批　准</td><td></td></tr>
<tr><td>更改人签名</td><td></td><td>审　核</td><td colspan="2">生产日期</td><td></td></tr>
</table>

3.1.5 原料搬运系统程序的编写与调试任务书

原料搬运系统程序的编写与调试任务书见表 3-6。

表 3-6 原料搬运系统程序的编写与调试

XX 学院	原料搬运系统(机械手) 安装与调试任务书	文件编号	
		版 次	
		共 5 页/第 5 页	
工序号：5	工序名称：原料搬运系统程序的编写与调试	作 业 内 容	
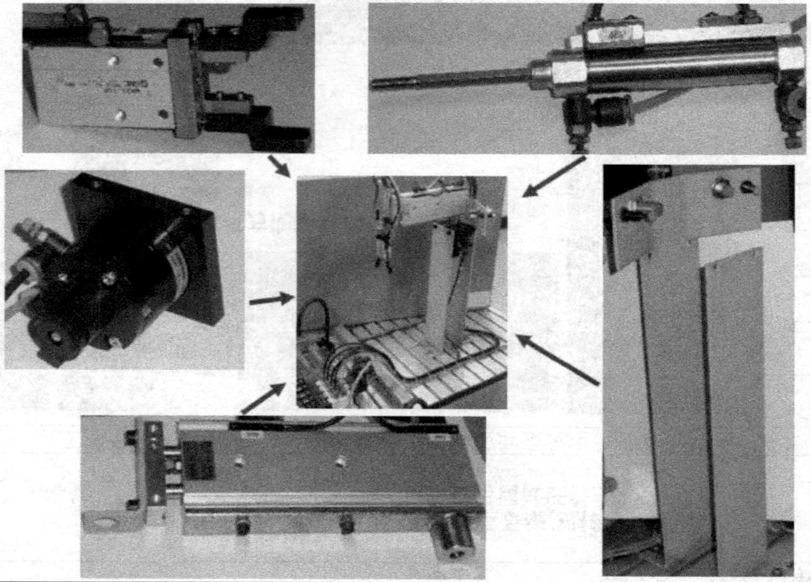		1	根据功能要求，画出流程图
		2	根据流程图，编写出程序
		3	将程序写入设备，调试运行
		4	检查运行情况，查明错误原因
		5	根据原因调整安装的元器件或修改程序等
		6	修改后再次调试运行，直至运行成功
		使 用 工 具	
		内六角扳手、十字螺丝刀、一字螺丝刀(小号)	
		※工艺要求(注意事项)	
		1	明确目的，流程图准确
		2	检查错误时，要分清是硬件安装的原因还是程序编写的原因
		3	调试完成，总结经验
更改标记		编 制		批 准	
更改人签名		审 核		生产日期	

3.2　项目准备

3.2.1　原料搬运系统(机械手)材料清单

原料搬运系统(机械手)材料清单详见表 3-7。

表 3-7　材料清单

序号	名称	数量	该元件功能	备注
1	5 号(内六角)普通螺钉	4	用于垂直支架安装固定	
2	5 号(内六角)普通螺帽	6	1.用于垂直支架安装固定(4); 2.用于缓冲弹簧安装固定(2)	
3	4 号(内六角)黑色螺钉	7	1.用于旋转气缸安装固定(4); 2.用于水平气缸支架安装固定(1); 3.用于垂直气缸支架安装固定(2)	
4	3 号(内六角)黑色螺钉	2	用于水平气缸安装固定	
5	6 号(内六角)普通螺帽	5	1.用于垂直气缸安装固定(1); 2.用于传感器安装固定(4)	
6	4 号(内六角)普通螺帽	1	用于气爪安装固定	
7	气压表	1	用于测量气压的大小	
8	气管	5	传送气流，有蓝色(1)、黄色(2)、黑色(2)	
9	旋转气缸	1	用于带动水平气缸的旋转	
10	气爪	1	用于抓取工件	
11	垂直气缸	1	用于控制机械手的垂直下降与上升	
12	水平气缸	1	用于控制机械手的水平伸缩与收回	

3.2.2　原料搬运系统(机械手)安装流程图

原料搬运系统安装流程图如图 3.2 所示。

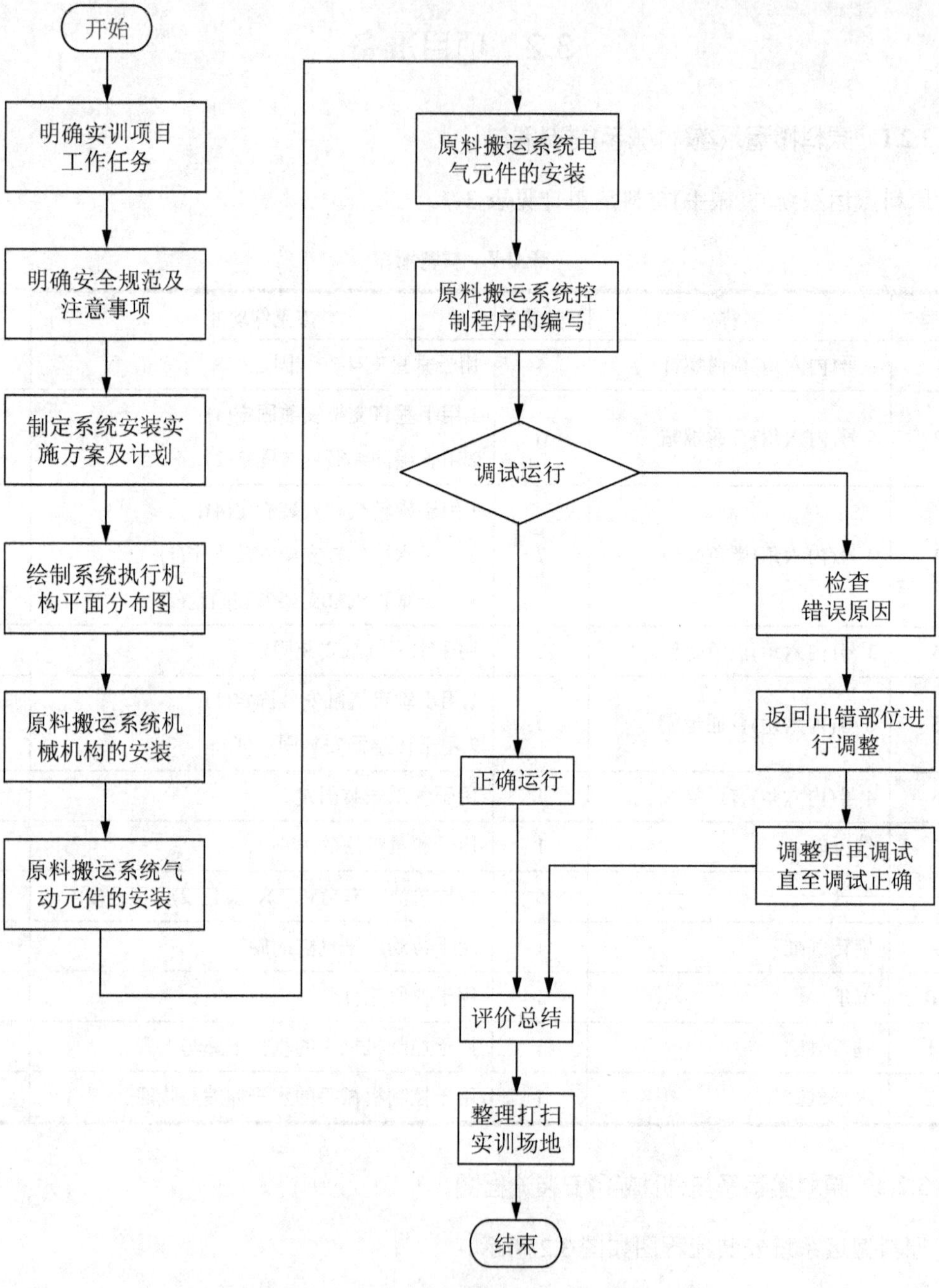

图 3.2　原料搬运系统(机械手)安装流程图

3.3　项目实施

3.3.1　原料搬运系统(机械手)元器件和线路布局设计

1．系统基本结构

原料搬运系统如图 3.3 所示。该系统是完成将工件从上站搬至下一站的过程。本系统是将执行机构安装在带槽的铝平板上(700mm×350mm)，执行机构如图 3.4 所示，各个元器件通过接线端子排连接到下面的 PLC 上。通过 PLC 来控制每个元器件的动作，从而来完成原料搬运系统(机械手)的工作，控制机构如图 3.5 所示。

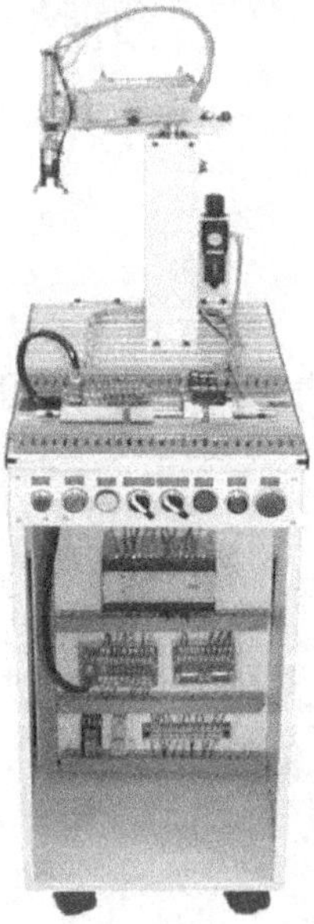

图 3.3 原料搬运系统(机械手)

图 3.4 执行机构平面图

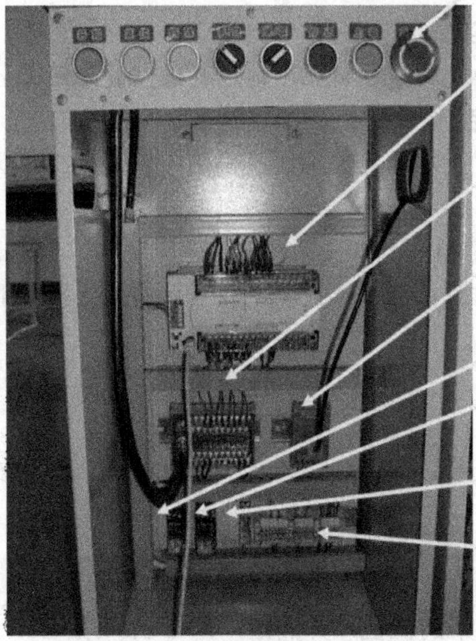

图 3.5 控制机构平面图

2. 制定原料搬运系统(机械手)安装实施方案

本系统主要进行执行机构的拆装。在拆装之前，需了解用到的元器件，并掌握其功能和使用方法。通过观察元器件位置，再根据原料搬运系统所要实现的功能，进行小组讨论，得出元器件安装的基本框架，在此框架之上制定出各个部分的详细安装计划。确定各个部分安装流程，并对此次序进行可行性分析。

1) 机构介绍及元器件清单

(1) 机械机构部分：

①垂直支架：支撑各个气缸，并固定旋转气缸。

②气缸托架：托起气缸，并固定。

③气缸：完成动作，实现搬运功能。

(2) 气动元件部分：

①气源：本系统采用空气压缩机(提供气动系统所需的压缩空气，其中减压阀用于调节工作压力)。

②气压表：本系统采用气动二联件(可手动调节气压大小)。

③气阀：本系统采用二位五通换向阀。

④气缸：采用单作用气缸和双作用气缸。

(3) 电气元件部分：

①接近传感器：确保旋转到位。

②气缸极限：保证气缸动作的完成。

③端子排：将输入输出信号与 PLC 连接。

2) 机械机构安装计划的制定

结合功能要求，根据支架的实际情况，结合机械手特点，制定机械机构安装的详细计划。注意安装的先后次序。

3) 气动元件安装计划的制定

结合功能要求，根据气路特点及实际情况，制定气缸安装与气路分布的详细计划。

4) 电气元件安装计划的制定

结合功能要求，根据实际需要，制定传感器及机械手安装的详细计划。在安装限位器时应注意位置的准确性。

5) 执行机构平面分布图的绘制

根据功能要求和计划方案，画出原料搬运系统(机械手)执行机构的平面分布图；并分配小组成员任务。

3.3.2 原料搬运系统(机械手)机械机构和气缸的安装

根据已制定的机械机构安装的详细计划，结合平面分布图，准备安装的垂直支架及气缸等器件。

1. 垂直支架的安装

根据平面分布图确定垂直支架的位置，并固定，如图 3.6 所示。

箭头所指的位置采用 5 号内六角螺钉固定。在固定时注意与前后的距离，以保证与前站位置关系的准确，从而确保能够准确抓起工件。

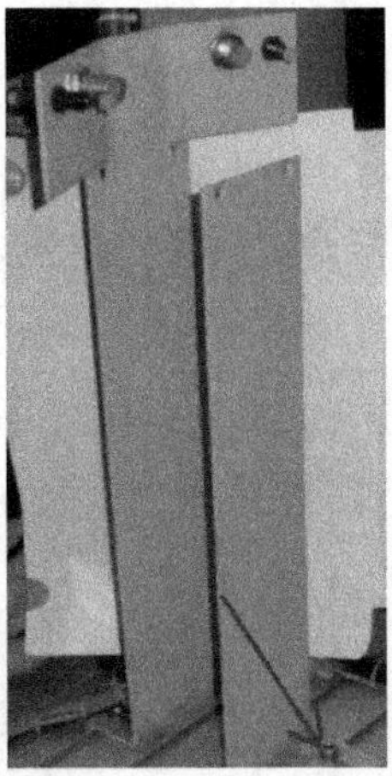

图 3.6　垂直支架的固定

2. 旋转气缸的安装

如图 3.7(a)和(b)中所示，分别在垂直支架前后固定旋转气缸，采用 4 号内六角螺钉固定。

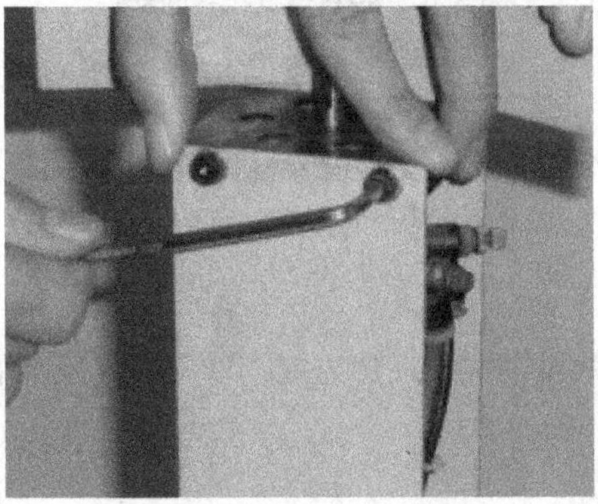

(a)

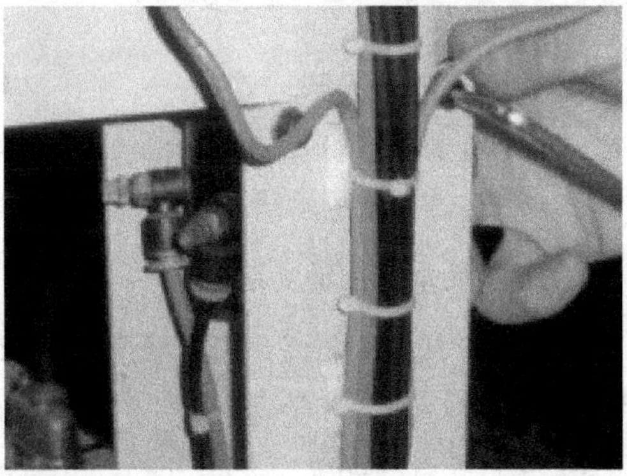

(b)

图 3.7　旋转气缸的安装

3. 水平气缸托架的固定

如图 3.8 所示，将水平气缸托架固定在水平气缸上，在箭头所指处用 3 号内六角螺钉固定。

图 3.8　水平气缸托架的安装

4. 水平气缸的固定

如图 3.9 所示，将上一步固定好的水平托架及水平气缸一起固定在旋转气缸上，在箭头所指处用 4 号内六角螺钉固定。

5. 竖直气缸托架的固定

如图 3.10 所示，将竖直气缸托架固定在水平气缸上，在箭头所指处用 3 号内六角螺钉固定，注意方向。

图 3.9 水平气缸的安装

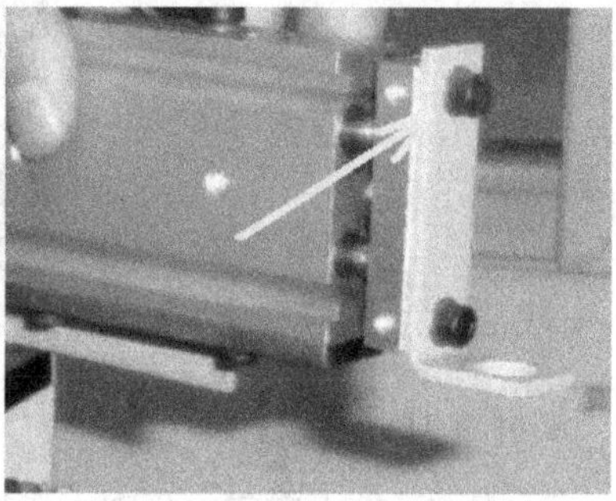

图 3.10 竖直气缸托架的安装

6. 垂直气缸的安装

如图 3.11 所示，将竖直气缸固定在上一步安装好的托架上，在箭头所指处用螺帽将其固定。

7. 气爪气缸底座的安装

如图 3.12 所示，将气爪气缸底座固定在竖直气缸前端，注意方向，以保证气爪气缸的安装。

8. 气爪气缸的安装

如图 3.13 所示，将气爪气缸安装在气爪气缸底座上，对准方向，保证气爪的固定。

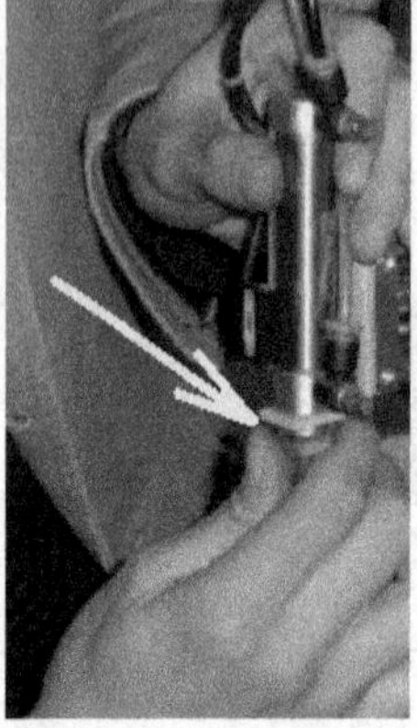

图 3.11 垂直气缸的安装

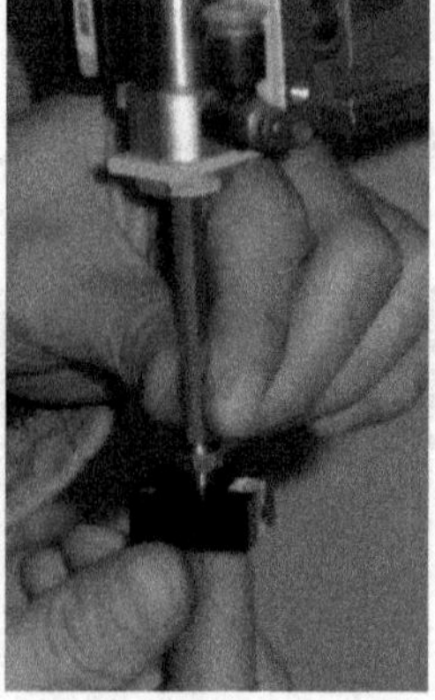

图 3.12 气爪气缸底座的安装

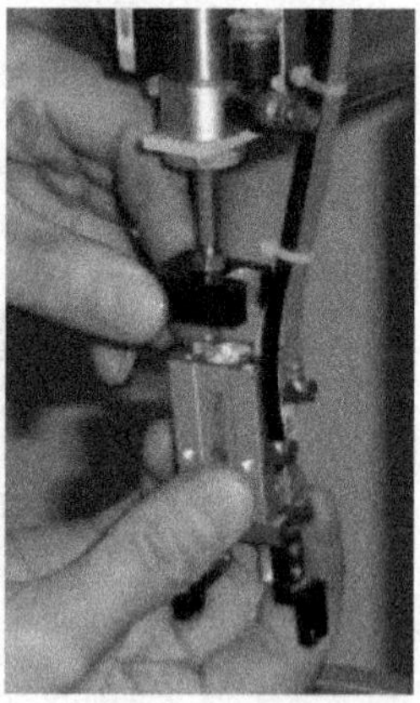

图 3.13 气爪气缸的安装

通过上面方法即完成原料搬运系统机械机构的安装。

3.3.3　原料搬运系统气路的连接

根据前面制定的气缸安装和气路分布详细计划，结合平面分布图，准备安装的气缸及气压表等。如图 3.14 所示。

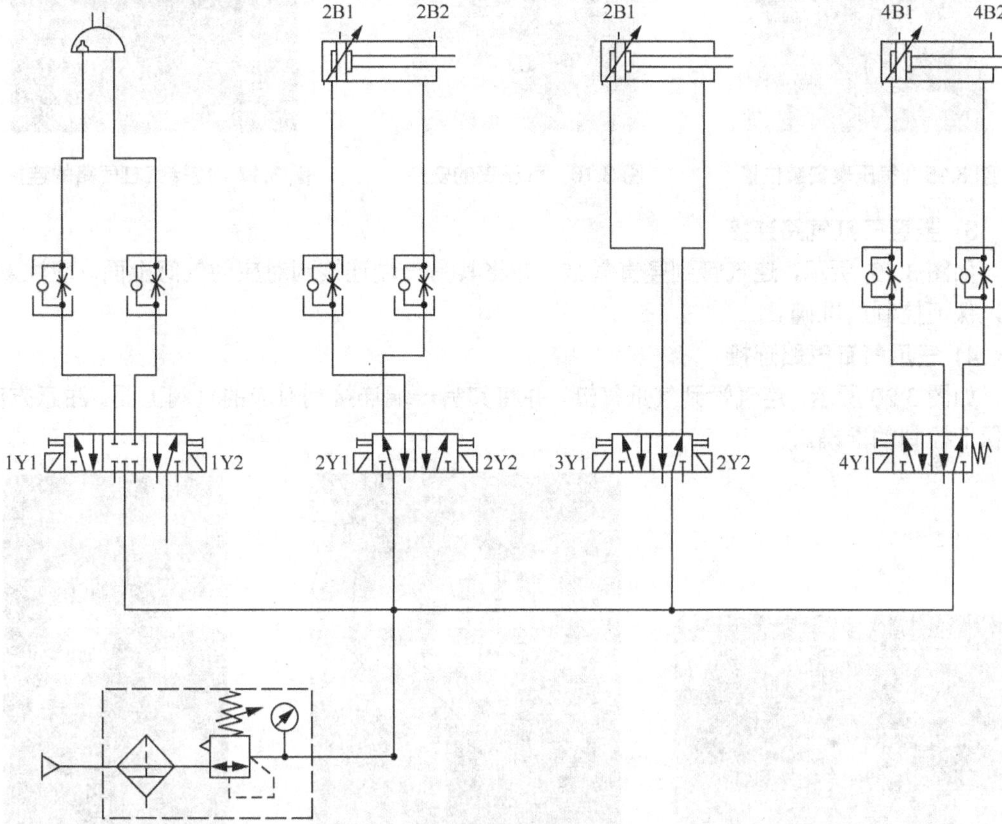

图 3.14　气路分布图

1．气压表的安装

1) 确定气压表的安装位置

根据平面分布图确定气压表的安装位置，如图 3.15 所示。

(2) 固定气压表

在所确定的安装位置上固定气压表。如图 3.16 所示，用 5 号内六角螺钉固定，安装在平面凹槽板的角上即可。

2．气路的连接

1) 旋转气缸气路的连接

如图 3.17 所示，连气管到旋转气缸，并将其另一端连接到对应的气阀上面。注意方向，以保证控制的准确。

2) 水平气缸气路连接

如图 3.18 所示，连气管到水平气缸，并将其另一端连接到对应的气阀上面。注意方向，以保证控制的准确。

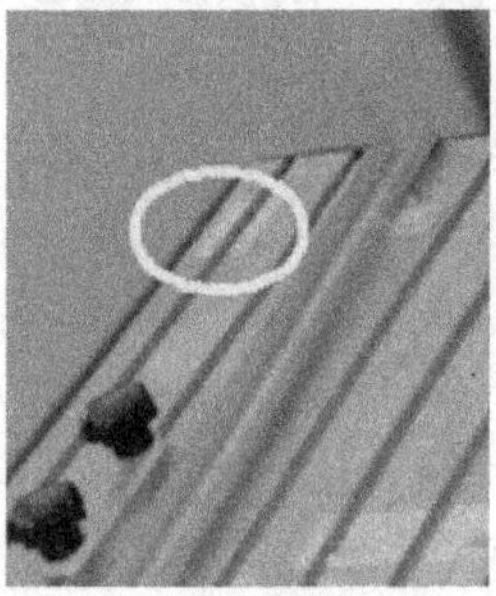

图 3.15 气压表安装位置

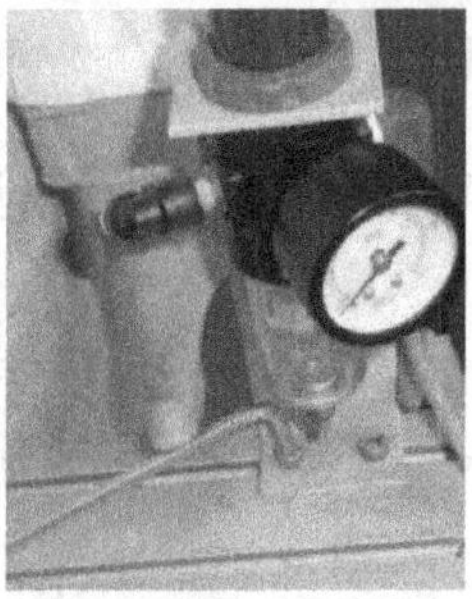

图 3.16 气压表的安装

图 3.17 旋转气缸气路的连接

3) 竖直气缸气路连接

如图 3.19 所示，连气管到竖直气缸，并将其另一端连接到对应的气阀上面。应注意方向以保证控制的准确。

4) 气爪气缸气路连接

如图 3.20 所示，连气管到气爪气缸，并将其另一端连接到对应的气阀上面。注意方向，以保证控制的准确。

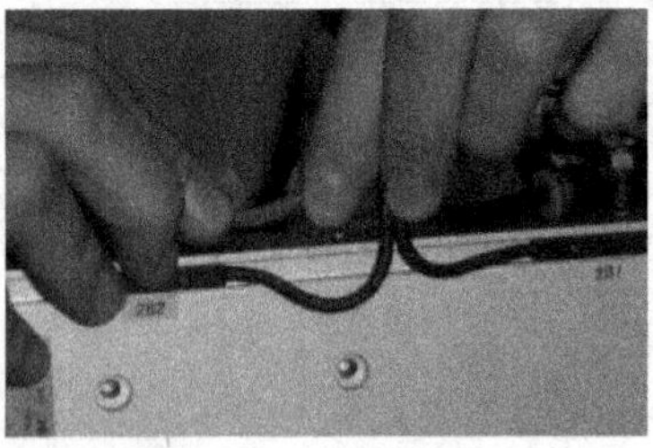

图 3.18 水平气缸气路的连接

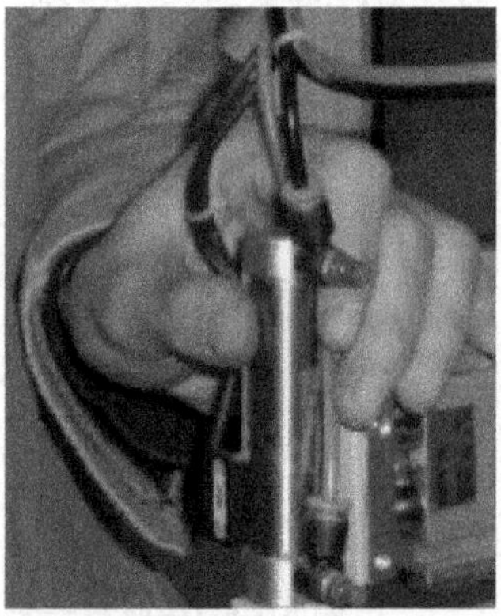

图 3.19 竖直气缸气路的连接

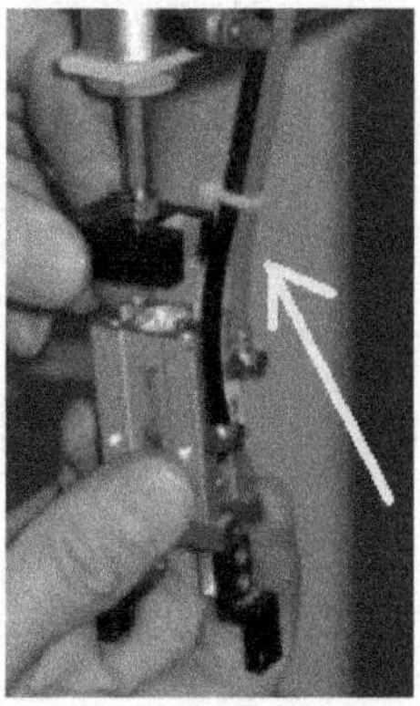

图 3.20 气爪气缸气路的连接

将气压表连接到气阀上，从而完成原料搬运系统气压表的安装和气路的连接。

3.3.4 原料搬运系统电气元件的安装

根据前面制定的电气元件安装的详细计划，结合平面分布图，准备待安装的传感器等电气元件。

1. 旋转气缸左右限位传感器的安装

如图 3.21 所示，在竖直支架上分别安装旋转气缸的传感器与缓冲弹簧，都是通过螺帽固定。在固定时注意传感器与缓冲弹簧伸出的长度，要求缓冲弹簧略微比接近传感器伸出长度长一点。

2. 水平气缸限位传感器的安装

如图 3.22 所示，在箭头位置固定水平气缸的限位传感器，并连接到端子排上，注意连接的准确，确保 I/O 分配正确。

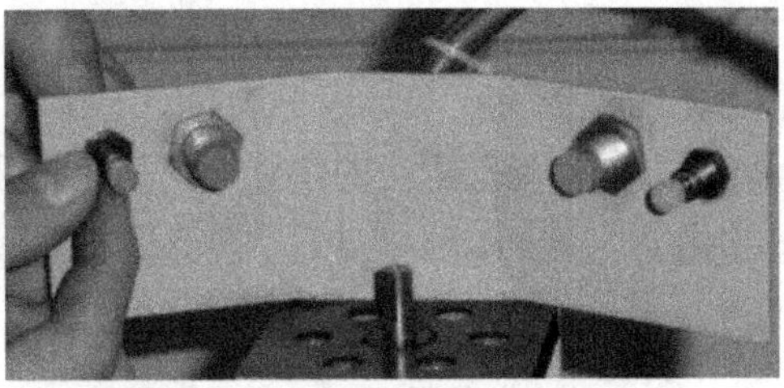

图 3.21　旋转气缸左右限位传感器

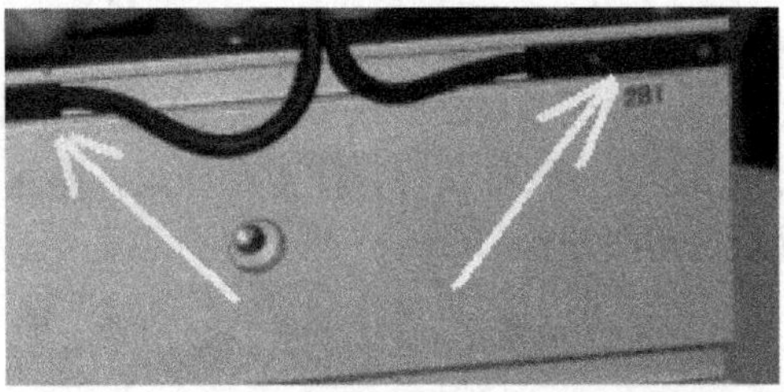

图 3.22　水平气缸限位传感器的固定

3. 竖直气缸限位传感器的安装

如图 3.23 所示，在箭头固定竖直气缸的限位传感器，并连接到端子排上，注意连接的准确，确保 I/O 分配正确。

4. 气爪气缸传感器的安装

如图 3.24 所示，在箭头固定气爪气缸的限位传感器，并连接到端子排上，注意连接的准确，确保 I/O 分配正确。

通过上面的安装，完成原料搬运系统(机械手)电气元件的安装。

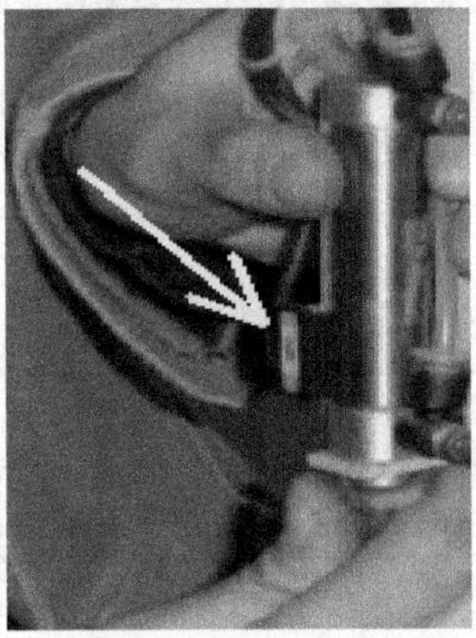

图 3.23　竖直气缸限位传感器的固定

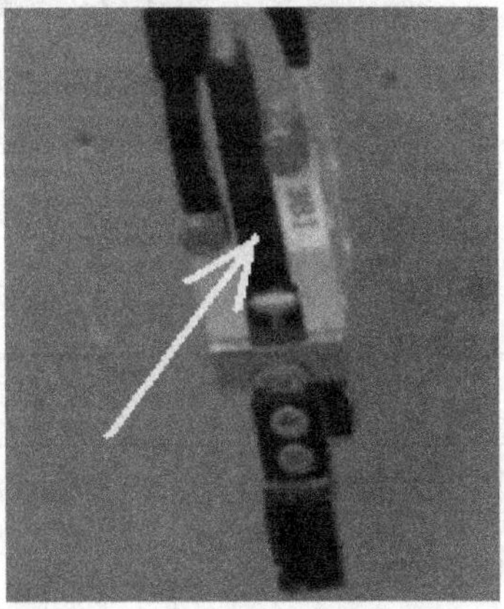

图 3.24　气爪气缸限位传感器的固定

3.3.5　原料搬运系统(机械手)程序的编写与调试

本系统是完成工件搬运，通过机械手臂抓取工件，并将其放到下一站的过程。

1. 调试运行设备

(1) 组装好的原料搬运系统(机械手)。
(2) 安装有 WINDOWS 操作系统的 PC 机一台(具有 FXGPWIN 软件)。
(3) PLC(三菱 FX 系列)一台。
(4) PC 与 PLC 的通信电缆一根。

2. 控制要求

其具体的控制要求如下：
上电后复位灯闪，按下复位按钮后，执行复位，复位完毕之后开始灯才闪，按下开始按钮，水平气缸伸出，伸出至前极限，抓工件(1s)，水平气缸缩回，缩回至后极限，旋转气缸右旋，转至右极限，水平气缸伸出，伸出至前极限，放工件(1s)，水平气缸缩回，缩回至后极限，旋转气缸左旋，转至左极限，返回。完成一次循环。(在适当的位置加上停止按钮，重新启动按钮)

3. 原料搬运系统(机械手)I/O 分配

1) 控制面板

控制面板 I/O 分配如图 3.25 所示。

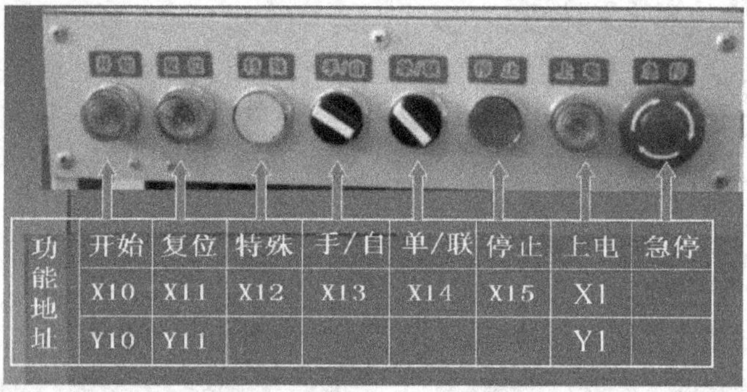

图 3.25 控制面板 I/O 分配

2) 执行机构 I/O 分配

执行机构 I/O 分配见表 3-8。

表 3-8 执行机构 I/O 分配表

输入		输出	
旋转左极限	X000	旋转气缸左旋	Y000
旋转右极限	X001	旋转气缸右旋	Y001
水平后极限	X002	水平气缸缩回	Y002
水平前极限	X003	水平气缸伸出	Y003
气爪放松极限	X004	气爪气缸放松	Y004
竖直上极限	X005	气爪气缸夹紧	Y005
竖直下极限	X006	竖直气缸下降	Y006

4. 运行调试操作

1) 绘制流程

根据控制要求及 I/O 分配情况，结合组装好的原料搬运系统(机械手)，绘制编写 PLC 程序的功能流程图。在流程图中体现动作先后次序，以及动作切换条件。

参考流程图如图 3.26 所示。

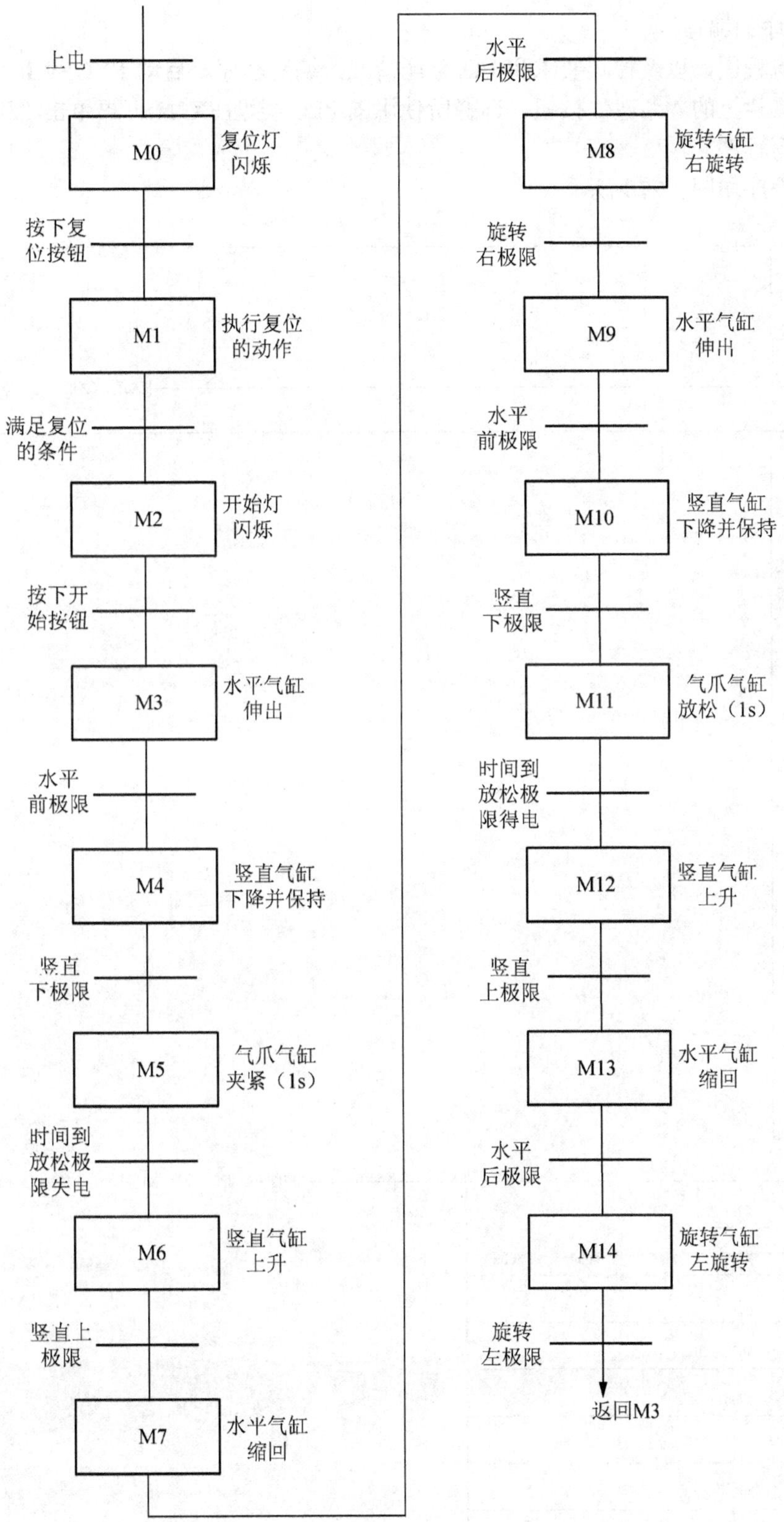
上电
M0
复位灯闪烁
按下复位按钮
M1
执行复位的动作
满足复位的条件
M2
开始灯闪烁
按下开始按钮
M3
水平气缸伸出
水平前极限
M4
竖直气缸下降并保持
竖直下极限
M5
气爪气缸夹紧（1s）
时间到放松极限失电
M6
竖直气缸上升
竖直上极限
M7
水平气缸缩回
水平后极限
M8
旋转气缸右旋转
旋转右极限
M9
水平气缸伸出
水平前极限
M10
竖直气缸下降并保持
竖直下极限
M11
气爪气缸放松（1s）
时间到放松极限得电
M12
竖直气缸上升
竖直上极限
M13
水平气缸缩回
水平后极限
M14
旋转气缸左旋转
旋转左极限
返回M3

图 3.26　参考流程图

2) 程序的编写

根据流程图，以及控制要求和 I/O 分配情况，编写程序。启动 FXGPWIN 软件，用鼠标单击工具栏上的“新建”按钮，选择所使用的 PLC 类型(FX2N)，再单击“确认”按钮。按要求编写程序。

参考程序如图 3.27 所示。

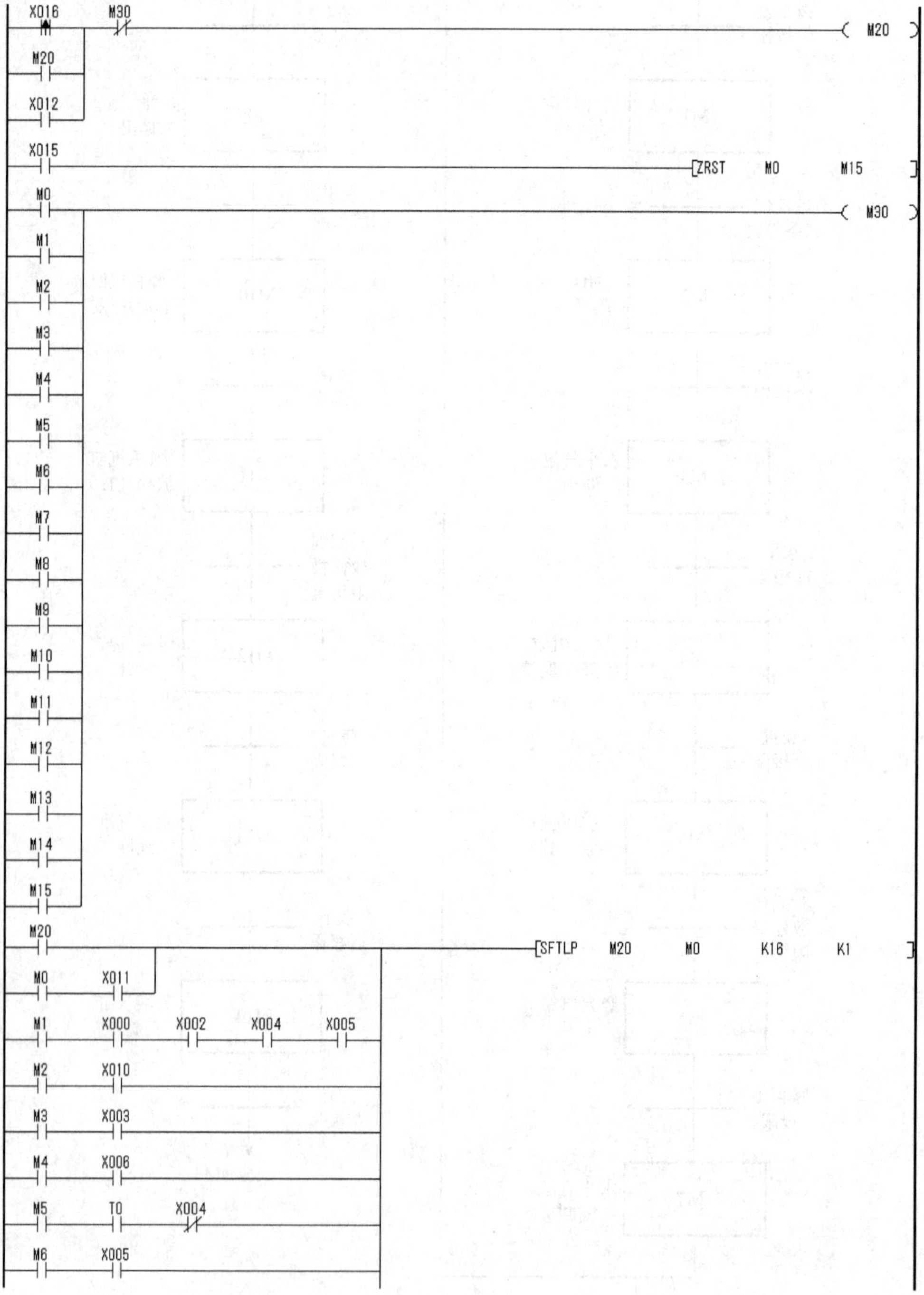

图 3.27　参考程序

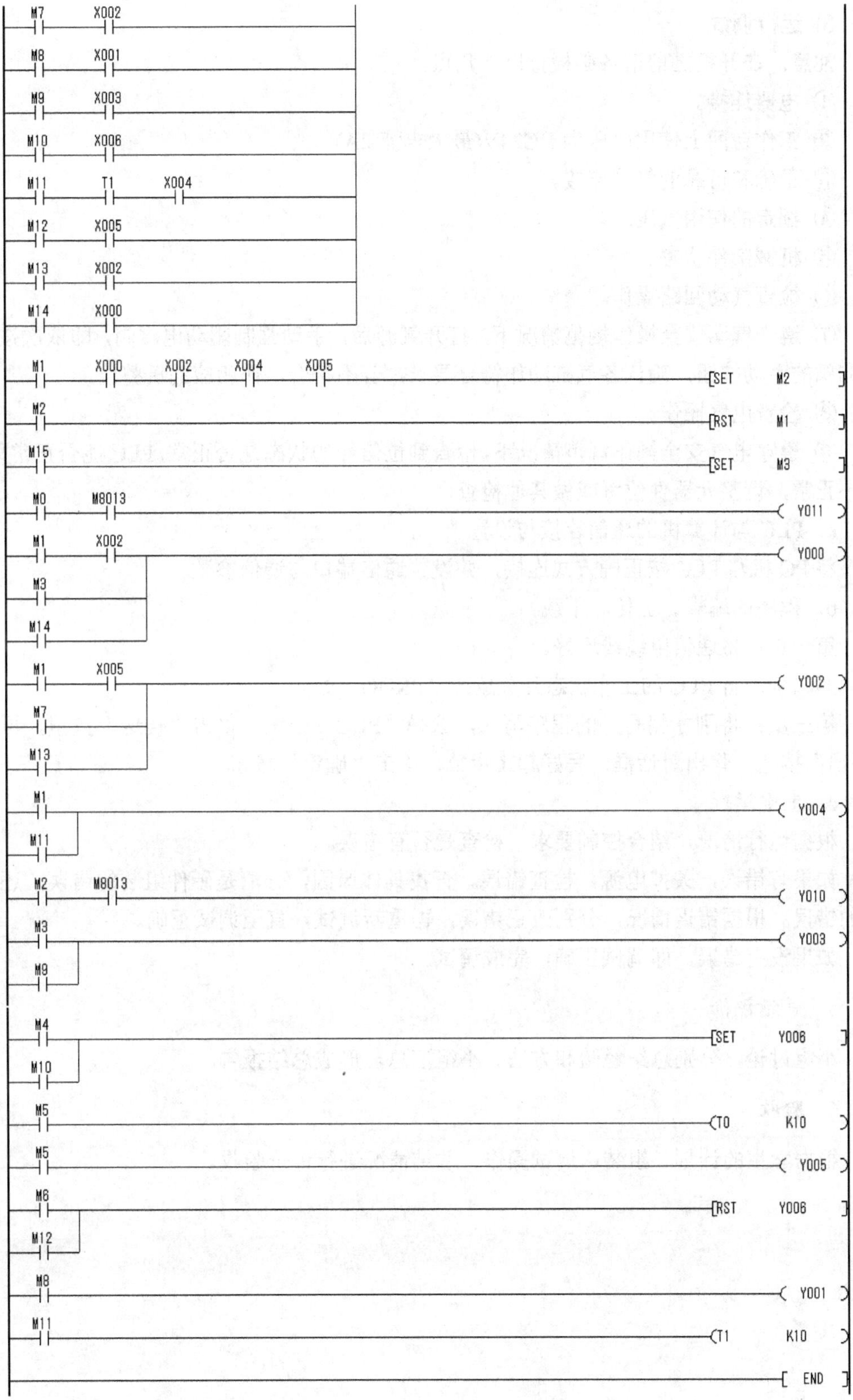
M7 X002
M8 X001
M9 X003
M10 X006
M11 T1 X004
M12 X005
M13 X002
M14 X000
M1 X000 X002 X004 X005 [SET M2]
M2 [RST M1]
M15 [SET M3]
M0 M8013 (Y011)
M1 X002 M3 M14 (Y000)
M1 X005 M7 M13 (Y002)
M1 M11 (Y004)
M2 M8013 (Y010)
M3 M9 (Y003)
M4 M10 [SET Y006]
M5 (T0 K10)
M5 (Y005)
M6 M12 [RST Y006]
M8 (Y001)
M11 (T1 K10)
[END]

图 3.27　参考程序(续)

3) 运行调试

注意：在开机之前请务必检查以下几点。

① 电器连接。

② 工作台面上使用电压为DC24V(最大电流2A)。

③ 正确和可靠的气管连接。

④ 额定的使用气压。

⑤ 机械部件状态。

⑥ 检查气动回路操作。

⑦ 遵守气动安全操作规范情况下，打开气源后，手动强制驱动电磁阀，即依次按下各换向阀的手动按钮，确认各气缸动作符合要求，若不符合，作相应的调整。

⑧ 检查电气操作。

⑨ 遵守电气安全操作规范情况下，检查到位信号的状态是否正常，PLC能否正常采集。若不正常，调整元器件位置或做其他检查。

a．PLC与计算机的通信连接与设置

将PC机与PLC按正确方式连接，并设置通信端口与通信参数。

b．程序的编辑、上传、下载

第一步：将通信电缆线连好。

第二步：将PLC的工作状态开关放在“PROG”处。

第三步：将刚才编写好的程序写入，选择“PLC”按钮，单击“传送”按钮，再单击“写出”按钮，弹出对话框，写好起止步数，单击“确定”按钮。

c．上电运行

根据运行情况，结合控制要求，检查是否有错误。

如果有错误，关掉电源，检查错误。查找具体原因，分清是硬件组装的错误，还是编程的错误。根据错误情况，分别改正错误，再重新调试，直至调试正确。

如果没有错误，即调试正确，完成调试。

5. 总结评价

小组讨论，分别总结经验和方法。小组汇总，形成总结报告。

6. 验收

根据学生的计划、组装、调试操作、总结情况进行评价验收。

3.4　考核评价

考核标准详见质量评价表，见表 3-9。

表 3-9　质量评价表

考核项目	考核要求	配分	评分标准	扣分	得分	备注
系统安装	1.会安装元件； 2.按图完整、正确及规范接线； 3.按照要求编号	54	1.元件松动扣 2 分，损坏一处扣 4 分； 2.错、漏线每处扣 2 分； 3.反圈、压皮、松动，每处扣 2 分； 4.错、漏编号，每处扣 1 分			
编程操作	1.会建立程序新文件； 2.正确输入梯形图； 3.正确保存文件	10	1.不能建立程序新文件或建立错误扣 4 分； 2.输入梯形图错误一处扣 2 分			
运行操作	1.操作运行系统，分析运行结果； 2.会监控梯形图； 3.会验证工作方式	25	1.系统通电操作错误一步扣 3 分； 2.分析运行结果错误一处扣 2 分； 3.监控梯形图错误一处扣 2 分； 4.验证工作方式错误扣 5 分			
安全生产	自觉遵守安全文明生产规程	11	1.每违反一项规定，扣 3 分； 2.发生安全事故，扣 11 分； 3.漏接接地线一处扣 5 分			
时间	3 小时		提前正确完成，每 5 分钟加 2 分； 超过定额时间，每 5 分钟扣 2 分			
开始时间：		结束时间：		实际时间：		

项目 4

原料加工系统

4.1 项目任务

原料加工系统项目的主要内容见表 4-1。

表 4-1 原料加工系统项目内容

项目内容	(1) 元器件布局及线路布局设计； (2) 原料加工系统机械机构的安装； (3) 原料加工系统气缸的安装与气路连接； (4) 原料加工系统电气元件的安装； (5) 原料加工系统程序的编写与调试
重难点	(1) 元器件布局与线路布局设计； (2) 原料加工系统的安装； (3) 原料加工系统程序的编写与调试
参考的相关文件	GB/T 13869—2008《用电安全导则》 GB 19517—2009《国家电气设备安全技术规范》 GB/T 25295—2010《电气设备安全设计导则》 GB 50150—2006《电气装置安装工程—电气设备交接试验标准》
操作原则与安全注意事项	(1) 一般原则：培训的学员必须在指导老师的指导下才能操作该设备。请务必按照技术文件和各独立元件的使用要求使用该系统，以保证人员和设备安全。 (2) 电气系统：只有在断电状态下才能连接和断开各种电气连线，使用直流 24V 以下的电压。 (3) 气动系统：气动系统的使用压力不得超过 800kPa(8bar)。在气动系统管路接好之前不得接通气源。接通气源和长时间停机后开始工作，个别气缸可能会运动过快，所以要特别当心。 (4) 机械系统：所有部件的紧定螺钉应拧紧。不要在系统运行时人为的干涉正常工作

项目导读

加工就是按照一定的组织程序或者规律对转变物质进行合目的改造过程。加工系统就是通过对原料或半成品进行一定目的的改造。加工系统因其要求和目的不同，所以种类很多，这里就其中一种过程进行介绍，如图 4.1 所示。

图 4.1　加工系统

4.1.1 元器件布局及线路布局设计任务书

元器件布局及线路布局设计任务书见表 4-2。

表 4-2 元器件布局及线路布局设计

<table>
<tr><td rowspan="3">XX 学院</td><td colspan="3" rowspan="3">原料加工系统安装与调试任务书</td><td colspan="2">文件编号</td><td></td></tr>
<tr><td colspan="2">版 次</td><td></td></tr>
<tr><td colspan="3">共 5 页/第 1 页</td></tr>
<tr><td>工序号：1</td><td colspan="3">工序名称：元器件布局及线路布局设计</td><td colspan="3">作 业 内 容</td></tr>
<tr><td colspan="4" rowspan="13">
(a) 执行机构正视图

(b) 执行机构俯视图
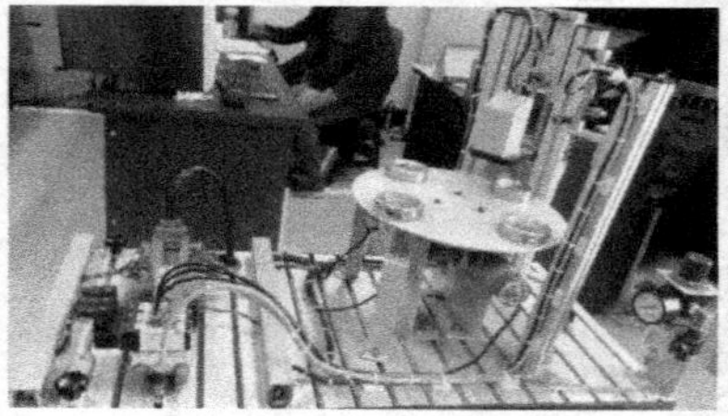
(c) 执行机构侧视图</td><td>1</td><td colspan="2">根据第三站具体功能，收集元器件安装资料，选择安装位置</td></tr>
<tr><td>2</td><td colspan="2">制定整个系统的安装方案，确定各个部分安装流程</td></tr>
<tr><td>3</td><td colspan="2">结合功能要求，制定机械机构安装的详细计划</td></tr>
<tr><td>4</td><td colspan="2">结合功能要求，制定气缸安装与气路分布的详细计划</td></tr>
<tr><td>5</td><td colspan="2">结合功能要求，根据实际需要，制定电气元件安装的详细计划</td></tr>
<tr><td>6</td><td colspan="2">根据功能要求和计划方案，画出执行机构的平面分布图</td></tr>
<tr><td colspan="3">使 用 工 具</td></tr>
<tr><td colspan="3">内六角扳手、十字螺丝刀、一字螺丝刀(小号)</td></tr>
<tr><td colspan="3">※工艺要求(注意事项)</td></tr>
<tr><td>1</td><td colspan="2">用电安全</td></tr>
<tr><td>2</td><td colspan="2">通过讨论制定的计划方案进行可行性分析应仔细，避免后面返工</td></tr>
<tr><td>3</td><td colspan="2">画出平面分布图，应当细致，便于后面安装准确</td></tr>
<tr><td colspan="3"></td></tr>
<tr><td>更改标记</td><td></td><td>编 制</td><td></td><td colspan="2">批 准</td><td></td></tr>
<tr><td>更改人签名</td><td></td><td>审 核</td><td></td><td colspan="2">生产日期</td><td></td></tr>
</table>

4.1.2 原料加工系统机械机构的安装任务书

原料加工系统机械机构的安装任务书见表 4-3。

表 4-3 原料加工系统机械机构的安装

<table>
<tr><td rowspan="3">XX 学院</td><td rowspan="3">原料加工系统安装与调试任务书</td><td>文件编号</td><td></td></tr>
<tr><td>版　　次</td><td></td></tr>
<tr><td colspan="2">共 5 页/第 2 页</td></tr>
<tr><td>工序号：2</td><td>工序名称：原料加工系统机械机构的安装</td><td colspan="2">作 业 内 容</td></tr>
<tr><td colspan="2" rowspan="13">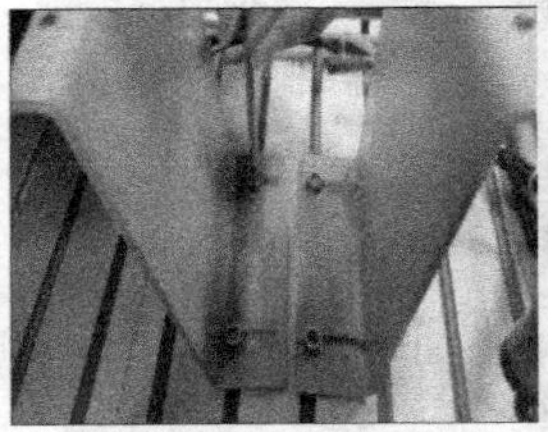  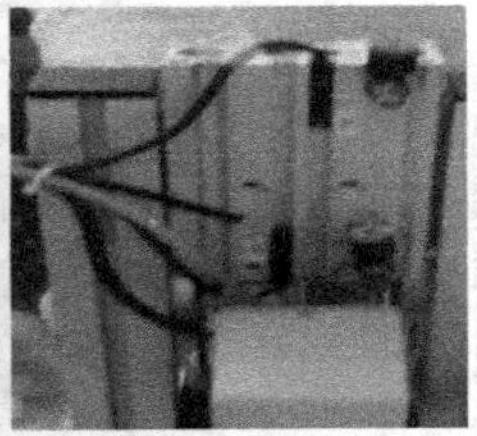
(a) 电机支架的固定　(b) 电机底座圆盘的固定　(c) 极限开关的固定

(d) 工作台的固定　(e) 钻孔支架角铁的固定</td><td>1</td><td>根据前面制定的机械机构安装的详细计划，结合平面分布图，准备安装的支架及气缸等</td></tr>
<tr><td>2</td><td>根据平面分布图确定电机支架位置，并固定</td></tr>
<tr><td>3</td><td>在电机底座托盘上固定电机，并固定工作台</td></tr>
<tr><td>4</td><td>根据工作台与打孔气缸相对位置，确定打孔支架位置，并固定</td></tr>
<tr><td>5</td><td>根据工作台与测孔气缸相对位置，确定测孔支架位置，并固定</td></tr>
<tr><td>6</td><td>最后安装各种气缸</td></tr>
<tr><td colspan="2">使 用 工 具</td></tr>
<tr><td colspan="2">内六角扳手、十字螺丝刀、一字螺丝刀(小号)</td></tr>
<tr><td colspan="2">※工艺要求(注意事项)</td></tr>
<tr><td>1</td><td>正确使用内六角扳手</td></tr>
<tr><td>2</td><td>工作台支架的位置要安装适当</td></tr>
<tr><td>3</td><td>气缸方向要安装正确</td></tr>
<tr><td>4</td><td>气缸固定要牢靠</td></tr>
</table>

更改标记		编　制		批　准	
更改人签名		审　核		生产日期	

4.1.3 原料加工系统气缸的安装与气路连接任务书

原料加工系统气缸的安装与气路连接任务书见表 4-4。

表 4-4 原料加工系统气缸的安装与气路连接

<table>
<tr><td colspan="2" rowspan="3">XX 学院</td><td colspan="2" rowspan="3">原料加工系统安装与调试任务书</td><td>文件编号</td><td></td></tr>
<tr><td>版 次</td><td></td></tr>
<tr><td colspan="2">共 5 页/第 3 页</td></tr>
<tr><td colspan="2">工序号：3</td><td colspan="2">工序名称：原料加工系统气缸的安装与气路连接</td><td colspan="2">作 业 内 容</td></tr>
<tr><td colspan="4" rowspan="11">
(a)气压表的安装

(b)气阀气路的连接
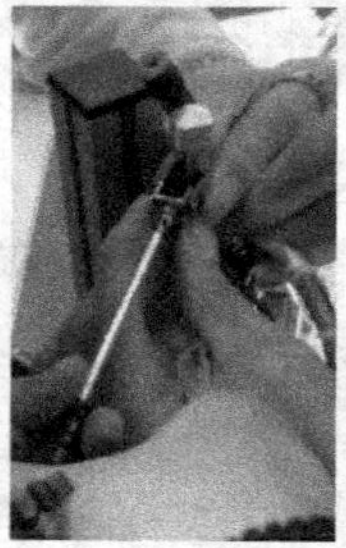
(c)测孔气缸的固定
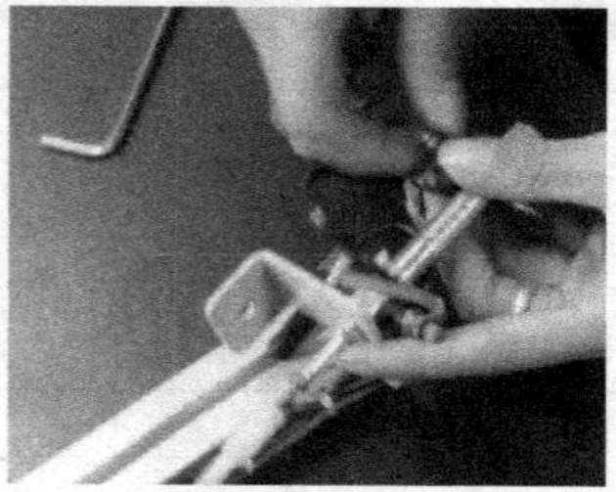
(d)测孔气缸的连接
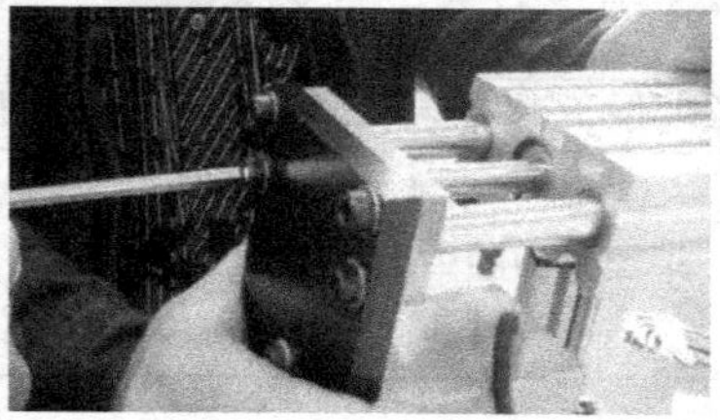
(e) 打孔气缸的连接</td><td>1</td><td>根据前面制定的气路分布详细计划，结合平面分布图，准备待安装的气管及气压表等</td></tr>
<tr><td>2</td><td>根据平面分布图确定气压表的安装位置，并固定</td></tr>
<tr><td>3</td><td>根据气路安装计划和平面分布图确定气管的安装路线，并固定</td></tr>
<tr><td>4</td><td>根据气路安装计划准确连接对应的气缸与气阀，并连接</td></tr>
<tr><td>5</td><td>检查气路，以及气缸方向</td></tr>
<tr><td colspan="2">使 用 工 具</td></tr>
<tr><td colspan="2">内六角扳手、十字螺丝刀、一字螺丝刀(小号)</td></tr>
<tr><td colspan="2">※工艺要求(注意事项)</td></tr>
<tr><td>1</td><td>注意气管连接的方法</td></tr>
<tr><td>2</td><td>气管方向连接准确，以保证气缸动作正确</td></tr>
<tr><td colspan="2"></td></tr>
<tr><td>更改标记</td><td></td><td>编 制</td><td></td><td>批 准</td><td></td></tr>
<tr><td>更改人签名</td><td></td><td>审 核</td><td></td><td>生产日期</td><td></td></tr>
</table>

4.1.4　原料加工系统电气元件的安装任务书

原料加工系统电气元件的安装任务书见表 4-5。

表 4-5　原料加工系统电气元件的安装

XX 学院	原料加工系统安装与调试任务书	文件编号	
		版　次	
		共 5 页/第 4 页	
工序号：4	工序名称：原料加工系统电气元件的安装	作 业 内 容	
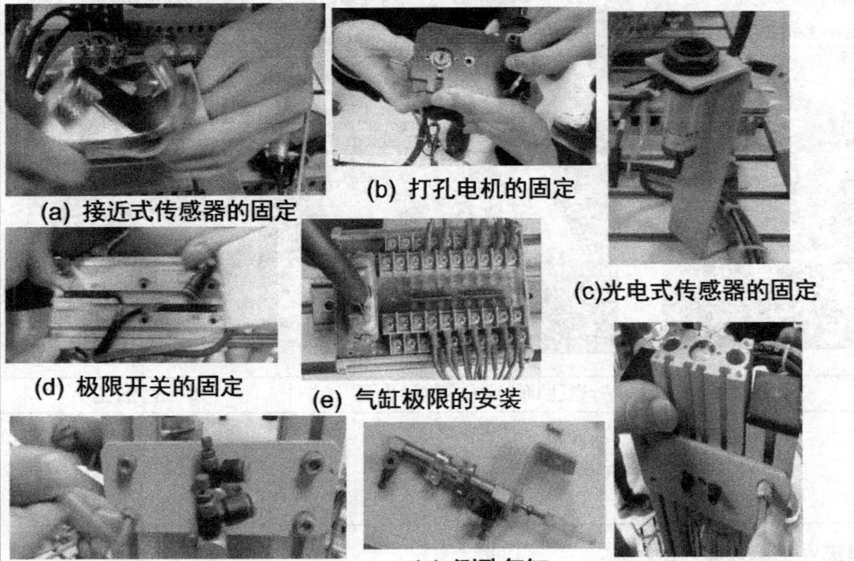 (a) 接近式传感器的固定　(b) 打孔电机的固定　(c)光电式传感器的固定　(d) 极限开关的固定　(e) 气缸极限的安装　(f) 夹紧气缸　(g) 测孔气缸　(h) 打孔气缸的固定		1	根据前面制定的电气元件安装的详细计划，准备传感器等
		2	根据安装计划，结合平面分布图，安装接近式传感器
		3	根据安装计划，结合平面分布图，安装光电式传感器
		4	根据安装计划，结合平面分布图，安装打孔气缸与固定气缸，并分别安装对应的两对极限开关
		5	根据安装计划，安装测孔气缸，并分别安装对应的两只极限开关
		6	根据安装计划连接所有极限开关到端子排上
		使 用 工 具	
		内六角扳手、十字螺丝刀、一字螺丝刀(小号)	
		※工艺要求(注意事项)	
		1	注意各个极限传感器的功能，位置要准确
		2	气缸极限位的安装要与动作相匹配
		3	极限位连接到接线排上时，应当保证 I/O 与给定的一致
更改标记		编　制		批　准	
更改人签名		审　核		生产日期	

4.1.5 原料加工系统程序的编写与调试任务书

原料加工系统程序的编写与调试任务书见表 4-6。

表 4-6 原料加工系统程序的编写与调试

XX 学院	原料加工系统安装与调试任务书	文件编号	
		版　次	
		共 5 页/第 5 页	
工序号：5	工序名称：原料加工系统程序的编写与调试	作 业 内 容	
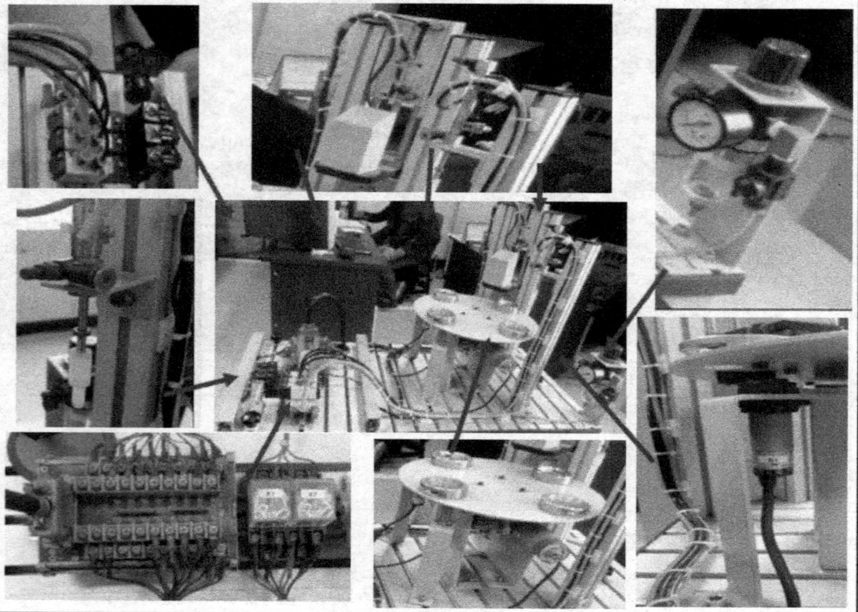		1	根据功能要求，画出流程图
		2	根据流程图，编写出程序
		3	将程序写入设备，调试运行
		4	检查运行情况，查明错误原因
		5	根据原因调整安装的元器件或修改程序等
		6	修改后再次调试运行，直至运行成功
		使 用 工 具	
		内六角扳手、十字螺丝刀、一字螺丝刀(小号)	
		※工艺要求(注意事项)	
		1	明确目的，流程图准确
		2	检查错误时，要分清是硬件安装的原因还是程序编写的原因
		3	调试完成，总结经验
更改标记		编　制		批　准	
更改人签名		审　核		生产日期	

4.2 项目准备

4.2.1 原料加工系统材料清单

原料加工系统材料清单详见表 4-7。

表 4-7 材料清单

序号	名称	数量	该元件功能	备注
1	5 号(内六角)普通螺钉	24	1.用于固定钻孔气缸最底座(6) 2.用于固定钻孔气缸(4) 3.用于固定夹紧气缸(4) 4.用于固定圆盘底座(4) 5.用于固定传感器支架(3) 6.用于固定气压表(2) 7.用于固定测孔支架(1)	
2	4 号(内六角)普通螺钉	6	1.用于固定钻孔气缸(2) 2.用于固定电机底座(4)	
3	3 号(内六角)普通螺钉	9	1.用于固定圆盘(4) 2.用于固定圆盘上端(3) 3.用于固定电机(2)	
4	黑色小螺丝	4	用于固定传感器	
5	测孔气缸支架	1	用于固定测孔气缸	
6	钻孔气缸支架	2	用于固定钻孔气缸(每个内有 6 颗螺母)	
7	传感器支架	1	用于固定传感器	
8	接近块支架	1	用于固定接近块	
9	测孔气缸	1	用于检测孔是否合格(带传感器 3B1、3B2 固定装置)	不拆
10	夹紧气缸	1	用于固定工件(带传感器 2B1、2B2 固定装置)	
11	钻孔气缸	1	用于钻孔(带传感器 1B1、1B2 固定装置)	
12	气压表	1	用于测量气压的大小	
13	气管	5	传送气流，有蓝色(1)、黄色(2)、黑色(2)	
14	圆盘与圆盘固定脚架	2	用于固定圆盘、用于转运工件	
15	小圆盘	1	用于固定圆盘(由 3 颗小螺丝固定)	
16	钻孔电机固定板	1	用于固定钻孔电机	

4.2.2 原料加工系统安装流程图

原料加工系统安装流程图如图 4.2 所示。

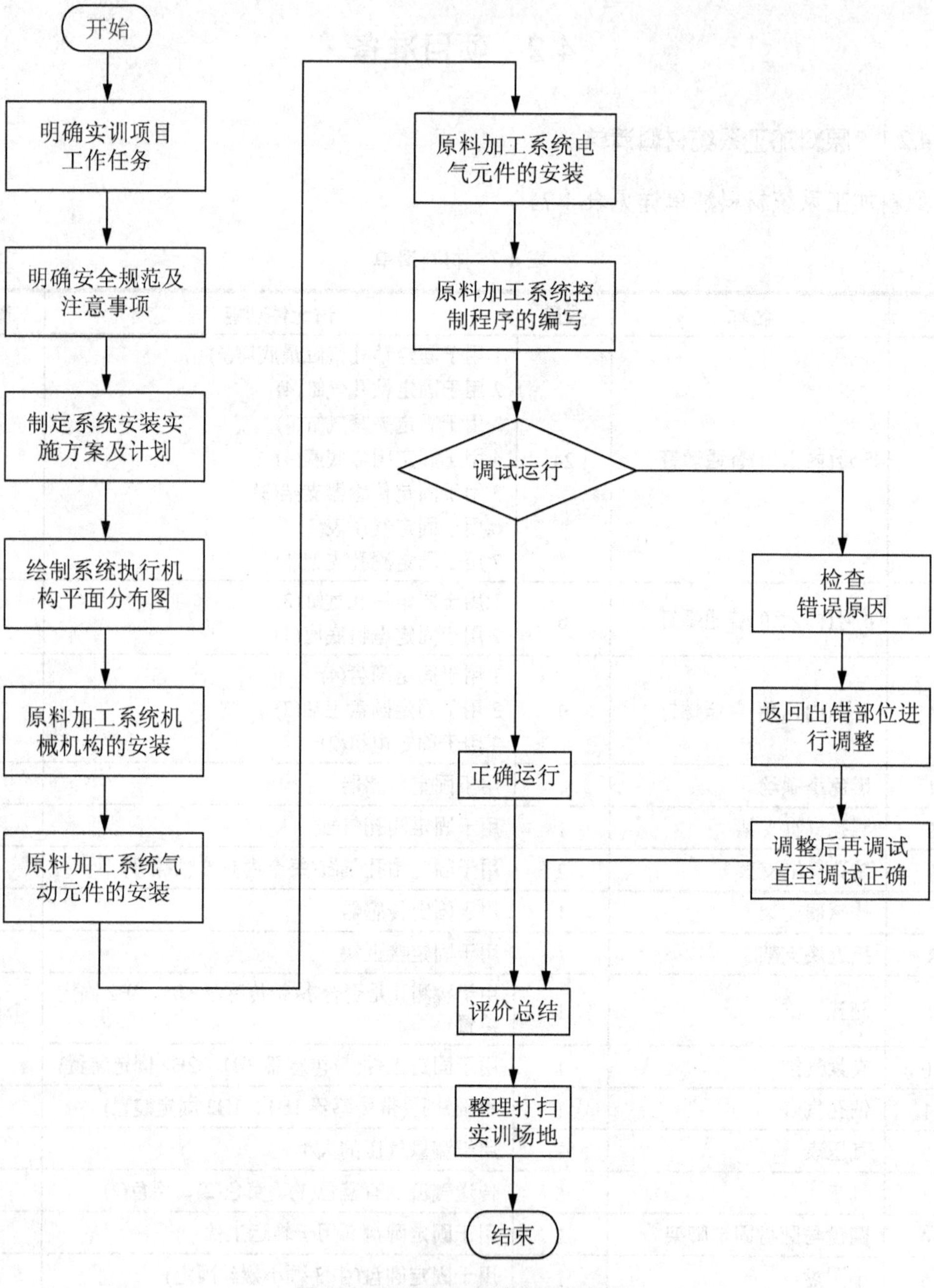

图 4.2　原料加工系统安装流程图

4.3　项目实施

4.3.1　原料加工系统元器件和线路布局设计

1. 系统基本结构

原料加工系统如图 4.3 所示。该系统是完成用回转工作台将工件在四个工位间转换，在钻孔单元打孔，并检测打孔深度的过程。本系统是将执行机构安装在带槽的铝平板上(700mm×350mm)，执行机构如图 4.4 所示，各个元器件通过接线端子排连接到下面的 PLC 上。通过 PLC 来控制每个元器件的动作，从而来完成原料加工系统的工作，控制机构如图 4.5 所示。

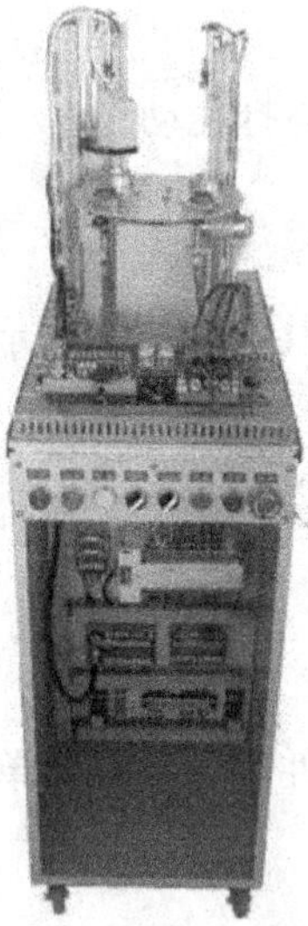

图 4.3　原料加工系统

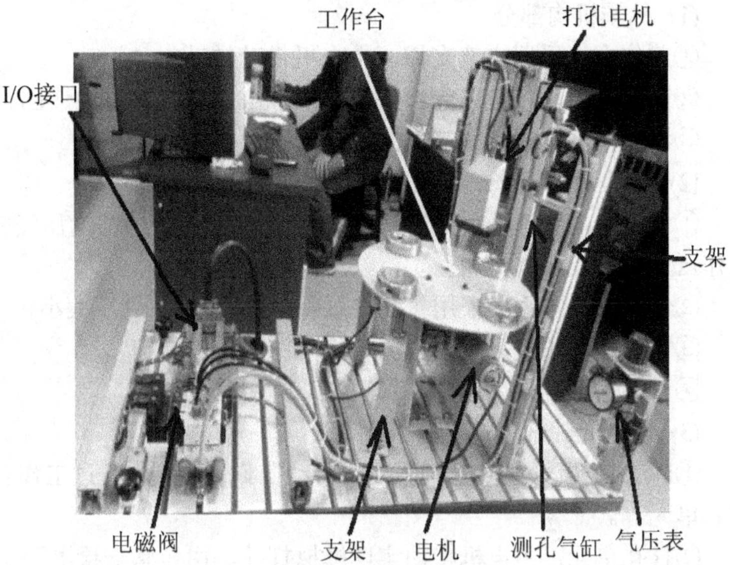

图 4.4　执行机构平面图

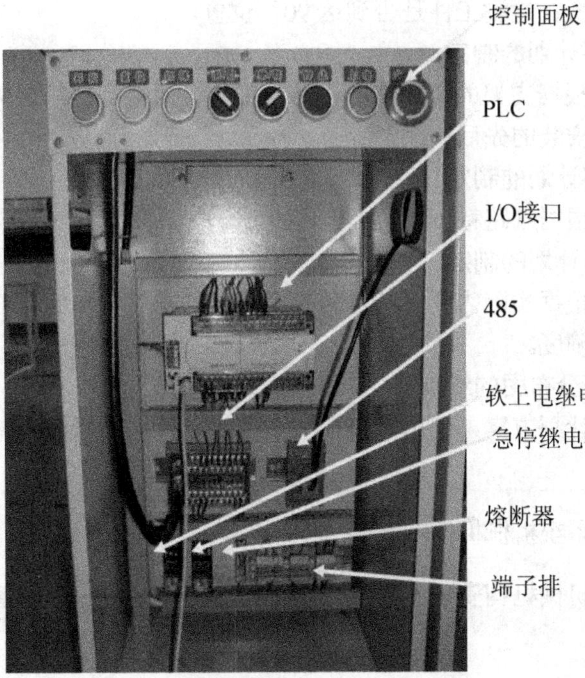

图 4.5　控制机构平面图

2. 制定原料加工系统安装实施方案

本系统主要进行执行机构的拆装。在拆装之前，需了解用到的元器件，并掌握其功能和使用方法。通过观察元器件位置，再根据原料加工系统所要实现的功能，进行小组讨论，得出元器件安装的基本框架，在此框架之上制定出各个部分的详细安装计划。确定各个部分安装流程，并对此次序进行可行性分析。

1) 机构介绍及元器件清单

(1) 机械机构部分：

①工作台：采用支架支撑，由电机带动转动。

②固定工件与打孔单元：采用水平气缸与垂直气缸完成固定工件与打孔动作。

③测孔单元：采用垂直气缸完成测孔动作。

(2) 气动元件部分：

①气源：本系统采用空气压缩机(提供气动系统所需的压缩空气，其中减压阀用于调节工作压力)。

②气压表：本系统采用气动二联件(可手动调节气压大小)。

③气阀：本系统采用二位五通换向阀。

④气缸：分别采用单作用气缸和双作用气缸。

(3) 电气元件部分：

①DC24V 齿轮直流电机驱动的带动工作台旋转，通过工作台将工件传送到打孔单元与测孔单元等。

②打孔单元：由电机转动实现模拟打孔，由传感器检测限位。

③测孔单元：由传感器模拟检测测孔是否合格。

④位置传感器装置：检测工件是否到达 90° 位置。

2) 机械机构安装计划的制定

结合功能要求，根据支架的实际情况，结合工作台的特点，制定机械机构安装的详细计划。安装时应注意安装的先后次序。

3) 气动元件安装计划的制定

结合功能要求，根据气路特点及实际情况，制定气缸安装与气路分布的详细计划。

4) 电气元件安装计划的制定

结合功能要求，根据实际需要，制定传感器与限位开关安装的详细计划。安装限位开关时，注意位置的精确度。

5) 执行机构平面分布图的绘制

根据功能要求和计划方案，画出原料加工系统执行机构的平面分布图；并分配小组成员任务。

4.3.2 原料加工系统机械机构的安装

根据前面制定的机械机构安装的详细计划，结合平面分布图，准备安装的支架及工作台等器件。

1. 工作台支架固定

根据平面分布图确定工作台支架的位置，并固定。

如图 4.6 所示，箭头所指的位置采用 5 号内六角螺钉固定，注意其位置距离，但先不要固定的太紧，以便安装电机时调试其位置。

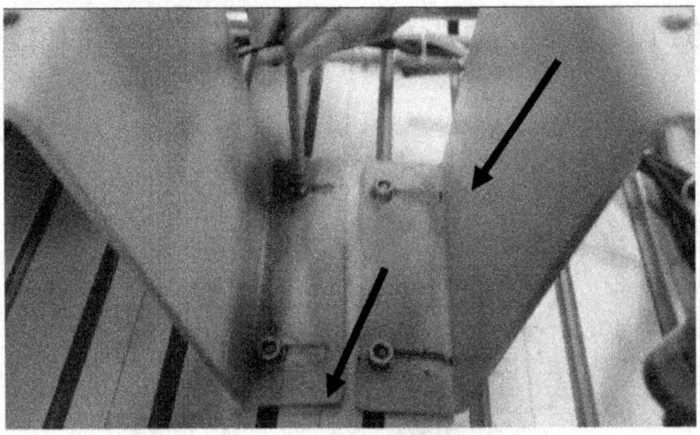

图 4.6　支架的固定

2. 在支架上确定电机位置并固定

根据图 4.7(a)确定好位置后，图 4.7(b)中箭头所指的位置采用 5 号内六角螺钉固定。固定好电机后再将支架固定。

(a)确定位置

(b)固定

图 4.7　电机位置的固定

3. 固定电机小圆盘

将电机小圆盘放置在电机转轴上，如图 4.8(a)中箭头所指，电机小圆盘用小螺钉固定于图 4.8(b)中箭头所指位置。

(a)确定位置

(b)固定

图 4.8　电机小圆盘的固定

4. 工作台固定

将工作台放置电机小圆盘上，如图 4.9 中所示，箭头所指的位置采用 3 号内六角螺钉固定。

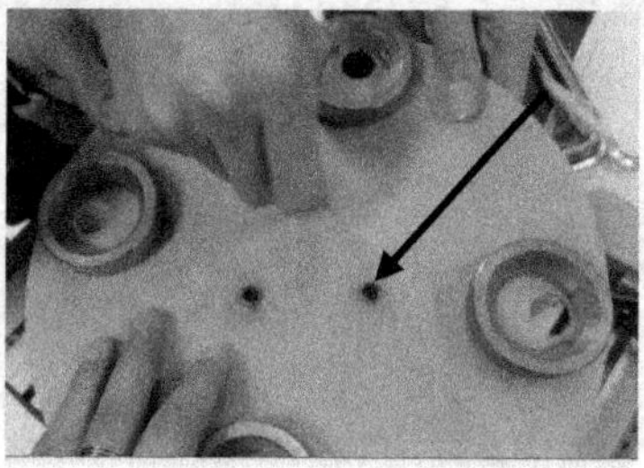

图 4.9 工作台的固定

4.3.3 原料加工系统气动机构的安装

1. 测孔支架的安装

1) 测孔气缸主支架安装

如图 4.10 所示，将测孔气缸主支架安装在操作台上，箭头所指用 5 号内六角螺钉固定，支架安装在操作台第四个槽上，注意跟工作台的距离。

图 4.10 测孔气缸支架的安装

2) 测孔气缸安装

如图 4.11(a)所示，将测孔气缸安装到测孔支架上；安装时注意测孔气缸传感器的位置，如图 4.11(b)所示。

(a)测孔气缸的固定

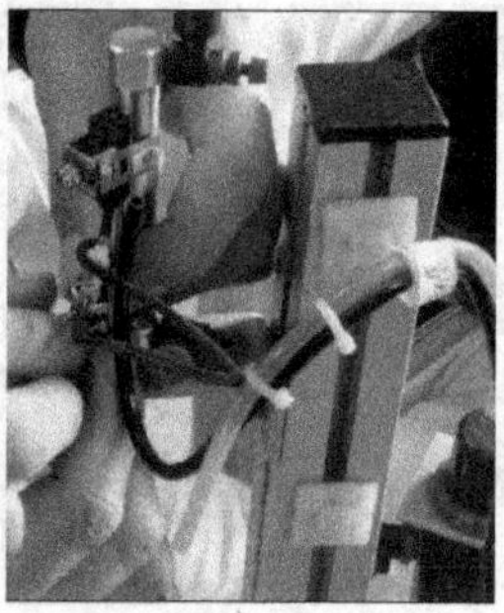

(b)测孔气缸传感器的固定

图 4.11 测孔支架的安装

2. 钻孔气缸和电机的安装

1) 钻孔气缸固定板的固定

如图 4.12 所示，将钻孔气缸固定板固定在支架上，箭头所指处用 5 号内六角螺钉固定。

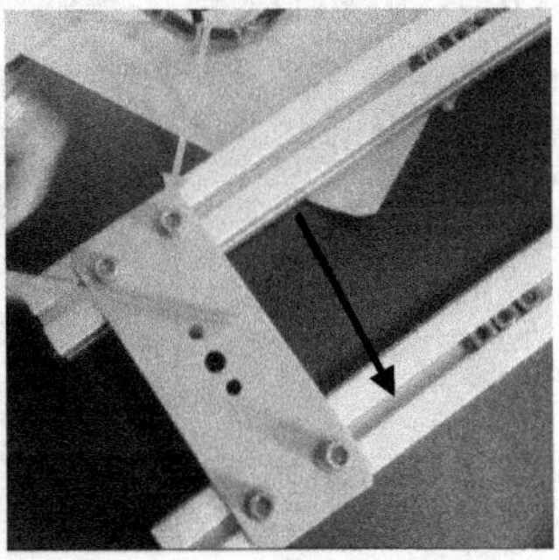

图 4.12　钻孔气缸的固定

2) 钻孔气缸的固定

如图 4.13(a)所示，将钻孔气缸固定在固定板上；安装气缸时注意对准螺钉位置，如图 4.13(b)所示，箭头所指处用 4 号内六角螺钉固定。

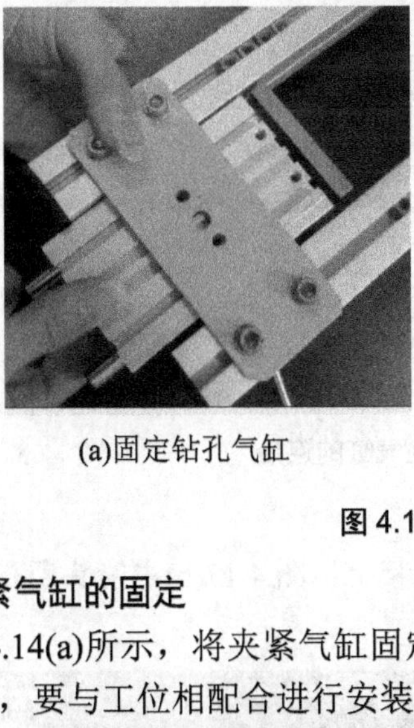

(a)固定钻孔气缸

(b)内螺钉的固定

图 4.13　钻孔气缸的固定

3) 夹紧气缸的固定

如图 4.14(a)所示，将夹紧气缸固定在支架上；安装夹紧气缸时应注意其位置，如图 4.14(b)所示，要与工位相配合进行安装，箭头所指处用 5 号内六角螺钉固定。

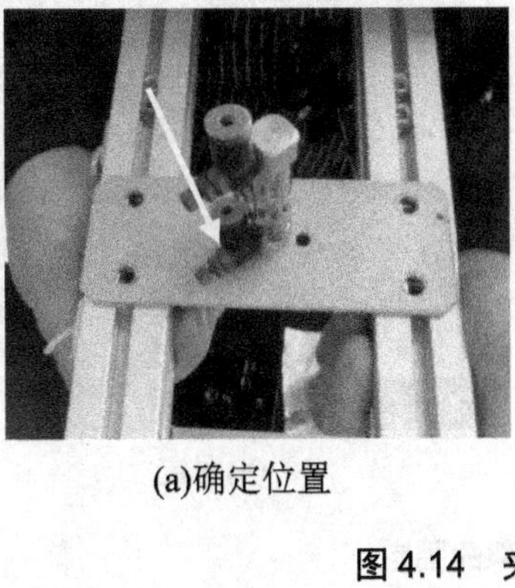

(a)确定位置

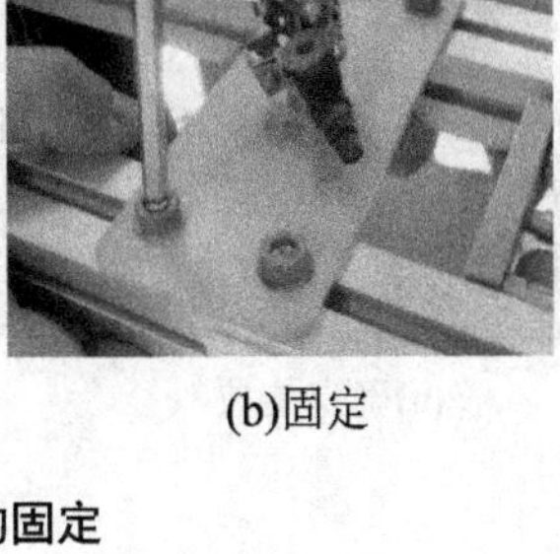

(b)固定

图 4.14　夹紧气缸的固定

4) 钻孔电机与钻孔电机底板的固定

如图 4.15(a)所示，将钻孔电机与钻孔电机底板固定在一块；安装钻孔电机时应注意电机与底板对准，因为电机槽与电机可能由于外界原因不匹配，安装时应注意不要弄坏电机。如图 4.15(b)中箭头所指处用 3 号内六角螺钉固定。

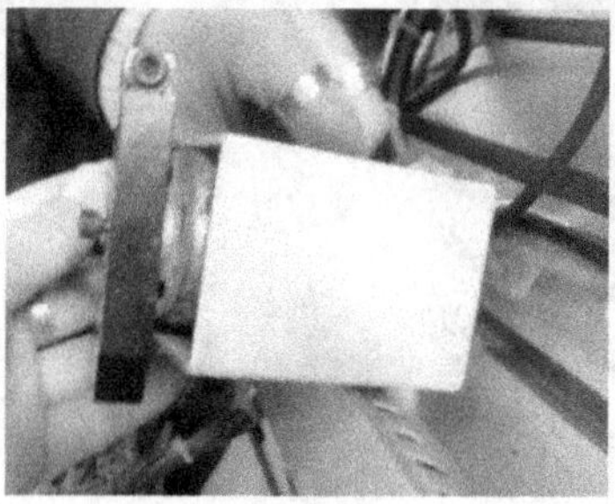

(a)确定位置

(b)固定

图 4.15　钻孔电机的固定

5) 钻孔电机与钻孔气缸的固定

如图 4.16 所示，将钻孔电机与钻孔气缸固定在一起，图中箭头所指处用 4 号内六角螺钉固定。

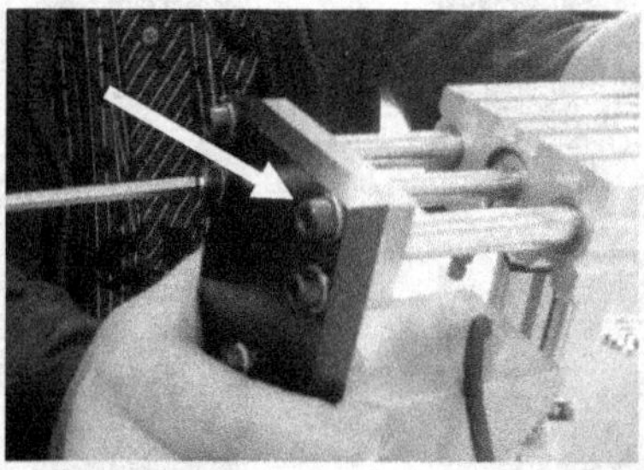

图 4.16　钻孔电机与钻孔气缸的连接

6) 钻孔支架固定板的固定

如图 4.17(a)所示，将钻孔支架固定板固定在支架上，图 4.17(b)中箭头所指处用 5 号内六角螺钉固定。

(a)确定位置

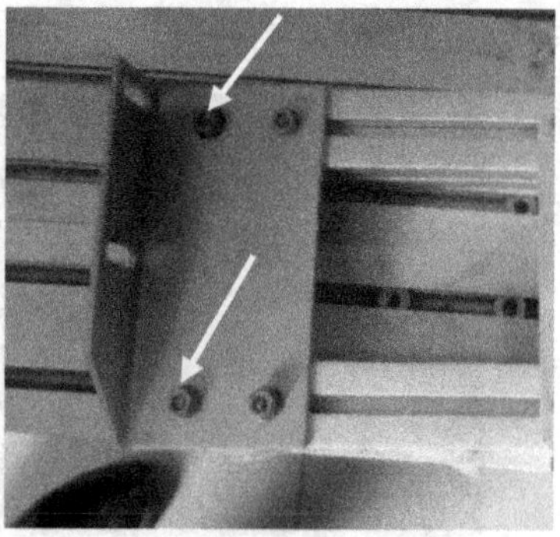

(b)固定

图 4.17　支架的固定

7) 钻孔支架的固定

如图 4.18(a)所示，将钻孔支架固定在操作台上，箭头所指处用外六角螺钉固定，支架安装在操作台第二、第三个凹槽内，如图 4.18(b)所示，注意与工作台间的距离。

(a)确定位置

(b)固定

图 4.18　钻孔及夹紧支架的安装

3. 气压表的安装

把气压表固定在操作面板上。

如图 4.19(a)所示，气压表安装在操作面板的第一个槽上，在图 4.19(b)中箭头所指处用五号内六角螺钉固定。

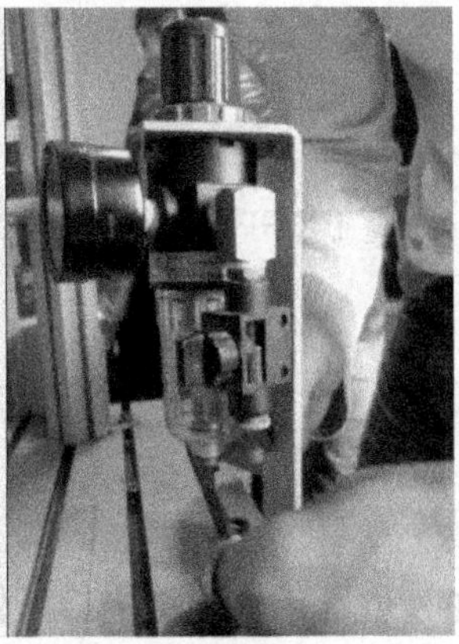

(a)确定位置

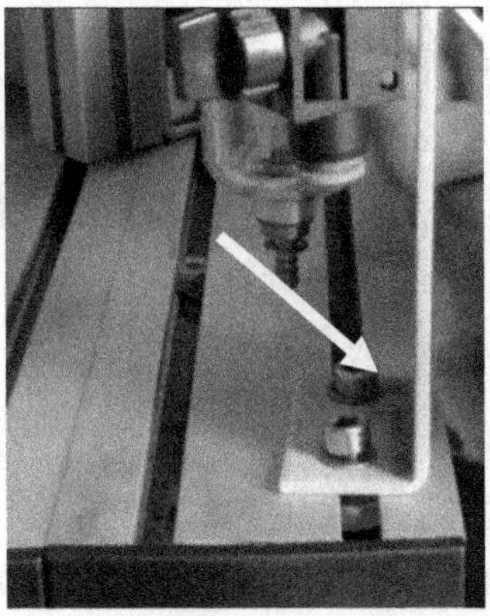

(b)固定

图 4.19　气压表的安装

4. 气路的安装

根据各气路上所标示的记号将气管连接至各气缸的进气口，如图 4.20 所示。安装时注意不要将气路接错，接错会使气缸无法正常工作。

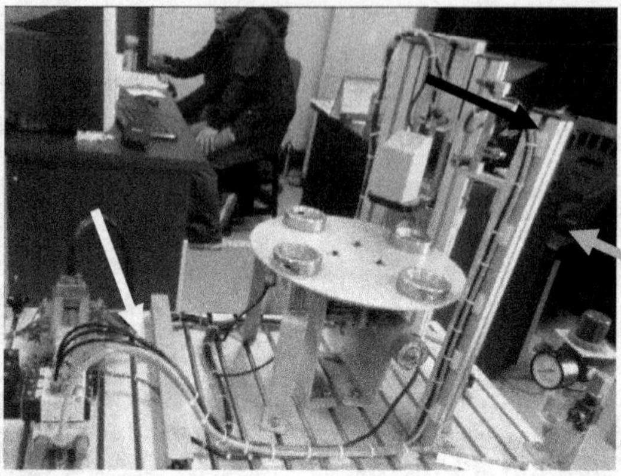

图 4.20　气路的连接

4.3.4　原料加工系统电气部分的安装

电机的安装在工作台和气缸固定时已经完成。

根据传感器上所标示的记号将传感器安装至各气缸的极限处。安装时注意不要将同一个气缸上的多个传感器的位置接错。

通过上面的安装，完成原料加工系统电气元件的安装。

4.3.5　原料加工系统程序的编写与调试

本系统是完成原料送入，经传送带进行检测的过程。

1. 调试运行设备

(1) 组装好的原料加工系统。

(2) 安装有 WINDOWS 操作系统的 PC 机一台(具有 FXGPWIN 软件)。

(3) PLC(三菱 FX 系列)一台。

(4) PC 与 PLC 的通信电缆一根。

2. 控制要求

其具体的控制要求如下：

上电后复位，回转电机旋转使工作臂瞄准某 90° 位置，复位完毕后开始灯闪，按开始按钮开始工作：等工件，直到一号位有工件时，工作台转 90° ，使第二工位有工件，则先夹紧工件，然后钻孔，钻孔完钻头回，夹紧装置放松，工作台再转 90° ，使第三工位有工件，则进行测孔工作，测孔完毕测孔气缸回，工作台再转 90° ，完成一个循环；返回。

3. 原料加工系统 I/O 分配

1) 控制面板

控制面板 I/O 分配如图 4.21 所示。

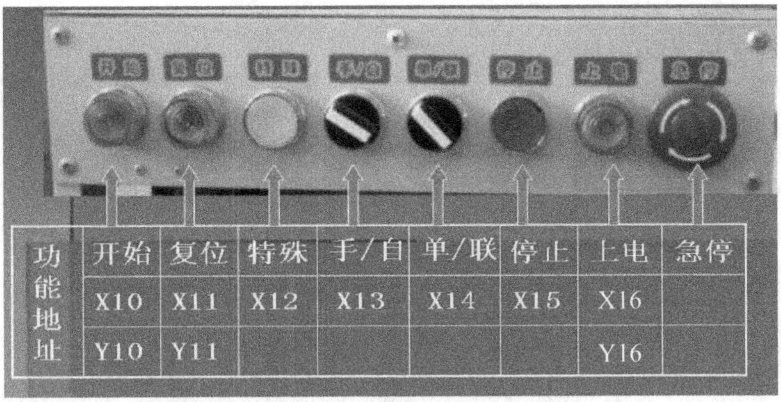

图 4.21　控制面板 I/O 分配

2) 执行机构 I/O 分配

执行机构 I/O 分配见表 4-8。

表 4-8　执行机构 I/O 分配表

输入		输出	
有工件	X000	回转电机	Y000
90° 位置	X001	钻孔电机	Y001
钻孔上极限	X002	钻孔进给气缸下	Y002
钻孔下极限	X003	测孔气缸下	Y003
测孔上限	X004	夹紧气缸伸出	Y004
测孔下限	X005		
夹紧缸后极限	X006		
夹紧缸前极限	X007		

4. 运行调试操作

1) 绘制流程

根据控制要求及 I/O 分配情况，结合组装好的原料加工系统，绘制编写 PLC 程序的功能流程图。在流程图中体现动作先后次序，以及动作切换条件。

参考流程图如图 4.22 所示。

2) 程序的编写

根据流程图，以及控制要求和 I/O 分配情况，编写程序。启动 FXGPWIN 软件，用鼠标单击工具栏上的“新建”按钮，选择所使用的 PLC 类型(FX2N)，再单击“确认”按钮。按要求编写程序。

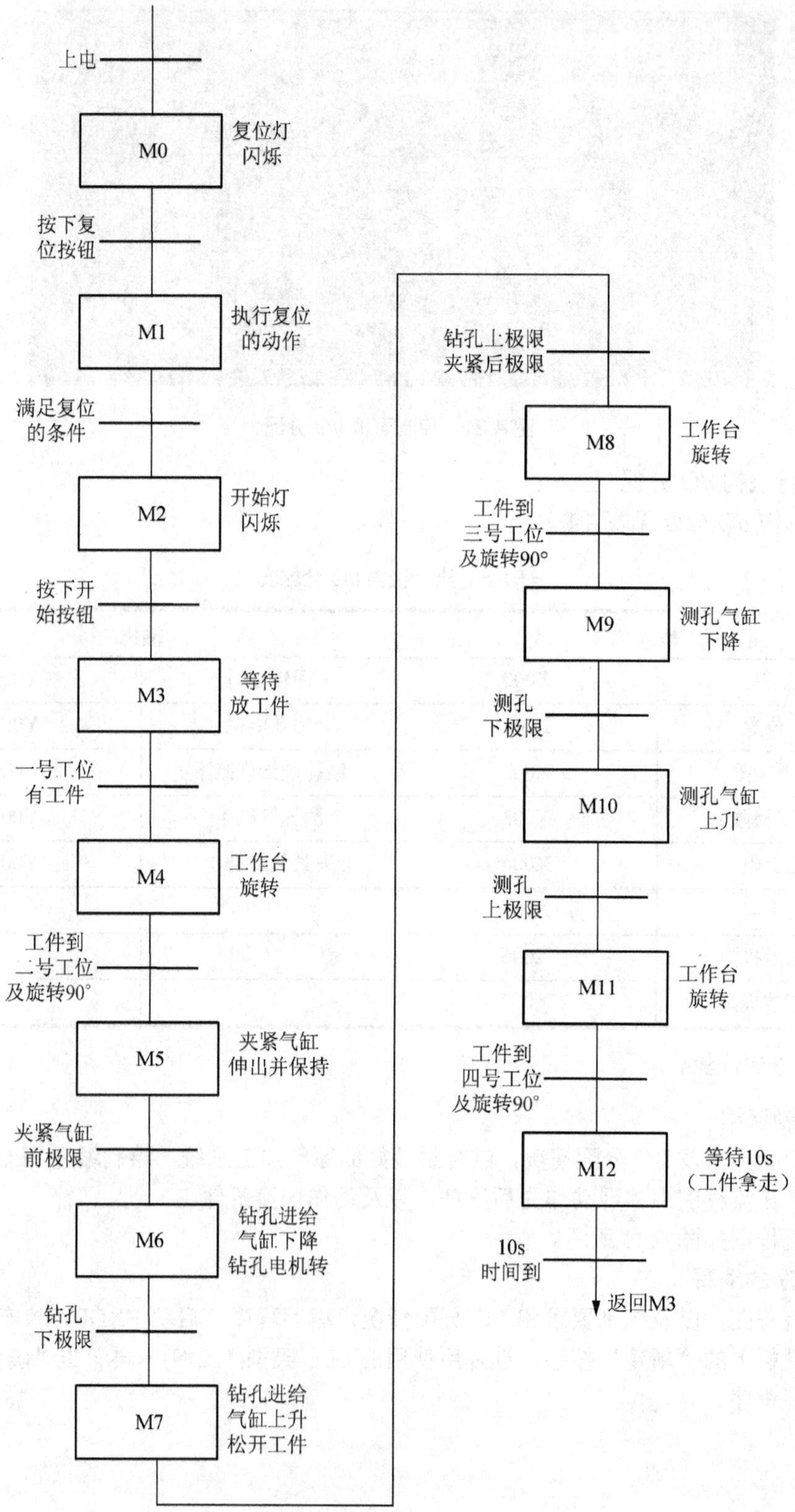
上电
M0
复位灯
闪烁
按下复
位按钮
M1
执行复位
的动作
满足复位
的条件
M2
开始灯
闪烁
按下开
始按钮
M3
等待
放工件
一号工位
有工件
M4
工作台
旋转
工件到
二号工位
及旋转90°
M5
夹紧气缸
伸出并保持
夹紧气缸
前极限
M6
钻孔进给
气缸下降
钻孔电机转
钻孔
下极限
M7
钻孔进给
气缸上升
松开工件
钻孔上极限
夹紧后极限
M8
工作台
旋转
工件到
三号工位
及旋转90°
M9
测孔气缸
下降
测孔
下极限
M10
测孔气缸
上升
测孔
上极限
M11
工作台
旋转
工件到
四号工位
及旋转90°
M12
等待10s
（工件拿走）
10s
时间到
返回M3

图 4.22　参考流程图

参考程序如图 4.23 所示。

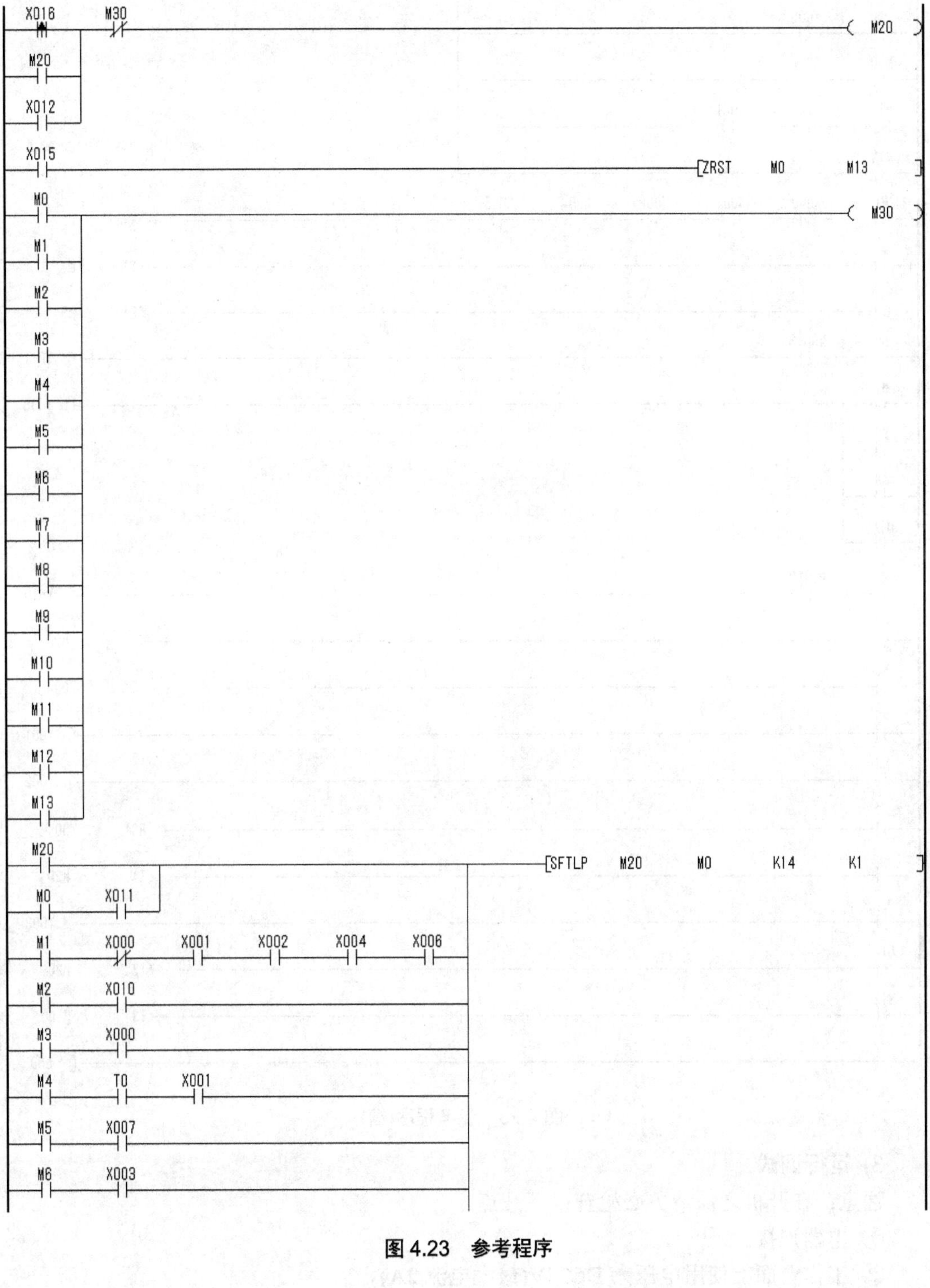

图 4.23　参考程序

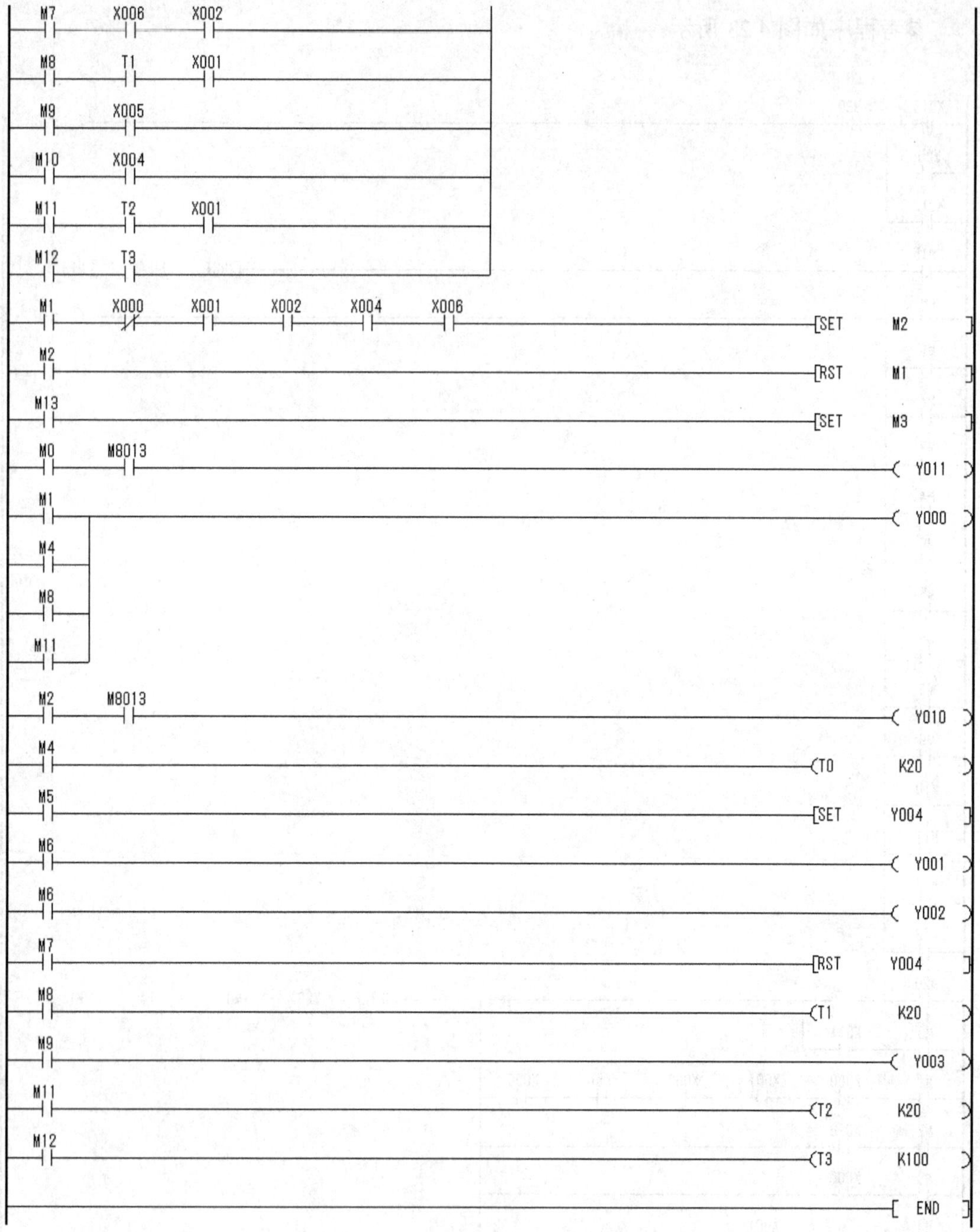

图 4.23 参考程序(续)

3) 运行调试

注意：在开机之前请务必检查以下几点。

① 电器连接。

② 工作台面上使用电压为 DC24V(最大电流 2A)。

③ 正确和可靠的气管连接。

④ 额定的使用气压。

⑤ 机械部件状态。

⑥ 检查气动回路操作。

⑦ 遵守气动安全操作规范情况下，打开气源后，手动强制驱动电磁阀，即依次按下各换向阀的手动按钮，确认各气缸动作符合要求，若不符合，作相应的调整。

⑧ 检查电气操作。

⑨ 遵守电气安全操作规范情况下，检查到位信号的状态是否正常，PLC 能否正常采集；若不正常，调整元器件位置或做其他检查。

a．PLC 与计算机的通信连接与设置

将 PC 机与 PLC 按正确方式连接，并设置通信端口与通信参数。

b．程序的编辑、上传、下载

第一步：将通信电缆线联好。

第二步：将 PLC 的工作状态开关放在“PROG”处。

第三步：在刚才编写好的程序写入，选择“PLC”按钮，单击“传送”按钮，再单击“写出”按钮，弹出对话框，写好起止步数，单击“确定”按钮。

c．上电运行

根据运行情况，结合控制要求，检查是否有错误。

如果有错误，关掉电源，检查错误。查找具体原因，分清是硬件组装的错误，还是编程的错误。根据错误情况，分别改正错误，再重新调试，直至调试正确。

如果没有错误，即调试正确，完成调试。

5. 总结评价

小组讨论，分别总结经验和方法，小组汇总，形成总结报告。

6. 验收

根据学生的计划、组装、调试操作、总结情况进行评价验收。

4.4 考核评价

考核标准详见质量评价表，见表 4-9。

表 4-9 质量评价表

考核项目	考核要求	配分	评分标准	扣分	得分	备注
系统安装	1.会安装元件； 2.按图完整、正确及规范接线； 3.按照要求编号	54	1.元件松动扣 2 分，损坏一处扣 4 分； 2.错、漏线每处扣 2 分； 3.反圈、压皮、松动，每处扣 2 分； 4.错、漏编号，每处扣 1 分			
编程操作	1.会建立程序新文件； 2.正确输入梯形图； 3.正确保存文件	10	1.不能建立程序新文件或建立错误扣 4 分； 2.输入梯形图错误一处扣 2 分			
运行操作	1.操作运行系统，分析运行结果； 2.会监控梯形图； 3.会验证工作方式	25	1.系统通电操作错误一步扣 3 分； 2.分析运行结果错误一处扣 2 分； 3.监控梯形图错误一处扣 2 分； 4.验证工作方式错误扣 5 分			
安全生产	自觉遵守安全文明生产规程	11	1.每违反一项规定，扣 3 分； 2.发生安全事故，扣 11 分； 3.漏接接地线一处扣 5 分			
时间	3 小时		提前正确完成，每 5 分钟加 2 分； 超过定额时间，每 5 分钟扣 2 分			
开始时间：		结束时间：		实际时间：		

项目5

工件安装系统

5.1 项目任务

表 5-1 工件安装系统项目内容

项目内容	(1) 元器件布局及线路布局设计； (2) 工件安装系统机械机构的安装； (3) 工件安装系统气缸的安装与气路连接； (4) 工件安装系统电气元件的安装； (5) 工件安装系统程序的编写与调试
重难点	(1) 元器件布局与线路布局设计； (2) 工件安装系统的安装； (3) 工件安装系统程序的编写与调试
参考的相关文件	GB/T 13869—2008《用电安全导则》 GB 19517—2009《国家电气设备安全技术规范》 GB/T 25295—2010《电气设备安全设计导则》 GB 50150—2006《电气装置安装工程——电气设备交接试验标准》
操作原则与安全注意事项	(1) 一般原则：培训的学员必须在指导老师的指导下才能操作该设备。请务必按照技术文件和各独立元件的使用要求使用该系统，以保证人员和设备安全。 (2) 电气系统：只有在断电状态下才能连接和断开各种电气连线，使用直流 24V 以下的电压。 (3) 气动系统：气动系统的使用压力不得超过 800kPa(8bar)。在气动系统管路接好之前不得接通气源。接通气源和长时间停机后开始工作，个别气缸可能会运动过快，所以要特别当心。 (4) 机械系统：所有部件的紧定螺钉应拧紧。不要在系统运行时人为的干涉正常工作

项目导读

工件安装系统是按照一定的方法、规格把机械或器材(多指成套的)固定在一定的地方或进行一定的组合。工件安装系统因其方法与要求不同，安装的形式和过程也有很多，所以系统的种类也是很多的。本项目主要是模拟一种安装过程，进行大小工件的组合。如图 5.1 所示为一种安装系统。

图 5.1　安装系统

5.1.1　元器件布局及线路布局设计任务书

元器件布局及线路布局设计任务书见表 5-2。

表 5-2　元器件布局及线路布局设计

<table>
<tr><td rowspan="3">XX 学院</td><td colspan="3" rowspan="3">工件安装系统安装与调试任务书</td><td colspan="2">文件编号</td><td></td></tr>
<tr><td colspan="2">版　次</td><td></td></tr>
<tr><td colspan="3">共 5 页/第 1 页</td></tr>
<tr><td>工序号：1</td><td colspan="3">工序名称：元器件布局及线路布局设计</td><td colspan="3">作 业 内 容</td></tr>
<tr><td colspan="4" rowspan="12">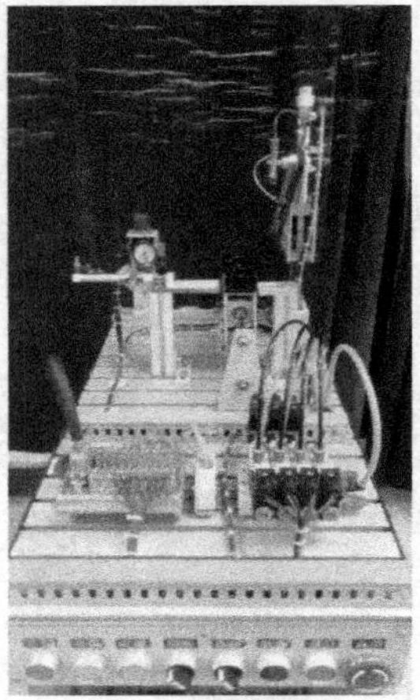
(a) 执行机构正视图

(b) 执行机构俯视图

(c) 执行机构侧视图</td><td>1</td><td colspan="2">根据第四站具体功能，收集元器件安装资料，选择安装位置</td></tr>
<tr><td>2</td><td colspan="2">制定出整个系统的安装方案，确定各部分安装流程</td></tr>
<tr><td>3</td><td colspan="2">结合功能要求，制定机械机构安装的详细计划</td></tr>
<tr><td>4</td><td colspan="2">结合功能要求，制定气缸安装与气路分布的详细计划</td></tr>
<tr><td>5</td><td colspan="2">结合功能要求，制定电气元件安装的详细计划</td></tr>
<tr><td>6</td><td colspan="2">根据功能要求和计划方案，画出执行机构的平面分布图</td></tr>
<tr><td colspan="3">使 用 工 具</td></tr>
<tr><td colspan="3">内六角扳手、十字螺丝刀、一字螺丝刀(小号)</td></tr>
<tr><td colspan="3">※工艺要求(注意事项)</td></tr>
<tr><td>1</td><td colspan="2">用电安全</td></tr>
<tr><td>2</td><td colspan="2">通过讨论制定的计划方案进行可行性分析应仔细，避免后面返工</td></tr>
<tr><td>3</td><td colspan="2">画出平面分布图，应当细致，便于后面安装准确</td></tr>
<tr><td>更改标记</td><td></td><td>编　制</td><td></td><td colspan="2">批　准</td><td></td></tr>
<tr><td>更改人签名</td><td></td><td>审　核</td><td></td><td colspan="2">生产日期</td><td></td></tr>
</table>

5.1.2　工件安装系统机械机构的安装任务书

工件安装系统机械机构的安装任务书见表 5-3。

表 5-3　工件安装系统机械机构的安装

<table>
<tr><td rowspan="2">XX 学院</td><td colspan="3" rowspan="2">工件安装系统安装与调试任务书</td><td>文件编号</td><td colspan="2"></td></tr>
<tr><td>版　　次</td><td colspan="2"></td></tr>
<tr><td></td><td colspan="3"></td><td colspan="3">共 5 页/第 2 页</td></tr>
<tr><td>工序号：2</td><td colspan="3">工序名称：工件安装系统机械机构的安装</td><td colspan="3">作 业 内 容</td></tr>
<tr><td colspan="4" rowspan="13">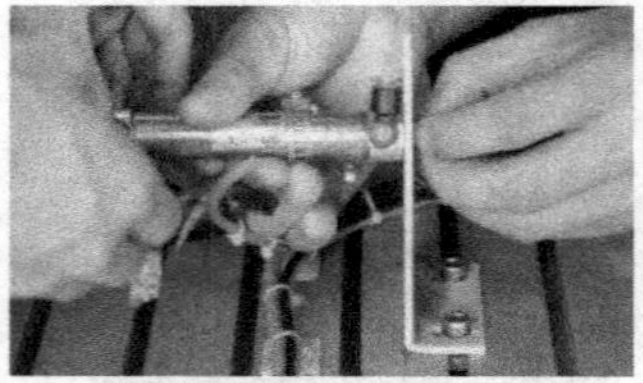
(a) 气缸的安装一
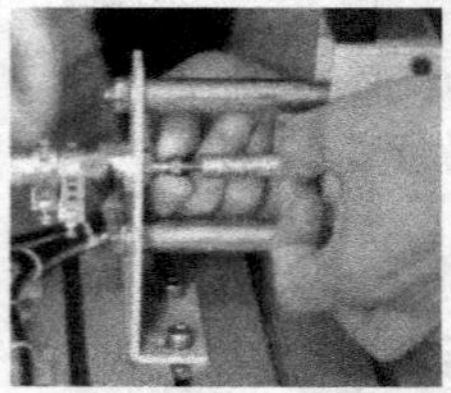
(b) 气缸的安装二
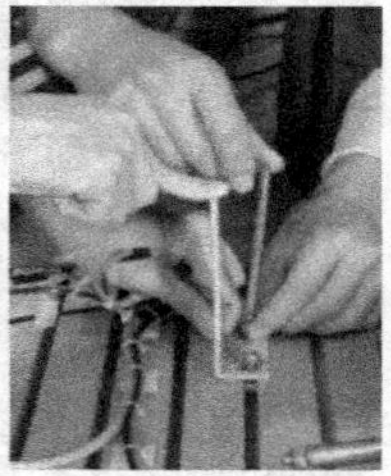
(d) 支架的固定
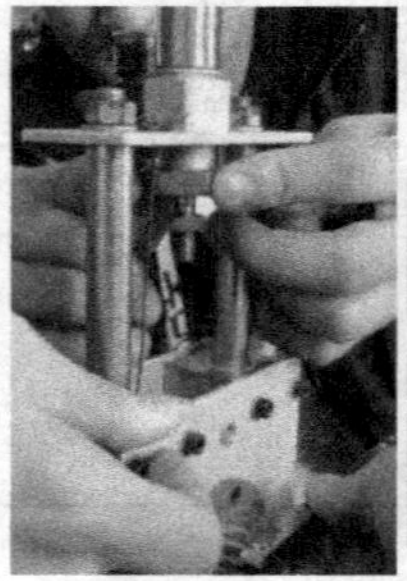
(c) 气缸的安装三
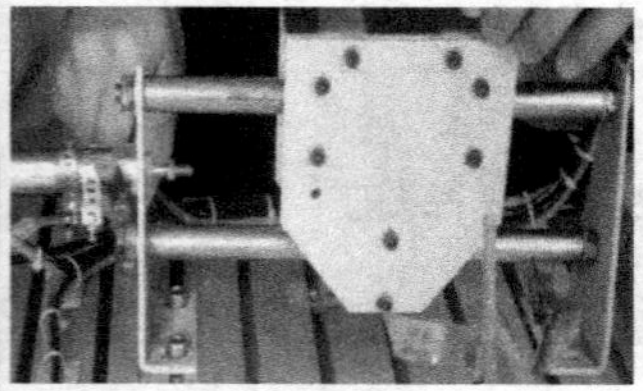
(e) 位移器的安装

(f) 传送带的安装</td><td>1</td><td colspan="2">根据前面制定的机械机构安装的详细计划，结合平面分布图，准备安装的支架及气缸等</td></tr>
<tr><td>2</td><td colspan="2">根据平面分布图确定位移器底座支架的位置，并固定</td></tr>
<tr><td>3</td><td colspan="2">在位移器支架上固定位移器</td></tr>
<tr><td>4</td><td colspan="2">固定摆杆底座，再固定摆杆气缸，最后固定摆杆</td></tr>
<tr><td>5</td><td colspan="2">固定推工件气缸</td></tr>
<tr><td>6</td><td colspan="2">最后固定等待工件平台</td></tr>
<tr><td colspan="3">使 用 工 具</td></tr>
<tr><td colspan="3">内六角扳手、十字螺丝刀、一字螺丝刀(小号)</td></tr>
<tr><td colspan="3">※工艺要求(注意事项)</td></tr>
<tr><td>1</td><td colspan="2">正确使用内六角扳手</td></tr>
<tr><td>2</td><td colspan="2">位移气缸与位移器的连接；摆杆气缸与摆杆器之间的连接</td></tr>
<tr><td>3</td><td colspan="2">气缸方向要安装正确</td></tr>
<tr><td>4</td><td colspan="2">气缸固定要牢靠</td></tr>
<tr><td>更改标记</td><td></td><td>编　制</td><td></td><td>批　　准</td><td colspan="2"></td></tr>
<tr><td>更改人签名</td><td></td><td>审　核</td><td></td><td>生产日期</td><td colspan="2"></td></tr>
</table>

5.1.3　工件安装系统气缸的安装与气路连接任务书

工件安装系统气缸的安装与气路连接任务书见表 5-4。

表 5-4　工件安装系统气缸的安装与气路连接

<table>
<tr><td rowspan="3">XX 学院</td><td rowspan="3" colspan="3">工件安装系统安装与调试任务书</td><td>文件编号</td><td></td></tr>
<tr><td>版　　次</td><td></td></tr>
<tr><td colspan="2">共 5 页/第 3 页</td></tr>
<tr><td>工序号：3</td><td colspan="3">工序名称：工件安装系统气缸的安装与气路连接</td><td colspan="2">作 业 内 容</td></tr>
<tr><td colspan="4" rowspan="10">
(a) 气压表的安装

(b) 气阀气路的连接
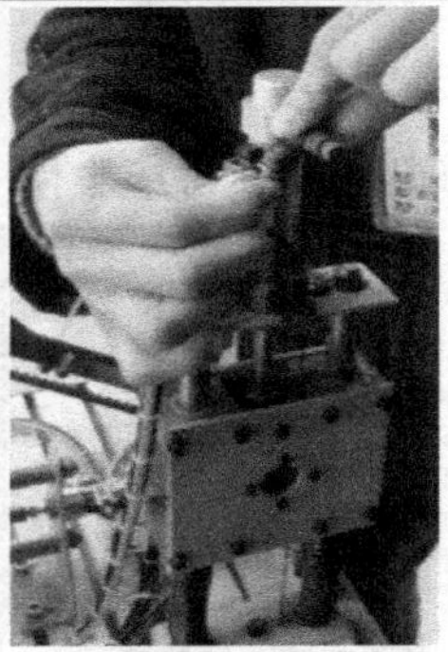
(c) 摆杆气缸的安装
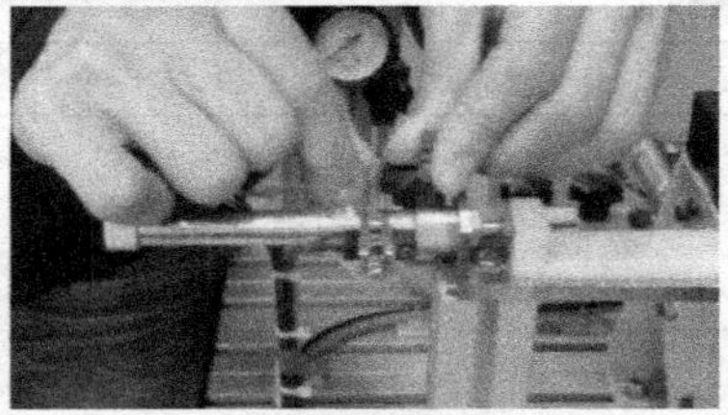
(d) 推工件气缸的安装
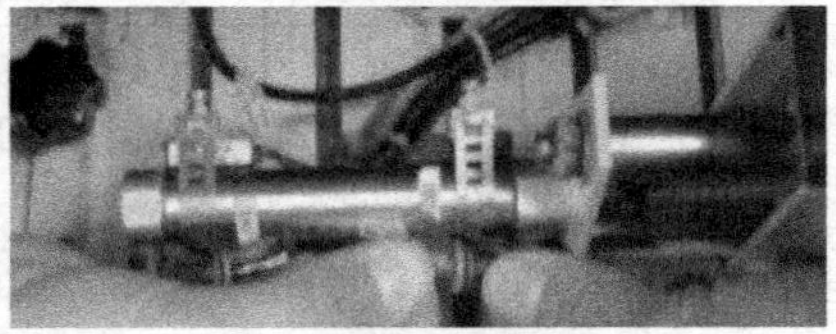
(e) 位移气缸的安装</td><td>1</td><td>根据前面制定的气路分布详细计划，结合平面分布图，准备安装的气管及气压表等</td></tr>
<tr><td>2</td><td>根据平面分布图确定气压表的安装位置，并固定</td></tr>
<tr><td>3</td><td>根据气路安装计划和平面分布图确定气管的安装路线</td></tr>
<tr><td>4</td><td>根据气路安装计划准确连接对应的气缸与气阀，并连接</td></tr>
<tr><td>5</td><td>检查气路，以及气缸方向</td></tr>
<tr><td colspan="2">使 用 工 具</td></tr>
<tr><td colspan="2">内六角扳手、十字螺丝刀、一字螺丝刀(小号)</td></tr>
<tr><td colspan="2">※工艺要求(注意事项)</td></tr>
<tr><td>1</td><td>注意气管连接的方法</td></tr>
<tr><td>2</td><td>气管方向连准确，以保证气缸动作正确</td></tr>
<tr><td>更改标记</td><td></td><td>编　制</td><td></td><td>批　　准</td><td></td></tr>
<tr><td>更改人签名</td><td></td><td>审　核</td><td></td><td>生产日期</td><td></td></tr>
</table>

5.1.4　工件安装系统电气元件的安装任务书

工件安装系统电气元件的安装任务书见表 5-5。

表 5-5　工件安装系统电气元件的安装

<table>
<tr><td colspan="2" rowspan="3">XX 学院</td><td colspan="2" rowspan="3">工件安装系统安装与调试任务书</td><td>文件编号</td><td></td></tr>
<tr><td>版　　次</td><td></td></tr>
<tr><td colspan="2">共 5 页/第 4 页</td></tr>
<tr><td colspan="2">工序号：4</td><td colspan="2">工序名称：工件安装系统电气元件的安装</td><td colspan="2">作 业 内 容</td></tr>
<tr><td colspan="4" rowspan="11">  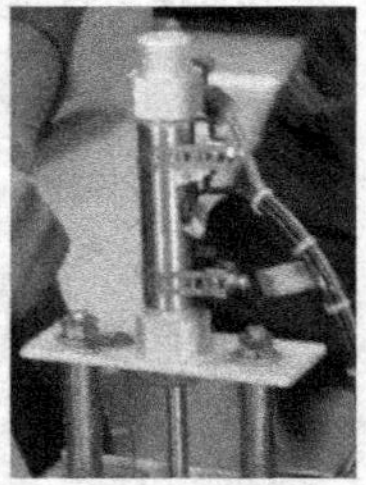
(a) 位移气缸传感器的安装　(b) 气缸传感器的安装　(c) 摆杆气缸传感器的安装

(d) 主要传感器的安装　(e) 气缸极限的安装　(f)电磁阀的安装</td><td>1</td><td>根据前面制定的电气元件安装的详细计划，结合平面分布图，准备待安装的传感器等</td></tr>
<tr><td>2</td><td>根据安装计划，结合平面分布图，安装位移气缸传感器</td></tr>
<tr><td>3</td><td>根据安装计划，结合平面分布图，安装推工件气缸传感器</td></tr>
<tr><td>4</td><td>根据安装计划，结合平面分布图，安装摆杆气缸传感器</td></tr>
<tr><td>5</td><td>根据安装计划，结合平面分布图，连接连接所有极限到端子排上</td></tr>
<tr><td colspan="2">使 用 工 具</td></tr>
<tr><td colspan="2">内六角扳手、十字螺丝刀、一字螺丝刀(小号)</td></tr>
<tr><td colspan="2">※工艺要求(注意事项)</td></tr>
<tr><td>1</td><td>注意各个极限传感器的功能，位置要准确</td></tr>
<tr><td>2</td><td>气缸极限位的安装要与动作要匹配</td></tr>
<tr><td>3</td><td>极限为连接到接线排上时，应当保证 I/O 与给定的一致</td></tr>
<tr><td>更改标记</td><td></td><td>编　制</td><td></td><td>批　　准</td><td></td></tr>
<tr><td>更改人签名</td><td></td><td>审　核</td><td></td><td>生产日期</td><td></td></tr>
</table>

5.1.5　工件安装系统程序的编写与调试任务书

工件安装系统程序的编写与调试任务书见表 5-6。

表 5-6　工件安装系统程序的编写与调试

<table>
<tr><td rowspan="3">XX 学院</td><td rowspan="3">工件安装系统安装与调试任务书</td><td>文件编号</td><td colspan="2"></td></tr>
<tr><td>版　　次</td><td colspan="2"></td></tr>
<tr><td colspan="3">共 5 页/第 5 页</td></tr>
<tr><td>工序号：5</td><td>工序名称：工件安装系统程序的编写与调试</td><td colspan="3">作 业 内 容</td></tr>
<tr><td colspan="2" rowspan="14">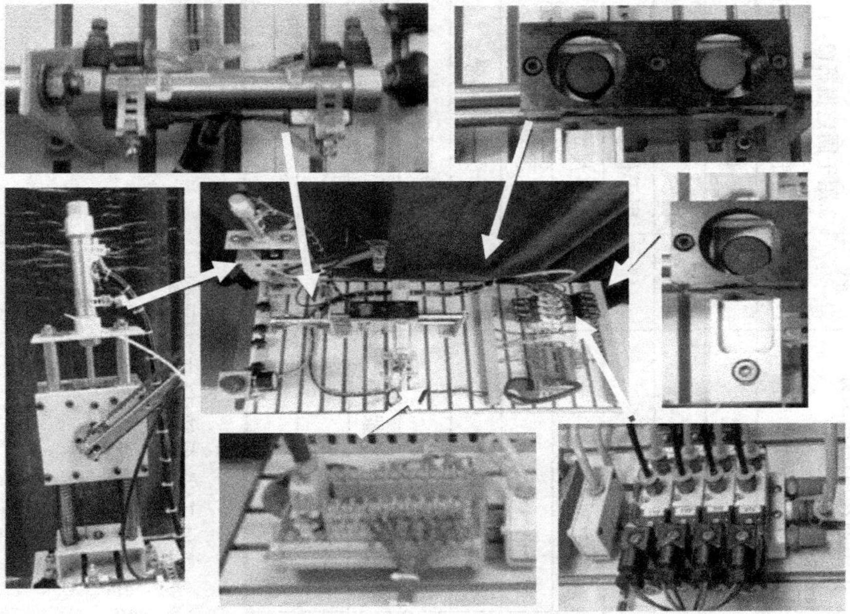</td><td>1</td><td colspan="2">根据功能要求，画出流程图</td></tr>
<tr><td>2</td><td colspan="2">根据流程图，编写出程序</td></tr>
<tr><td>3</td><td colspan="2">将程序写入设备，调试运行</td></tr>
<tr><td>4</td><td colspan="2">检查运行情况，查明错误原因</td></tr>
<tr><td>5</td><td colspan="2">根据原因调整安装的元器件或修改程序等</td></tr>
<tr><td>6</td><td colspan="2">修改后再次调试运行，直至运行成功</td></tr>
<tr><td colspan="3">使 用 工 具</td></tr>
<tr><td colspan="3">内六角扳手、十字螺丝刀、一字螺丝刀(小号)</td></tr>
<tr><td colspan="3">※工艺要求(注意事项)</td></tr>
<tr><td>1</td><td colspan="2">明确目的，流程图准确</td></tr>
<tr><td>2</td><td colspan="2">检查错误时，要分清是硬件安装的原因还是程序编写的原因</td></tr>
<tr><td>3</td><td colspan="2">调试完成，总结经验</td></tr>
</table>

<table>
<tr><td>更改标记</td><td></td><td>编　制</td><td></td><td>批　　准</td><td></td></tr>
<tr><td>更改人签名</td><td></td><td>审　核</td><td></td><td>生产日期</td><td></td></tr>
</table>

5.2 项目准备

5.2.1 工件安装系统材料清单

工件安装系统材料清单详见表 5-7。

表 5-7 工件安装系统材料清单

序号	名称	数量	该元件功能	备注
1	5 号(内六角)普通螺钉	24	1.用于固定摆杆底座(4)； 2.用于固定位移底座(4)； 3.用于固定堆杆底座(4)； 4.用于固定堆杆底座与撑杆连接部分(4)； 5.用于固定支撑杆与平衡杆连接部分(4)； 6.用于固定气压表底座(4)	
2	4 号(内六角)普通螺钉	2	用于固定带轮与摆杆连接部分	
3	3 号(内六角)普通螺钉	24	1.用于固定工作槽(3)； 2.用于固定摆杆气缸(1)； 3.用于固定摆杆(3)； 4.用于固定滑动平台(17)	
4	气压表	1	用于测量气压的大小	
5	气管	5	传送气流，有蓝色(1)、黄色(2)、黑色(2)	
6	摆杆	1	用于传送小工件	
7	位移器	1	用于放置小工件	
8	位移器气缸	1	用于移动位移器	
9	位移器支架	2	用于固定位移器	
10	推件器	1	用于推工件	
11	推件器底座与支架	2	用于固定推件器	
12	传送带	1	用于带动摆杆摆动	
13	摆杆支架	1	用于固定摆杆	

5.2.2 工件安装系统安装流程图

工件安装系统安装流程图如图 5.2 所示。

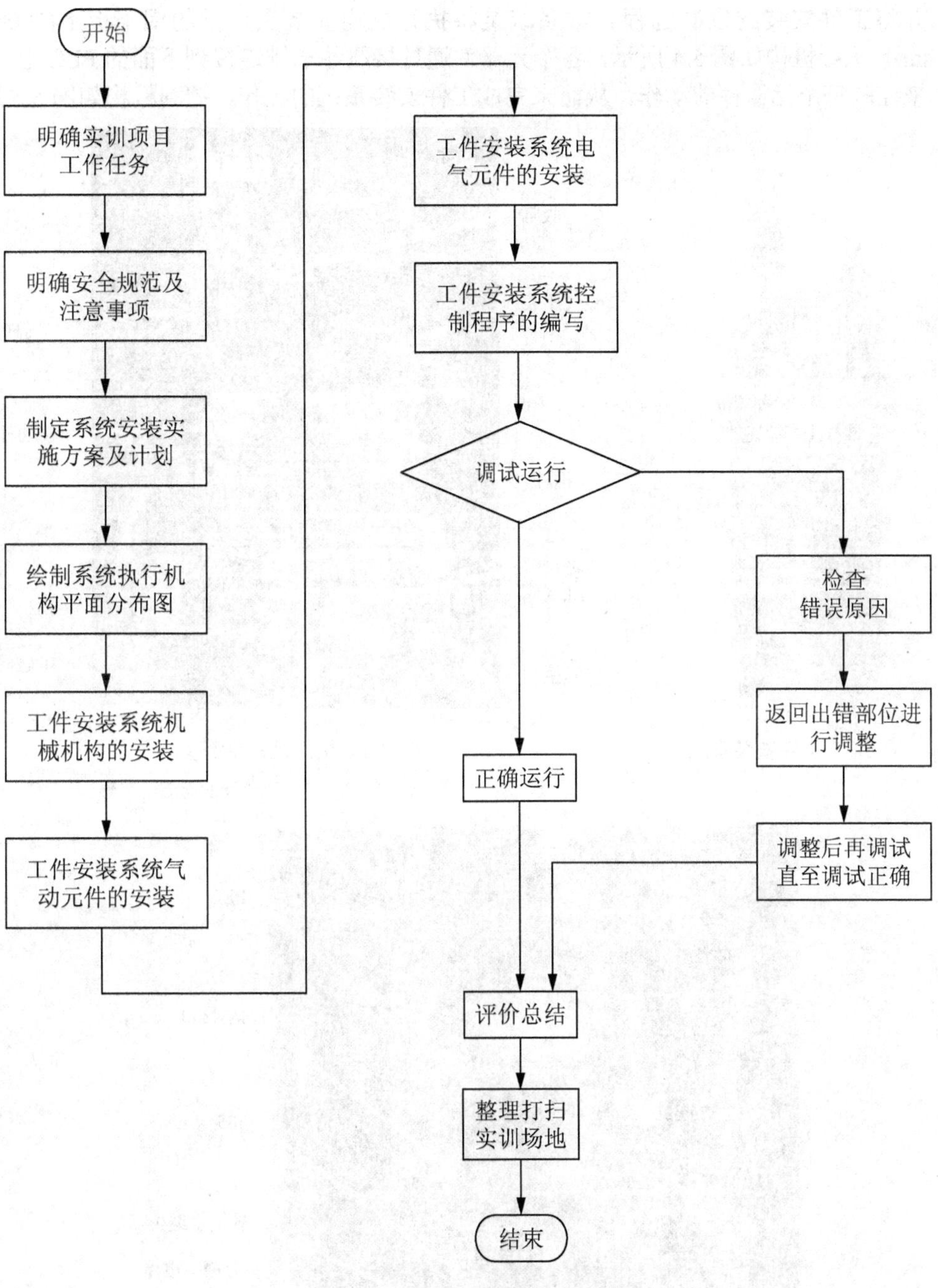

图 5.2　工件安装系统安装流程图

5.3　项目实施

5.3.1　工件安装系统元器件和线路布局设计

1. 系统基本结构

工件安装系统如图 5.3 所示。该系统是完成选择安装工件的料仓，将工件从料仓中推出，并将工件安装到位的过程。本系统是将执行机构安装在带槽的铝平板上(700mm×350mm)，执行机构如图 5.4 所示，各个元器件通过接线端子排连接到下面的 PLC 上。通过 PLC 来控制每个元器件的动作，从而来完成工件安装系统的工作，控制机构如图 5.5 所示。

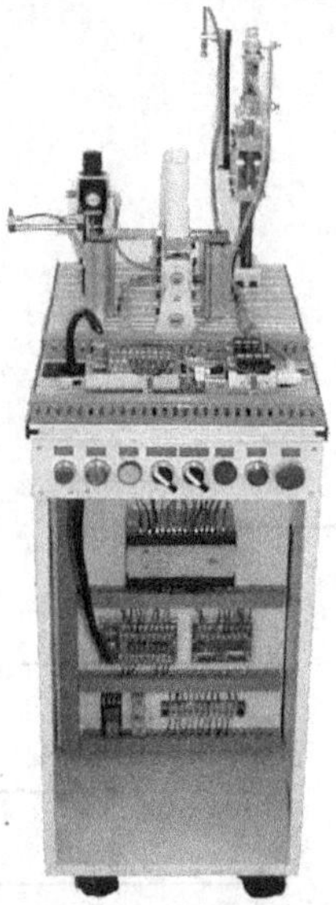

图 5.3　工件安装系统

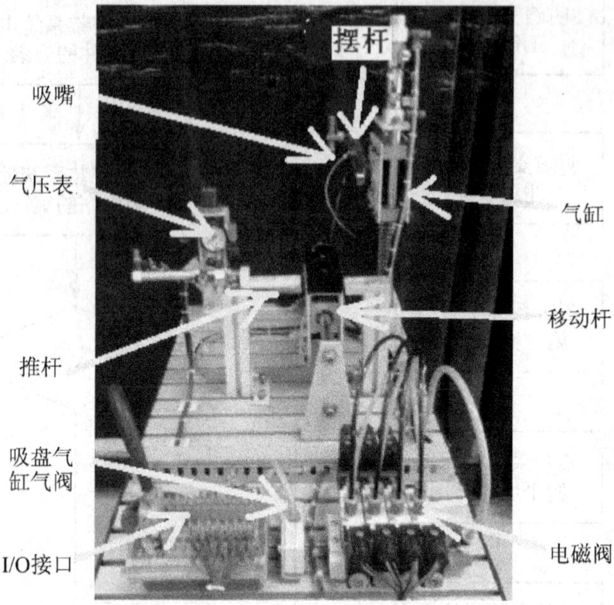

图 5.4　执行机构平面图

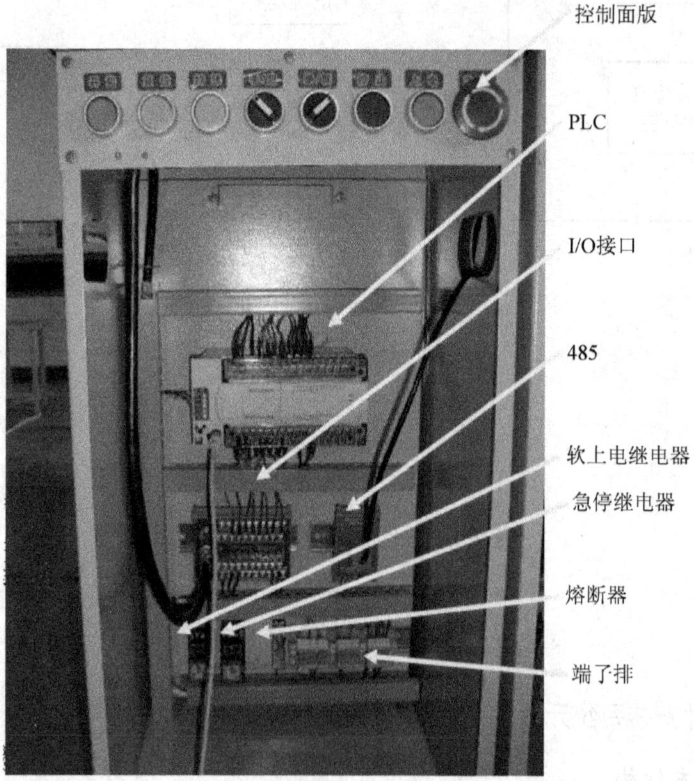

图 5.5　控制机构平面图

2. 制定工件安装系统安装实施方案

本系统主要进行执行机构的拆装。在拆装之前，需了解用到的元器件，并掌握其功能和使用方法。通过观察元器件位置，再根据工件安装系统所要实现的功能，进行小组讨论，得出元器件安装的基本框架，在此框架之上制定出各个部分的详细安装计划。确定各个部分安装流程，并对此次序进行可行性分析。

1) 机构介绍及元器件清单

(1) 机械机构部分：

①摆杆单元：用于放置小工件。

②工件推出单元：用于推出小工件。

(2) 气动元件部分：

①气源：本系统采用空气压缩机(提供气动系统所需的压缩空气，其中减压阀用于调节工作压力)。

②气压表：本系统采用气动二联件(可手动调节气压大小)。

③气阀：本系统采用二位五通换向阀。

④气缸：分推工件气缸与位移气缸两种。

(3) 电气元件部分：

①位移气缸：用于确定小工件传送的距离。

②推工件气缸：用于推出小工件。

③传感器：用于检测极限位。

2) 机械机构安装计划的制定

结合功能要求，根据支架的实际情况，结合位移器等特点，制定机械机构安装的详细计划。注意安装的先后次序。

3) 气动元件安装计划的制定

结合功能要求，根据气路特点及实际情况，制定气缸安装与气路分布的详细计划。

4) 电气元件安装计划的制定

结合功能要求，根据实际需要，制定传感器与限位开关安装的详细计划。安装限位开关时，注意位置的精确度。

5) 执行机构平面分布图的绘制

根据功能要求和计划方案，画出工件安装系统执行机构的平面分布图；并分配小组成员任务。

5.3.2　工件安装系统硬件安装与气路的连接

根据前面制定的机械机构安装的详细计划，结合平面分布图，准备安装的支架及位移器等器件。

1. 工件推出部分

1) 先安装工件推出的推杆部分

将推杆支架与平衡台及底座内六角安装好，如图5.6和图5.7所示；再将推杆气缸与平衡台连接装好，如图5.7所示；固定底座于面板，如图5.6和图5.7所示；安装推工件气缸的传感器与气路的连接。

图 5.6　工件托架

图 5.7　推工件支架

2) 安装小工件料仓的位移部分

(1) 将底座固定在面板上，如图 5.8 所示。

(2) 安装气缸于支架上——先连接气缸与移动部分的连杆，如图 5.9 所示。

(3) 将支架与底座固定连接好，如图 5.8 所示。

(4) 将支架与位移的移动部件安装好，如图 5.9 所示。

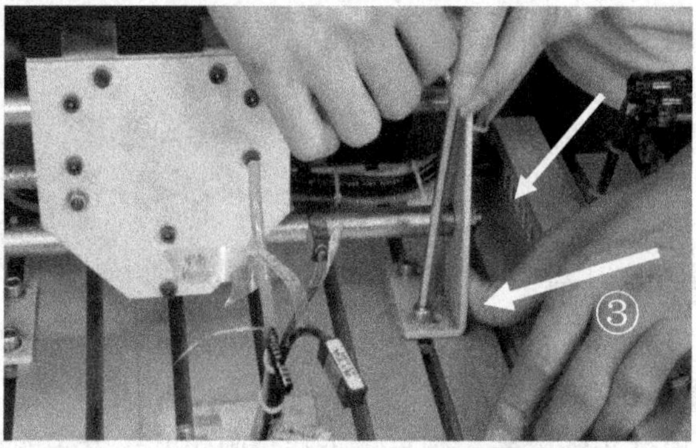

图 5.8　小工件料仓的底座与支架的固定

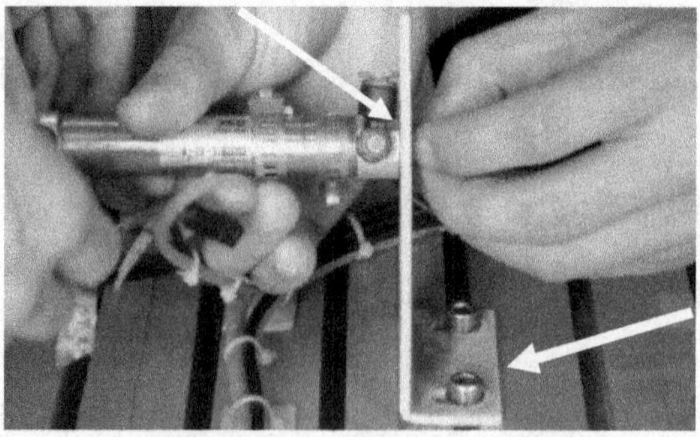

图 5.9　小工件换料气缸的安装

(5) 将小工件放置槽与另一支架连接好，如图 5.10 所示。

(6) 将底座与支架连接，且固定于面板，如图 5.10 所示。

(7) 把工件槽安装于位移部件上，如图 5.10 所示。

(8) 安装气管与传感器，如图 5.11 所示。

图 5.10　小工件料仓放置槽的安装

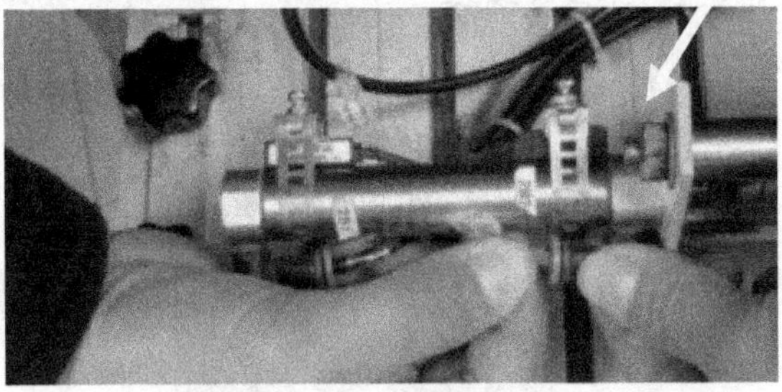

图 5.11　小工件换料气缸传感器的安装与气路连接

2. 摆杆部分

1) 安装摆杆

① 将带轮安装在摆杆移动端上，“两端”，如图 5.12 所示。
② 安装皮带于带轮上，如图 5.12 所示。
③ 把拆开的两个摆杆部件相接，如图 5.12 所示。

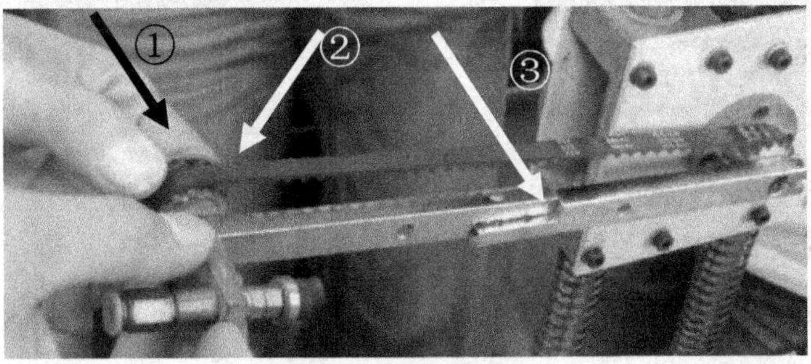

图 5.12　摆臂的安装

2) 摆臂气缸的安装

① 将气缸与弹簧四方面板连接，如图 5.13 所示。
② 将气缸与连接块(黑色长方块)相接，如图 5.14 所示。
③ 将连接块固定与四方板上，如图 5.14 所示。

图 5.13　摆臂气缸的安装

图 5.14　摆臂提升装置的安装

④ 固定底座于面板，如图 5.15 所示。

⑤ 连接气管及传感器，如图 5.15 所示。

3. 气压表部分

(1) 将气压表安装于支架上，如图 5.16 所示。

(2) 固定支架于面板，如图 5.16 所示。

(3) 安装气管，如图 5.16 所示。

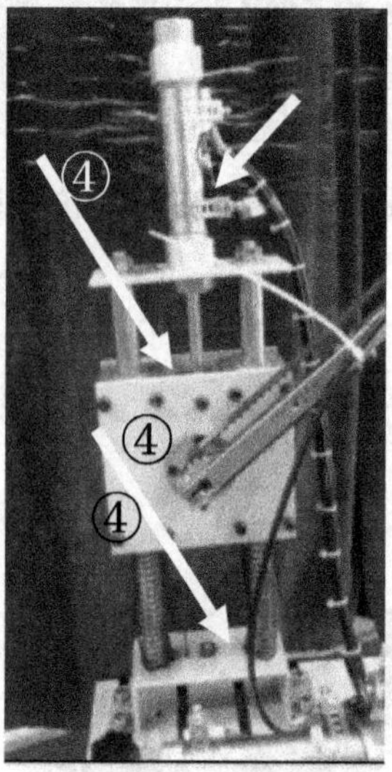

图 5.15 摆臂系统结构

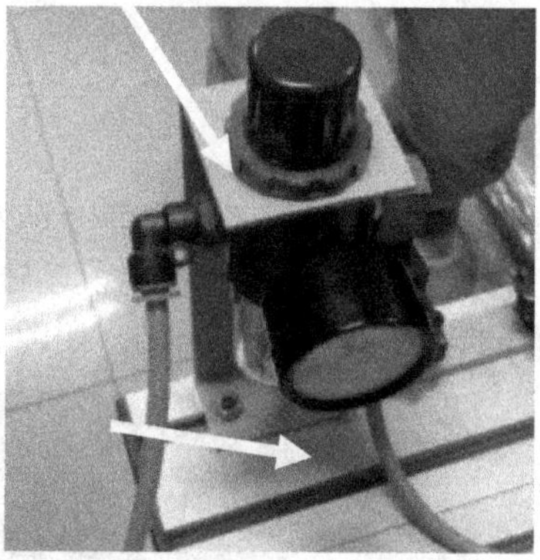

图 5.16 气压表

通过上面的安装，完成工件安装系统电气元件的安装。

5.3.3 工件安装系统程序的编写与调试

本系统是完成原料送入，经传送带进行检测的过程。

1. 调试运行设备

(1) 组装好的工件安装系统。

(2) 安装有 WINDOWS 操作系统的 PC 机一台(具有 FXGPWIN 软件)。

(3) PLC(三菱 FX 系列)一台。

(4) PC 与 PLC 的通信电缆一根。

2. 控制要求

其具体的控制要求如下。

上电后复位，摆杆摆回，复位完毕后开始灯闪，按开始按钮开始工作：摆杆先摆出，然后推杆推出小工件，摆杆再摆回，摆杆上的吸盘吸气把工件吸住，吸住后摆杆摆出至装配位置装配，装配完毕后摆杆摆回，水平气缸移动换工位，循环。

3. 工件安装系统 I/O 分配

1) 控制面板 I/O 分配

控制面板 I/O 分配如图 5.17 所示。

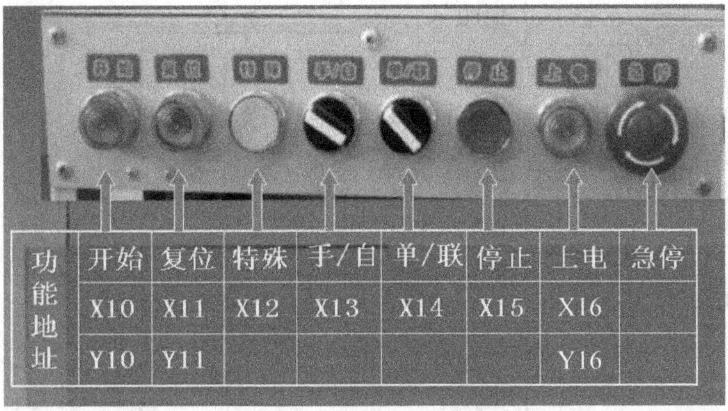

图 5.17　控制面板 I/O 分配

2) 执行机构 I/O 分配

执行机构 I/O 分配见表 5-8。

表 5-8　执行机构 I/O 分配表

输入		输出	
摆出极限	X000	摆回	Y000
摆回极限	X001	摆出	Y001
工件缩回极限	X002	工件伸出	Y002
伸出极限	X003	工件缩回	Y003
推杆缩回极限	X005	停止吸气	Y004
推杆推出极限	X006	吸气	Y005
		推杆推工件	Y006

4. 运行调试操作

1) 绘制流程

根据控制要求及 I/O 分配情况，结合组装好的工件安装系统，绘制编写 PLC 程序的功能流程图。在流程图中体现动作先后次序，以及动作切换条件。

参考流程图如图 5.18 所示。

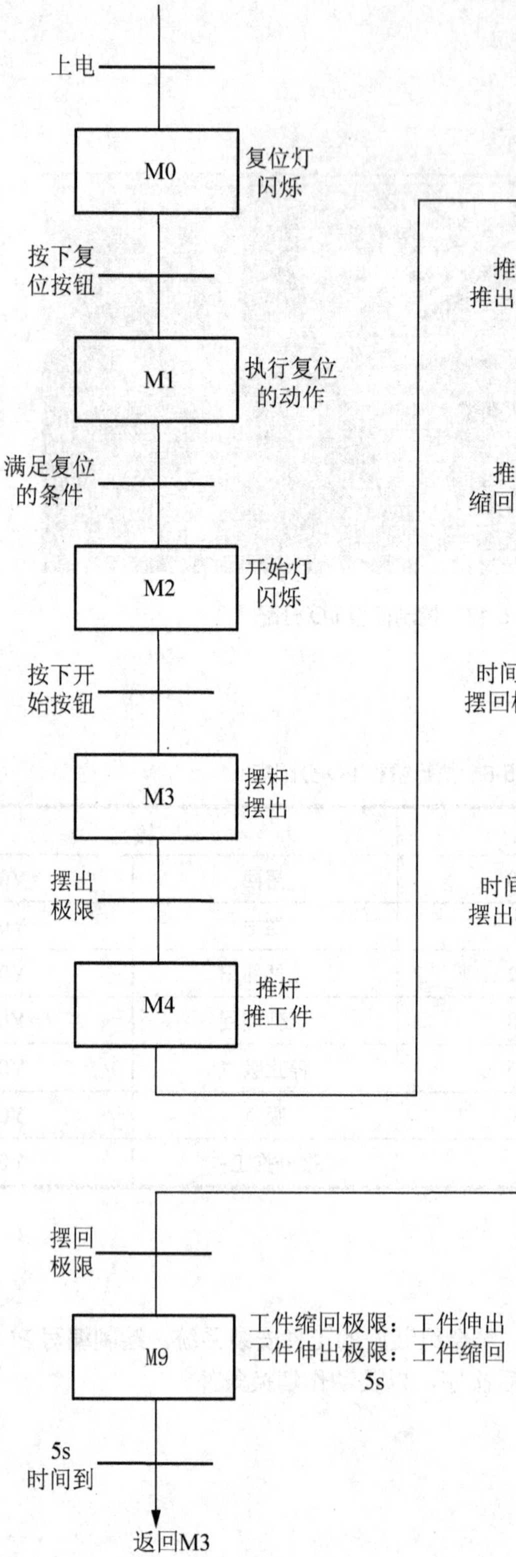
上电
M0
复位灯
闪烁
按下复
位按钮
M1
执行复位
的动作
满足复位
的条件
M2
开始灯
闪烁
按下开
始按钮
M3
摆杆
摆出
摆出
极限
M4
推杆
推工件
推杆
推出极限
M5
推杆
缩回
推杆
缩回极限
M6
摆杆摆回
吸气1s
时间到
摆回极限
M7
摆杆摆出
停止吸气
1s
时间到
摆出极限
M8
摆杆
摆回
摆回
极限
M9
工件缩回极限：工件伸出
工件伸出极限：工件缩回
5s
5s
时间到
返回M3

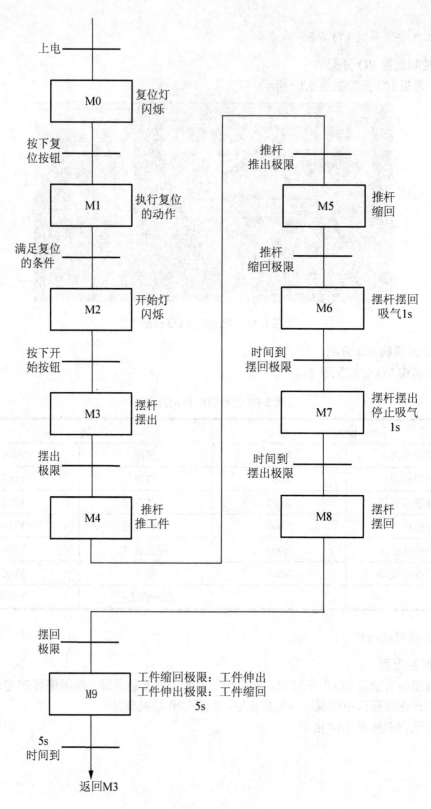

图 5.18　参考流程图

2) 程序的编写

根据流程图，以及控制要求和 I/O 分配情况，编写程序。启动 FXGPWIN 软件，用鼠标单击工具栏上的新建按钮，选择所使用的 PLC 类型(FX2N)，再单击确认按钮。按要求编写程序。

参考程序如图 5.19 所示。

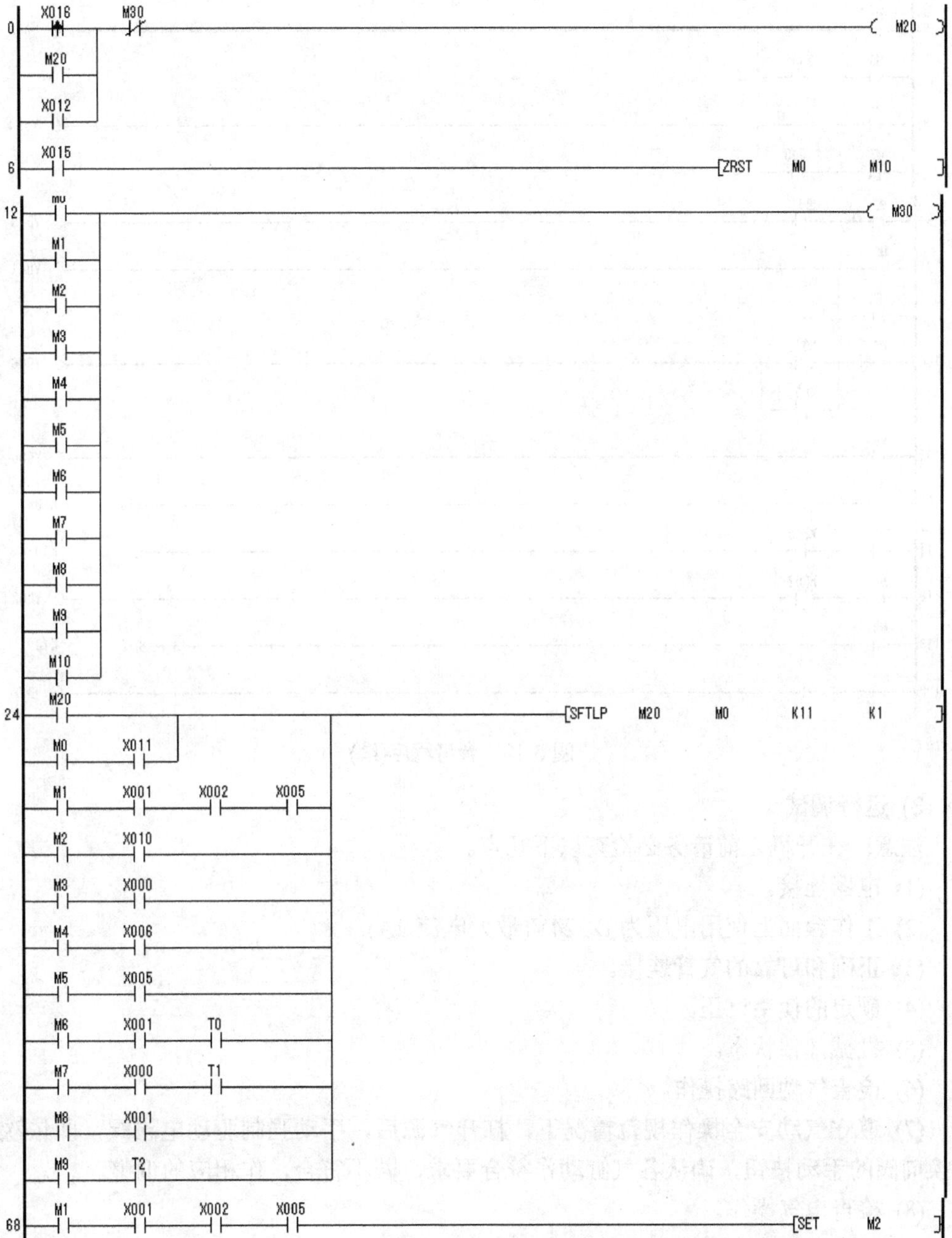

图 5.19　参考程序

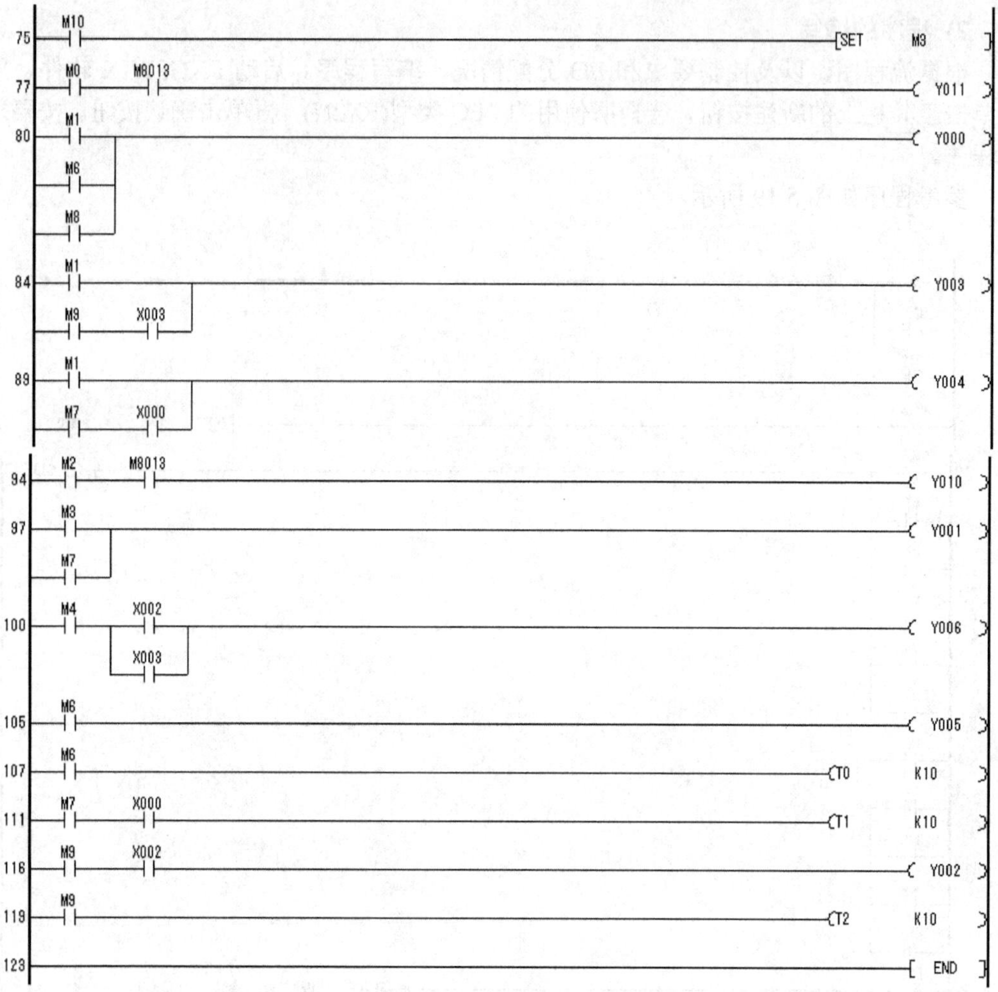

图 5.19 参考程序(续)

3) 运行调试

注意：在开机之前请务必检查以下几点。

(1) 电器连接。

(2) 工作台面上使用电压为 DC24V(最大电流 2A)。

(3) 正确和可靠的气管连接。

(4) 额定的使用气压。

(5) 机械部件状态。

(6) 检查气动回路操作。

(7) 遵守气动安全操作规范情况下，打开气源后，手动强制驱动电磁阀，即依次按下各换向阀的手动按钮，确认各气缸动作符合要求，若不符合，作相应的调整。

(8) 检查电气操作。

(9) 遵守电气安全操作规范情况下，检查到位信号的状态是否正常，PLC 能否正常采集；若不正常，调整元器件位置或做其他检查。

① PLC 与计算机的通信连接与设置：

将 PC 机与 PLC 按正确方式连接，并设置通信端口与通信参数。

② 程序的编辑、上传、下载：

第一步：将通信电缆线联好。

第二步：将 PLC 的工作状态开关放在“PROG”处。

第三步：在刚才编写好的程序写入，选择“PLC”按钮，单击“传送”按钮，再单击“写出”按钮，弹出对话框，写好起止步数，单击“确定”按钮。

③ 上电运行：

根据运行情况，结合控制要求，检查是否有错误。

如果有错误，关掉电源，检查错误。查找具体原因，分清是硬件组装的错误，还是编程的错误。根据错误情况，分别改正错误，再重新调试，直至调试正确。

如果没有错误，即调试正确，完成调试。

5. 总结评价

小组讨论，分别总结经验和方法，小组汇总，形成总结报告。

6. 验收

根据学生的计划、组装、调试操作、总结情况进行评价验收。

5.4　考核评价

考核标准详见质量评价表，见表 5-9。

表 5-9　质量评价表

考核项目	考核要求	配分	评分标准	扣分	得分	备注
系统安装	1.会安装元件； 2.按图完整、正确及规范接线； 3.按照要求编号	54	1.元件松动扣 2 分，损坏一处扣 4 分； 2.错、漏线每处扣 2 分； 3.反圈、压皮、松动，每处扣 2 分； 4.错、漏编号，每处扣 1 分			
编程操作	1.会建立程序新文件； 2.正确输入梯形图； 3.正确保存文件	10	1.不能建立程序新文件或建立错误扣 4 分； 2.输入梯形图错误一处扣 2 分			
运行操作	1.操作运行系统，分析运行结果； 2.会监控梯形图； 3.会验证工作方式	25	1.系统通电操作错误一步扣 3 分； 2.分析运行结果错误一处扣 2 分； 3.监控梯形图错误一处扣 2 分； 4.验证工作方式错误扣 5 分			
安全生产	自觉遵守安全文明生产规程	11	1.每违反一项规定，扣 3 分； 2.发生安全事故，扣 11 分； 3.漏接接地线一处扣 5 分			
时间	3 小时		提前正确完成，每 5 分钟加 2 分； 超过定额时间，每 5 分钟扣 2 分			
开始时间：		结束时间：		实际时间：		

项目 6

原料安装搬运系统(机械手)

6.1 项目任务

原料安装搬运系统项目内容见表 6-1。

表 6-1 原料安装搬运系统项目内容

项目内容	(1) 元器件布局及线路布局设计； (2) 原料安装搬运系统机械机构的安装； (3) 原料安装搬运系统气缸的安装与气路连接； (4) 原料安装搬运系统电气元件的安装； (5) 原料安装搬运系统程序的编写与调试
重难点	(1) 元器件布局与线路布局设计； (2) 原料安装搬运系统的安装； (3) 原料安装搬运系统程序的编写与调试
参考的相关文件	GB/T 13869—2008《用电安全导则》 GB 19517—2009《国家电气设备安全技术规范》 GB/T 25295—2010《电气设备安全设计导则》 GB 50150—2006《电气装置安装工程—电气设备交接试验标准》
操作原则与安全注意事项	(1) 一般原则：培训的学员必须在指导老师的指导下才能操作该设备。请务必按照技术文件和各独立元件的使用要求使用该系统，以保证人员和设备安全。 (2) 电气系统：只有在断电状态下才能连接和断开各种电气连线，使用直流 24V 以下的电压。 (3) 气动系统：气动系统的使用压力不得超过 800kPa(8bar)。在气动系统管路接好之前不得接通气源。接通气源和长时间停机后开始工作，个别气缸可能会运动过快，所以要特别当心。 (4) 机械系统：所有部件的紧定螺钉应拧紧。不要在系统运行时人为的干涉正常工作

项目导读

工业生产中，机械手的种类非常的多。本项目是机械手的另一种形式，实现安装的配合和搬运的工作，如图 6.1 所示为其中一种工业机械手。

图 6.1　工业机械手

6.1.1 元器件布局及线路布局设计任务书

元器件布局及线路布局设计任务书见表 6-2。

表 6-2 元器件布局及线路布局设计

<table>
<tr><td rowspan="3">XX 学院</td><td colspan="2" rowspan="3">原料安装搬运系统(机械手)
安装与调试任务书</td><td>文件编号</td><td></td></tr>
<tr><td>版　　次</td><td></td></tr>
<tr><td colspan="2">共 5 页/第 1 页</td></tr>
<tr><td>工序号：1</td><td colspan="2">工序名称：元器件布局及线路布局设计</td><td colspan="2">作 业 内 容</td></tr>
<tr><td colspan="3" rowspan="13">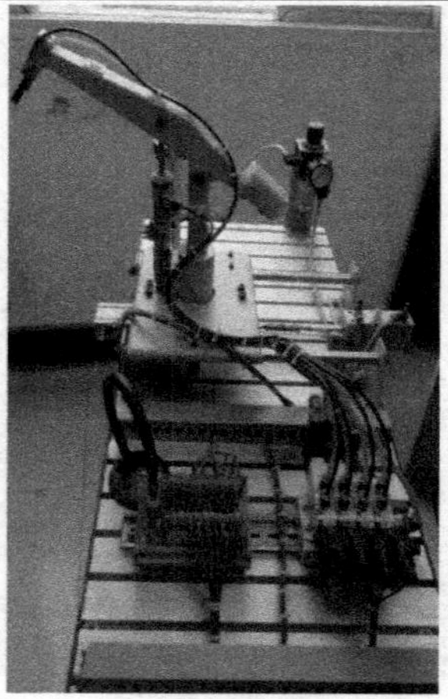
(a) 执行机构正视图

(b)执行机构俯视图
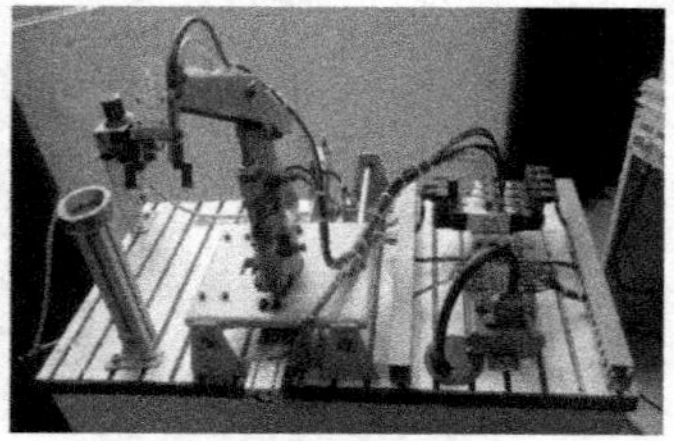
(c)执行机构侧视图</td><td>1</td><td>根据第五站具体功能，收集元器件安装资料，选择安装位置</td></tr>
<tr><td>2</td><td>制定整个系统的安装方案，确定每个部分安装流程</td></tr>
<tr><td>3</td><td>结合功能要求，制定机械机构安装的详细计划</td></tr>
<tr><td>4</td><td>结合功能要求，制定气缸安装与气路分布的详细计划</td></tr>
<tr><td>5</td><td>结合功能要求，根据实际需要，制定电气元件安装的详细计划</td></tr>
<tr><td>6</td><td>根据功能要求和计划方案，画出执行机构的平面分布图</td></tr>
<tr><td colspan="2">使 用 工 具</td></tr>
<tr><td colspan="2">内六角扳手、十字螺丝刀、一字螺丝刀(小号)</td></tr>
<tr><td colspan="2">※工艺要求(注意事项)</td></tr>
<tr><td>1</td><td>用电安全</td></tr>
<tr><td>2</td><td>通过讨论制定的计划方案进行可行性分析应仔细，注意气缸安装的次序</td></tr>
<tr><td>3</td><td>气路连接要准确，应当细致</td></tr>
<tr><td colspan="2"></td></tr>
<tr><td>更改标记</td><td></td><td>编　制</td><td>批　　准</td><td></td></tr>
<tr><td>更改人签名</td><td></td><td>审　核</td><td>生产日期</td><td></td></tr>
</table>

6.1.2　原料安装搬运系统机械机构的安装任务书

原料安装搬运系统机械机构的安装任务书见表 6-3。

表 6-3　原料安装搬运系统机械机构的安装

<table>
<tr><td rowspan="3">XX 学院</td><td rowspan="3" colspan="3">原料安装搬运系统(机械手)
安装与调试任务书</td><td>文件编号</td><td></td></tr>
<tr><td>版　次</td><td></td></tr>
<tr><td colspan="2">共 5 页/第 2 页</td></tr>
<tr><td>工序号：2</td><td colspan="3">工序名称：原料安装搬运系统机械机构的安装</td><td colspan="2">作 业 内 容</td></tr>
<tr><td colspan="4" rowspan="13">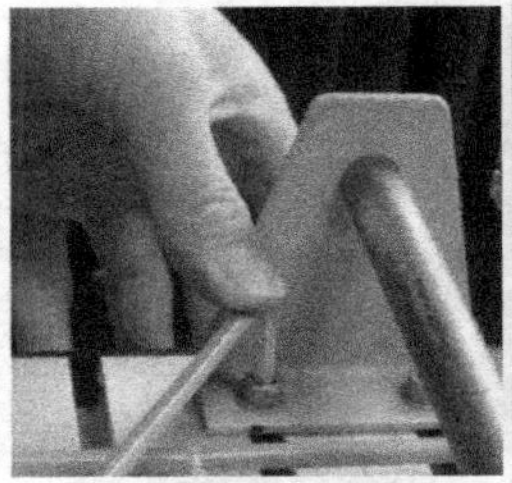
(a) 底座支架的固定一

(b) 底座支架的固定二
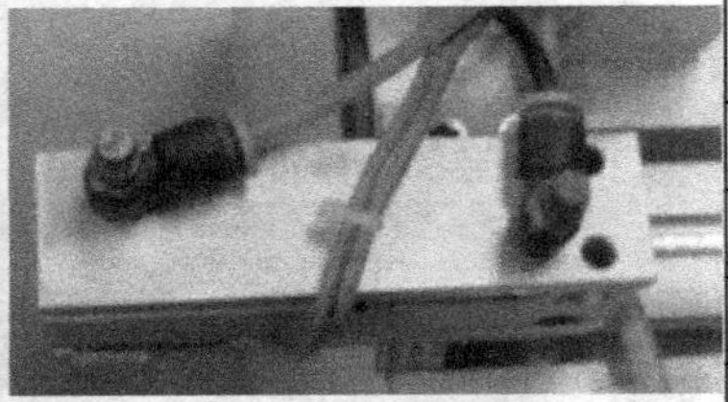
(c) 底座气缸固定
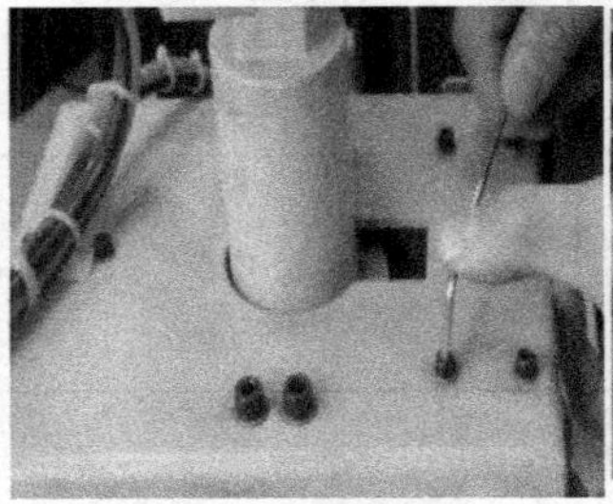
(e) 底座固定
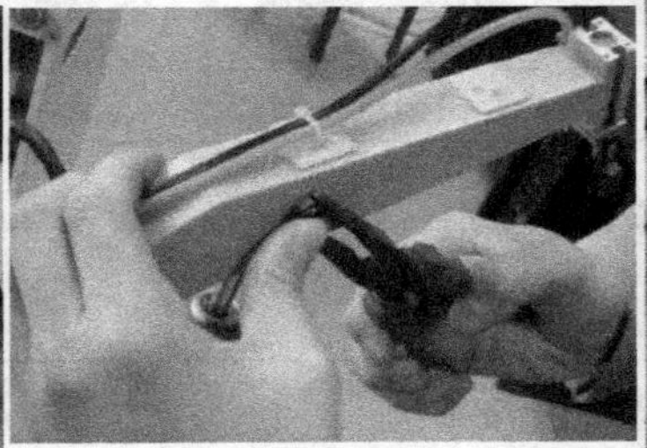
(f) 机械臂的固定
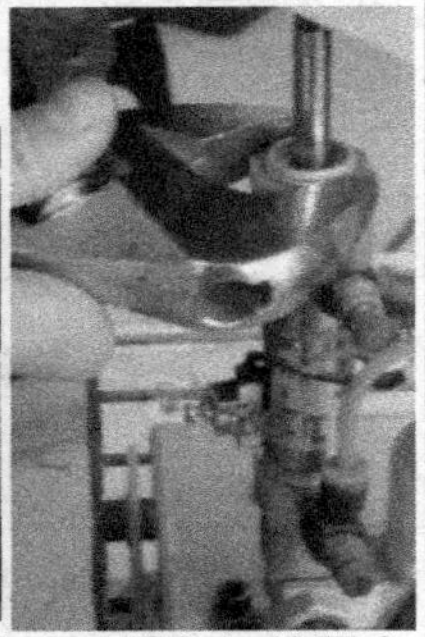
(d) 底座支撑气缸的固定</td><td>1</td><td>根据前面制定的机械机构安装的详细计划，结合平面分布图，准备安装的支架等</td></tr>
<tr><td>2</td><td>根据平面分布图确定机械手底座支架的位置，并固定</td></tr>
<tr><td>3</td><td>在机械手底座托盘上固定气缸，并固定滑轮</td></tr>
<tr><td>4</td><td>固定底座气缸，并与托盘上的汽缸连接</td></tr>
<tr><td>5</td><td>在底座上固定支撑气缸</td></tr>
<tr><td>6</td><td>最后安装机械臂，并固定气爪</td></tr>
<tr><td colspan="2">使 用 工 具</td></tr>
<tr><td colspan="2">内六角扳手、十字螺丝刀、一字螺丝刀(小号)</td></tr>
<tr><td colspan="2">※工艺要求(注意事项)</td></tr>
<tr><td>1</td><td>正确使用内六角扳手</td></tr>
<tr><td>2</td><td>机械手支架的位置要安装适当</td></tr>
<tr><td>3</td><td>气缸方向要安装正确</td></tr>
<tr><td>4</td><td>气缸固定要牢靠</td></tr>
<tr><td>更改标记</td><td></td><td>编　制</td><td></td><td>批　准</td><td></td></tr>
<tr><td>更改人签名</td><td></td><td>审　核</td><td></td><td>生产日期</td><td></td></tr>
</table>

6.1.3　原料安装搬运系统气缸的安装与气路连接任务书

原料安装搬运系统气缸的安装与气路连接任务书见表 6-4。

表 6-4　原料安装搬运系统气缸的安装与气路连接

<table>
<tr><td rowspan="3" colspan="2">XX 学院</td><td rowspan="3" colspan="2">原料安装搬运系统(机械手)
安装与调试任务书</td><td>文件编号</td><td></td></tr>
<tr><td>版　次</td><td></td></tr>
<tr><td colspan="2">共 5 页/第 3 页</td></tr>
<tr><td colspan="2">工序号：3</td><td colspan="2">工序名称：原料安装搬运系统气缸的安装与气路连接</td><td colspan="2">作 业 内 容</td></tr>
<tr><td rowspan="11" colspan="4"> 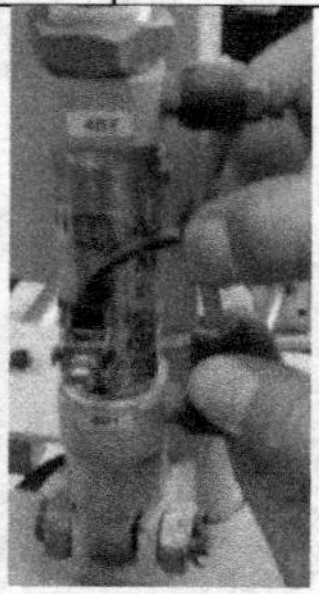
(a)气压表的安装　(b)支撑气缸的安装
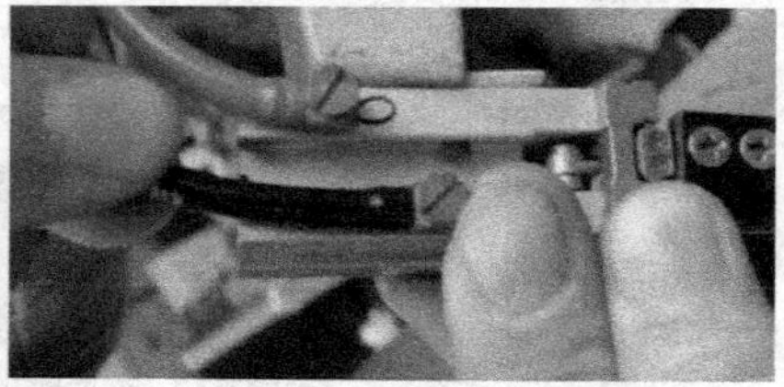
(d) 气爪气路的连接

(c) 气阀气路的连接
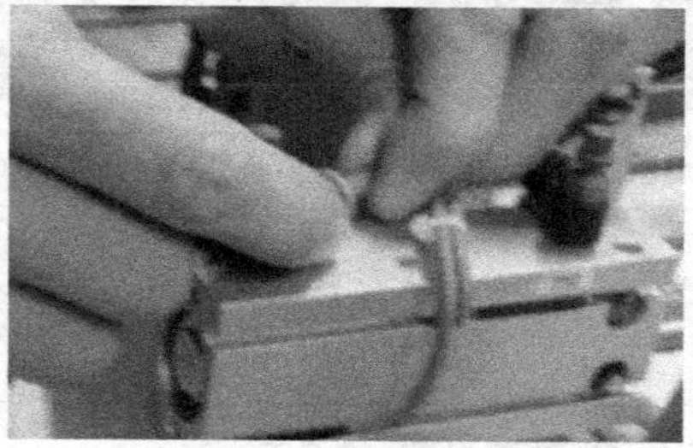
(e) 底座气缸气路的连接</td><td>1</td><td>根据前面制定的气路分布详细计划，结合平面分布图，准备安装的气管及气压表等</td></tr>
<tr><td>2</td><td>根据平面分布图确定气压表的安装位置，并固定</td></tr>
<tr><td>3</td><td>根据气路安装计划和平面分布图确定气管的安装路线，并固定</td></tr>
<tr><td>4</td><td>根据气路安装计划准确连接对应的气缸与气阀，并连接</td></tr>
<tr><td>5</td><td>检查气路，以及气缸方向</td></tr>
<tr><td colspan="2">使 用 工 具</td></tr>
<tr><td colspan="2">内六角扳手、十字螺丝刀、一字螺丝刀(小号)</td></tr>
<tr><td colspan="2">※工艺要求(注意事项)</td></tr>
<tr><td>1</td><td>注意气管连接的方法</td></tr>
<tr><td>2</td><td>气管方向连接准确，以保证气缸动作正确</td></tr>
<tr><td colspan="2"></td></tr>
<tr><td>更改标记</td><td></td><td>编　制</td><td></td><td>批　准</td><td></td></tr>
<tr><td>更改人签名</td><td></td><td>审　核</td><td></td><td>生产日期</td><td></td></tr>
</table>

6.1.4　原料安装搬运系统电气元件的安装任务书

原料安装搬运系统电气元件的安装任务书见表 6-5。

表 6-5　原料安装搬运系统电气元件的安装

<table>
<tr><td rowspan="3">XX 学院</td><td colspan="3" rowspan="2">原料安装搬运系统(机械手)
安装与调试任务书</td><td colspan="2">文件编号</td><td colspan="2"></td></tr>
<tr><td colspan="2">版　次</td><td colspan="2"></td></tr>
<tr><td colspan="3"></td><td colspan="4">共 5 页/第 4 页</td></tr>
<tr><td>工序号：4</td><td colspan="3">工序名称：原料安装搬运系统电气元件的安装</td><td colspan="4">作 业 内 容</td></tr>
<tr><td colspan="4" rowspan="14">
(d)放松极限位的安装

(a) 底座气缸一极限位的安装
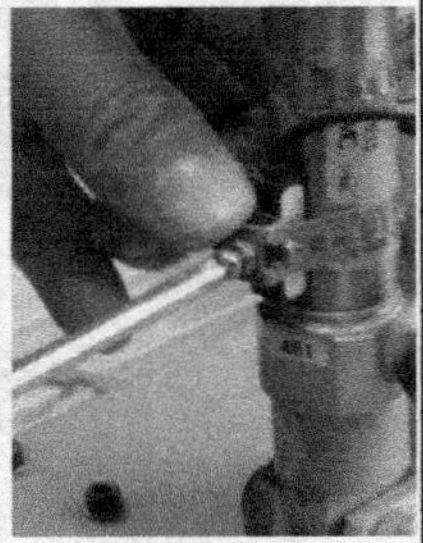
(c) 支撑气缸极限位的安装

(e) 气缸极限的安装

(b) 底座气缸二极限位的安装</td><td>1</td><td colspan="3">根据前面制定的电气元件安装的详细计划，结合平面设计分布图，准备待安装的传感器等</td></tr>
<tr><td>2</td><td colspan="3">根据安装计划，结合平面分布图，底座气缸一的极限位安装</td></tr>
<tr><td>3</td><td colspan="3">根据安装计划，结合平面分布图，底座气缸二的极限位安装</td></tr>
<tr><td>4</td><td colspan="3">根据安装计划，结合支撑气缸情况，安装支撑气缸极限位</td></tr>
<tr><td>5</td><td colspan="3">根据安装计划，结合气爪情况，安装气爪的放松极限</td></tr>
<tr><td>6</td><td colspan="3">根据安装计划，结合平面分布图，连接所有极限到端子排上</td></tr>
<tr><td colspan="4">使 用 工 具</td></tr>
<tr><td colspan="4">内六角扳手、十字螺丝刀、一字螺丝刀(小号)</td></tr>
<tr><td colspan="4">※工艺要求(注意事项)</td></tr>
<tr><td>1</td><td colspan="3">注意各个极限传感器的功能，位置要准确</td></tr>
<tr><td>2</td><td colspan="3">气缸极限位的安装要与动作要匹配</td></tr>
<tr><td>3</td><td colspan="3">极限位连接到接线排上时，应当保证 I/O 与给定的一致</td></tr>
<tr><td>更改标记</td><td></td><td>编　制</td><td></td><td colspan="2">批　准</td><td colspan="2"></td></tr>
<tr><td>更改人签名</td><td></td><td>审　核</td><td></td><td colspan="2">生产日期</td><td colspan="2"></td></tr>
</table>

6.1.5　原料安装搬运系统程序的编写与调试任务书

原料安装搬运系统程序的编写与调试任务书见表 6-6。

表 6-6　原料安装搬运系统程序的编写与调试

XX 学院	原料安装搬运系统(机械手) 安装与调试任务书	文件编号	
		版　　次	
		共 5 页/第 5 页	
工序号：5	工序名称：原料安装搬运系统程序的编写与调试	作 业 内 容	
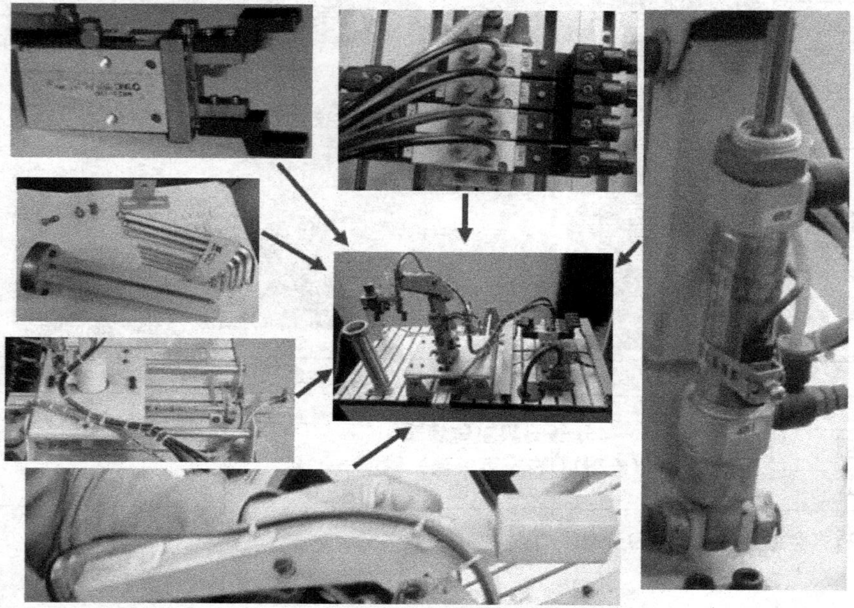		1	根据功能要求，画出流程图
		2	根据流程图，编写出程序
		3	将程序写入设备，调试运行
		4	检查运行情况，查明错误原因
		5	根据原因调整安装的元器件或修改程序等
		6	修改后再次调试运行，直至运行成功
		使 用 工 具	
		内六角扳手、十字螺丝刀、一字螺丝刀(小号)	
		※工艺要求(注意事项)	
		1	明确目的，流程图准确
		2	检查错误时，要分清是硬件安装的原因还是程序编写的原因
		3	调试完成，总结经验
更改标记	编　制	批　　准	
更改人签名	审　核	生产日期	

6.2　项目准备

6.2.1　原料安装搬运系统材料清单

原料安装搬运系统材料清单详见表 6-7。

表 6-7　原料安装搬运系统(机械手)材料清单

序号	名称	数量	该元件功能	备注
1	10 号螺帽	1	固定机械手手臂	
2	8 号螺帽	1	固定机械手手臂	
3	5 号(内六脚)螺钉	11	1.固定机械手手臂后端白色塑料块； 2.固定水平气缸 2B 支架； 3.固定机械手运作平台； 4.固定加工盘支架	
4	10 号螺帽	1	固定垂直气缸	
5	4 号(内六脚)螺钉	14	1.固定水平气缸 2B； 2.固定 2 个水平滑杆支架； 3.固定钢丝支架	
6	大螺帽	4	固定水平滑杆	
7	3 号(内六脚)螺钉	6	固定机械手运作平台	
8	气压表	1	用于测量气压的大小	
9	气管	5	传送气流，有蓝色(1)、黄色(2)、黑色(2)	
10	机械手气爪	1	用于抓工件	
11	机械手手臂	1	带动气爪旋转	
12	垂直气缸	1	用于确定机械手垂直方向位置	
13	水平气缸	2	用于确定机械手水平方向位置	
14	水平滑杆	2	用于支撑并固定水平运作台	
15	钢丝	1	用于保证机械手匀速转动	
16	加工盘	1	用于放置待加工与加工后器件	

6.2.2　原料安装搬运系统安装流程图

原料安装搬运系统安装流程图如图 6.2 所示。

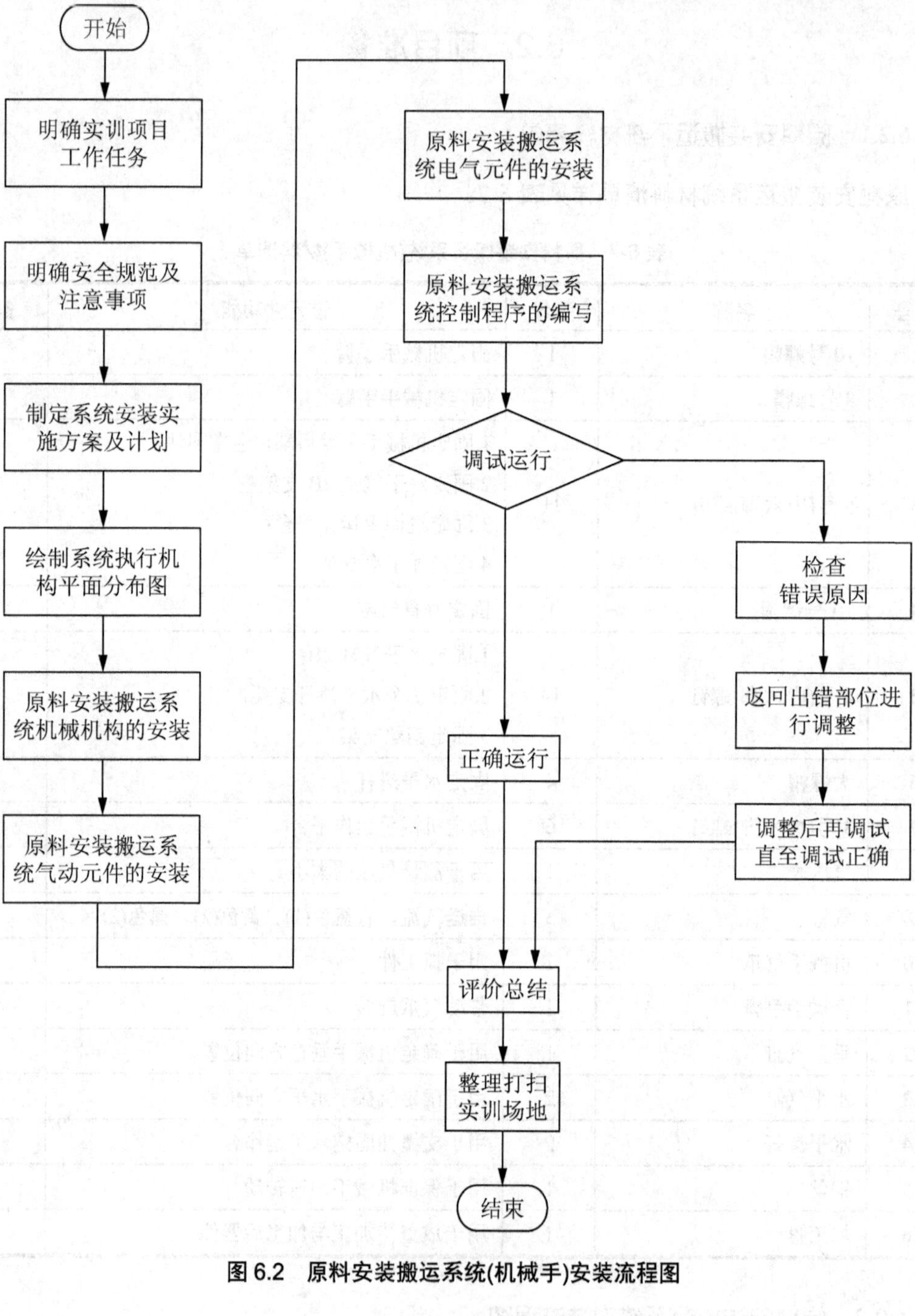

图 6.2 原料安装搬运系统(机械手)安装流程图

6.3 项目实施

6.3.1 原料安装搬运系统元器件和线路布局设计

1. 系统基本结构

原料安装搬运系统如图 6.3 所示。该系统是完成将上站工件拿起放入安装工位，将装好的工件拿起放入下站的过程。本系统是将执行机构安装在带槽的铝平板上(700mm350mm)，执行机构如图 6.4 所示，各个元器件通过接线端子排连接到下面的 PLC 上。通过 PLC 来控制每个元器件的动作，从而来完成原料安装搬运系统(机械手)的工作，控制机构如图 6.5 所示。

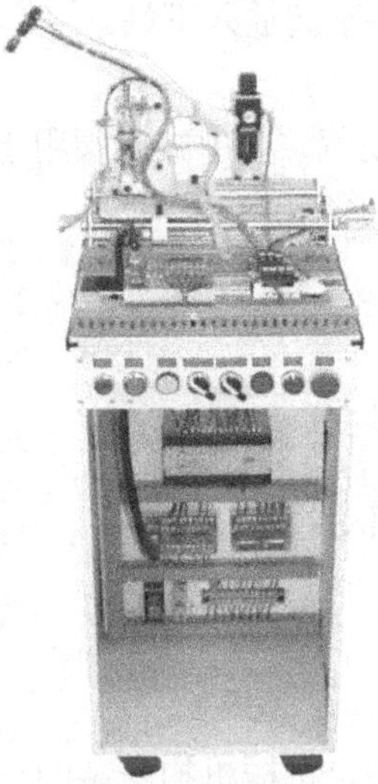

图 6.3　原料安装搬运系统

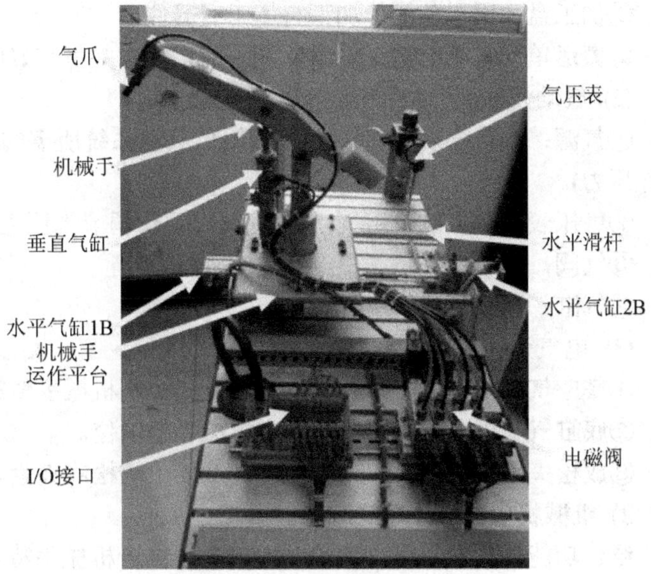

图 6.4　执行机构平面图

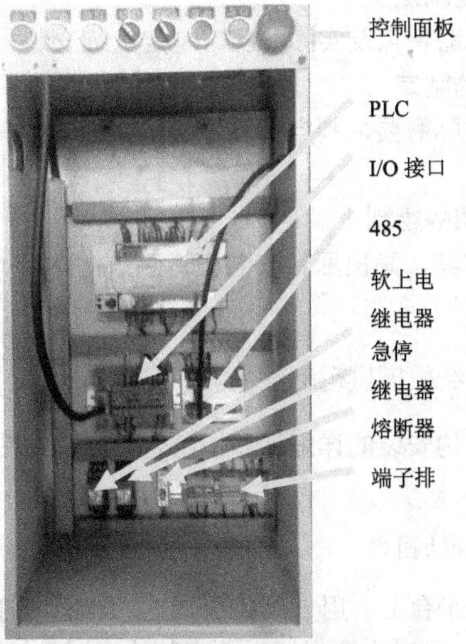

图 6.5　控制机构平面图

2. 制定原料安装搬运系统安装实施方案

本系统主要进行执行机构的拆装。在拆装之前，需了解用到的元器件，并掌握其功能和使用方法。通过观察元器件位置，再根据原料安装搬运系统所要实现的功能，进行小组讨论，得出元器件安装的基本框架，在此框架之上制定出各个部分的详细安装计划。确定各个部分安装流程，并对其次序进行可行性分析。

1) 机构介绍及元器件清单

(1) 机械机构部分：

①加工盘：用于放置待加工与加工后器件。

②搬运单元：将上站工件拿起放入加工盘，并将装好的工件拿起放入下站。

(2) 气动元件部分：

①气源：本系统采用空气压缩机(提供气动系统所需的压缩空气，其中减压阀用于调节工作压力)。

②气压表：本系统采用气动二联件(可手动调节气压大小)。

③气阀：本系统采用二位五通换向阀。

④气缸：均采用双作用气缸。

(3) 电气元件部分：

①底座气缸一与气缸二：采用对接方式控制机械手臂旋转摆动。

②底缸气缸极限开关：用于确定机械手极限位。

③放松夹紧极限开关：用于保证气爪处于放松或夹紧。

2) 机械机构安装计划的制定

结合功能要求，根据支架的实际情况，结合机械手特点，制定机械机构安装的详细计划。需注意安装的先后次序。

3) 气动元件安装计划的制定

结合功能要求，根据气路特点及实际情况，制定气缸安装与气路分布的详细计划。

4) 电气元件安装计划的制定

结合功能要求，根据实际需要，制定传感器及机械手安装的详细计划。在限位器的安装时应注意位置的准确性。

5) 执行机构平面分布图的绘制

根据功能要求和计划方案，画出原料安装搬运系统(机械手)执行机构的平面分布图；并分配小组成员任务。

6.3.2 原料安装搬运系统机械机构的安装

根据前面制定的机械机构安装的详细计划，结合平面分布图，准备安装底座及传感器等器件。

1. 水平滑动支架及滑杆的固定

将水平滑动支架固定在平台上，用 5 号螺钉固定。再将滑杆固定在支架上，在安装时注意滑杆和支架的位置关系，同时也要保证后面安装的机械手能够准确的抓起和放下工件，装好后如图 6.6 所示。

图 6.6　水平滑动支架及滑杆

2. 机械手底座的安装

1) 机械手运作平台的固定

如图 6.7 所示，将机械手运作平台固定在水平滑动平台上，在安装时，将钢丝固定在滑轮上。

图 6.7　机械手底座

2) 转动一号气缸的固定

如图 6.8 所示，将转动一号气缸固定在水平滑动平台上，注意位置，以保证和后面转动二号气缸的衔接。注意，这一步安装时，要把气缸限位传感器安装在气缸上。

图 6.8　转动一号气缸

3) 水平滑动平台的安装

如图 6.9 所示，将水平滑动平台安装在滑杆上，并固定。

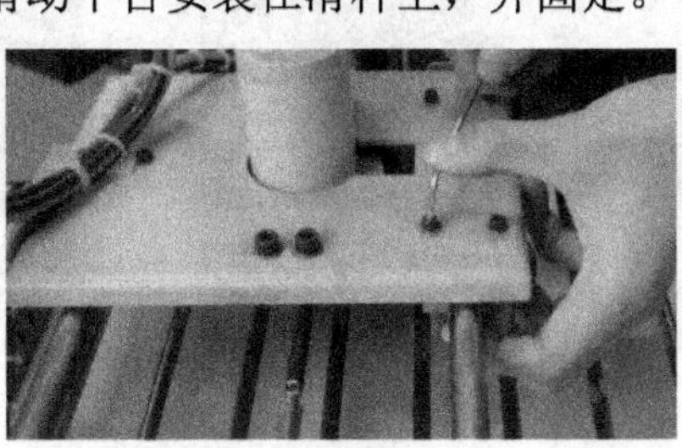

图 6.9　水平滑动平台

4) 滑轮钢丝的固定

如图 6.10(a)所示，将钢丝绕在滑轮上，并固定在计划中指定的面板位置上，如图 6.10(b)所示。

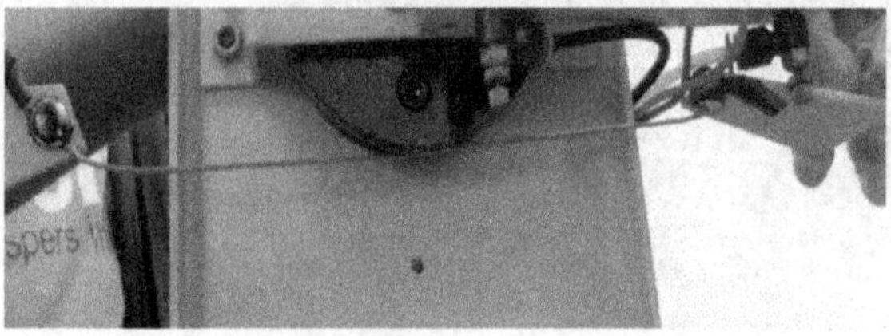
(a)缠绕滑轮

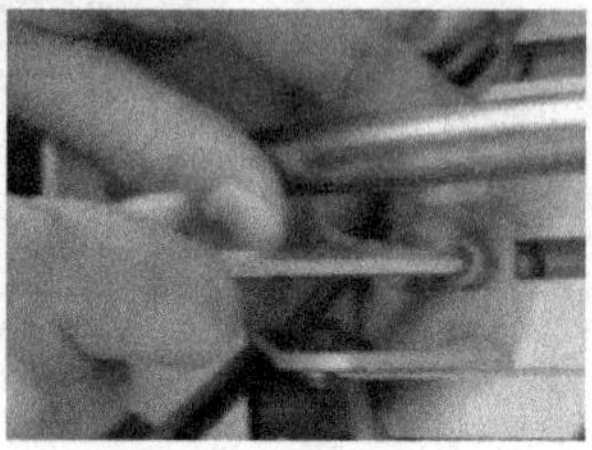
(b)两端固定

图 6.10　滑轮钢丝的固定

5) 转动二号气缸的固定

如图 6.11(a)所示，在箭头所指处用 5 号螺钉固定；如图 6.11(b)所示，将转动二号气缸的中心轴与转动一号气缸连接固定。

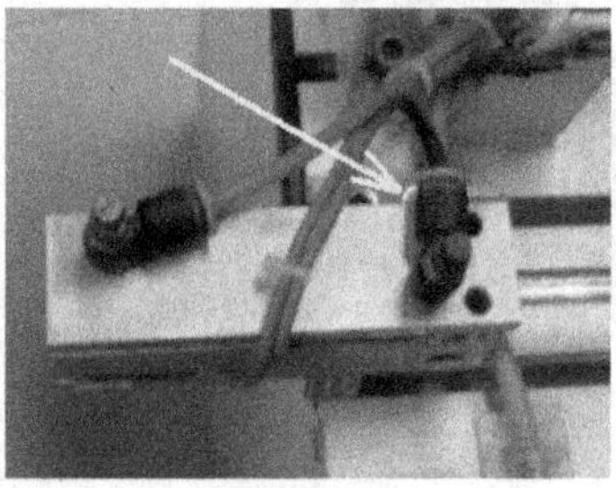
(a)固定

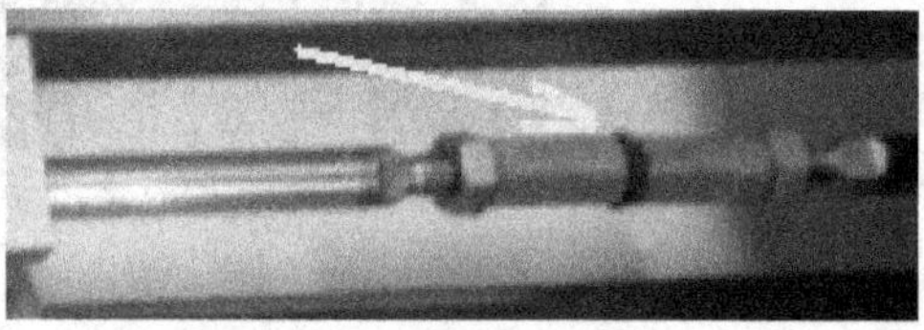
(b)连接中心轴

图 6.11　转动二号气缸的固定

3. 机械手的安装

1) 垂直气缸的安装

如图 6.12(a)所示，固定垂直气缸的底部，用尖嘴钳或活动扳手拧紧。如图 6.12(b)所示，固定垂直气缸上部。如图 6.12(c)所示，用尖嘴钳或活动扳手固定垂直气缸前端与机械臂的连接处。

(a)固定底部

(b)固定上部

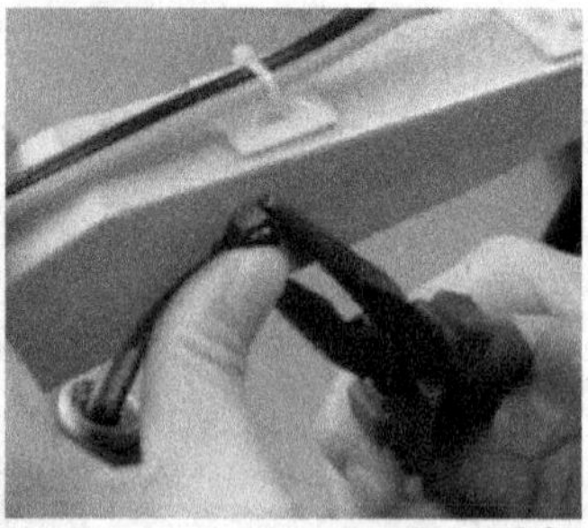
(c)固定连接处

图 6.12　垂直气缸的固定

2) 机械臂的固定

如图 6.13 所示，将机械臂固定在机械臂运作平台上。

图 6.13　机械臂的固定

4. 安装工位平台的固定

如图 6.14 所示，根据安装计划指定的位置，固定安装工位平台。

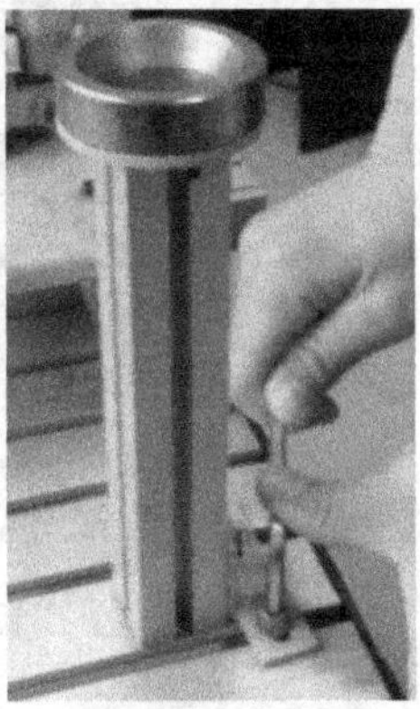

图 6.14　安装工位平台的固定

5. 气爪气缸的固定

如图 6.15 所示，在箭头所指处用内六角螺钉固定。

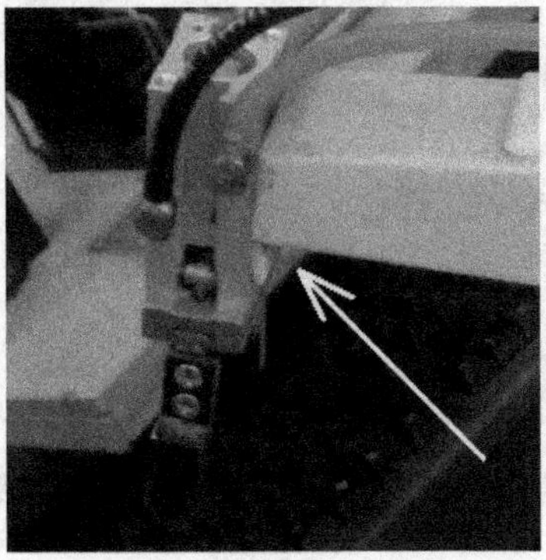

图 6.15　水平滑动平台

通过上面方法即完成原料安装搬运系统(机械手)机械机构的安装。

6.3.3 原料安装搬运系统气压表的安装与气路的连接

根据前面制定的气压表安装和气路分布详细计划，结合平面分布图，准备安装的气压表等。

1. 气压表的安装

如图 6.16 所示，将气压表安装在计划的位置处，用 5 号内六角螺钉固定。

2. 转动一号气缸气路的连接

如图 6.17 所示，分别连接转动一号气缸的气路，并连接到对应的气阀上，注意方向以保证气缸动作的正确。

图 6.16 气压表的安装

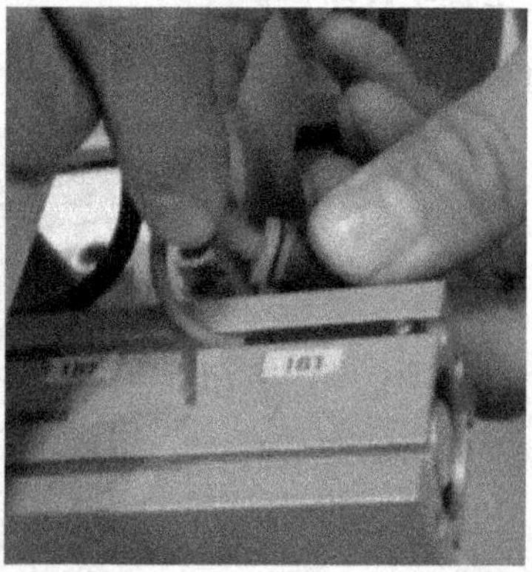

图 6.17 转动一号气缸气路的连接

3. 转动二号气缸气路的连接

如图 6.18 所示，分别连接转动二号气缸的气路，并连接到对应的气阀上，注意方向以保证气缸动作的正确。

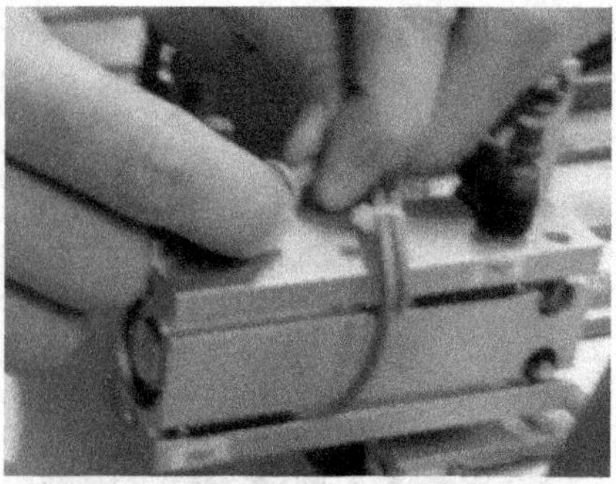

图 6.18 转动二号气缸气路的连接

4. 垂直气缸气路的连接

如图 6.19 所示，分别连接垂直气缸的气路，并连接到对应的气阀上，注意方向以保证气缸动作的正确。

5. 气爪气缸气路的连接

如图 6.20 所示，分别连接气爪气缸的气路，并连接到对应的气阀上，注意方向以保证气缸动作的正确。

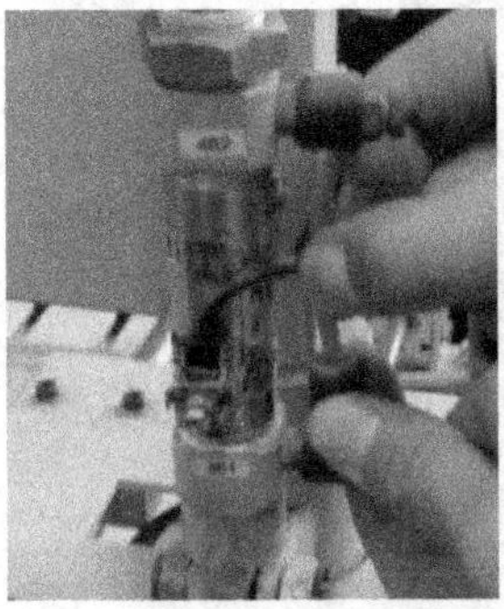

图 6.19　垂直气缸气路的连接

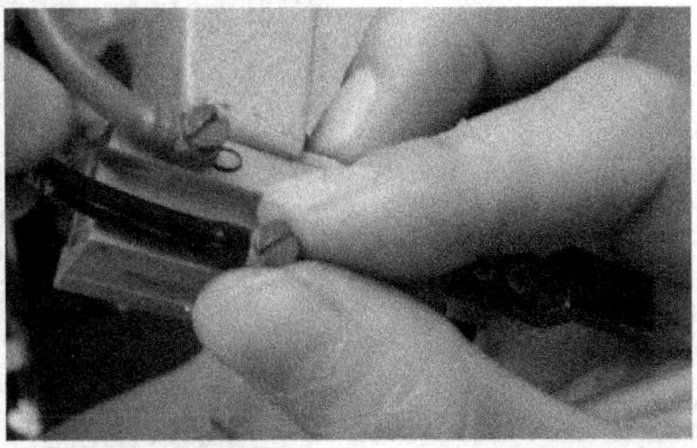

图 6.20　气爪气缸气路的连接

6.3.4　原料安装搬运系统电气元件的安装

根据前面制定的电气元件安装的详细计划，结合平面分布图，准备待安装的限位传感器等电气元件。

1. 转动一号气缸限位传感器的安装

如图 6.21(a)所示，气缸限位传感器的安装，这一步是要在转动一号气缸上固定。如图 6.21(b)所示，气缸限位传感器的安装可在机械结构安装与气路安装之后完成。

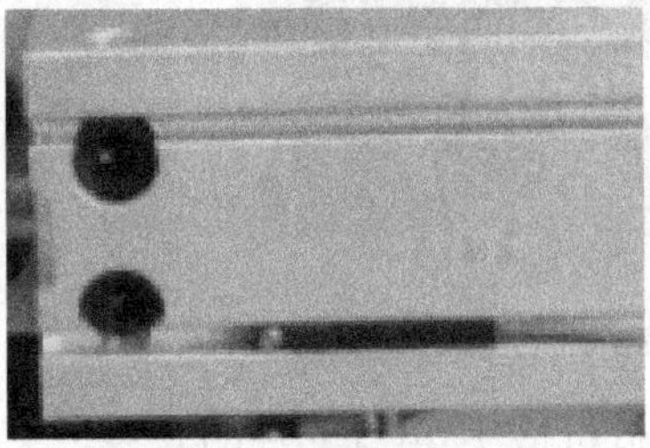

(a)固定

(b)安装

图 6.21　转动一号气缸限位传感器的安装

2. 转动二号气缸限位传感器的安装

如图 6.22 所示，分别完成转动二号气缸及其限位传感器的安装，注意极限位要连接准确。

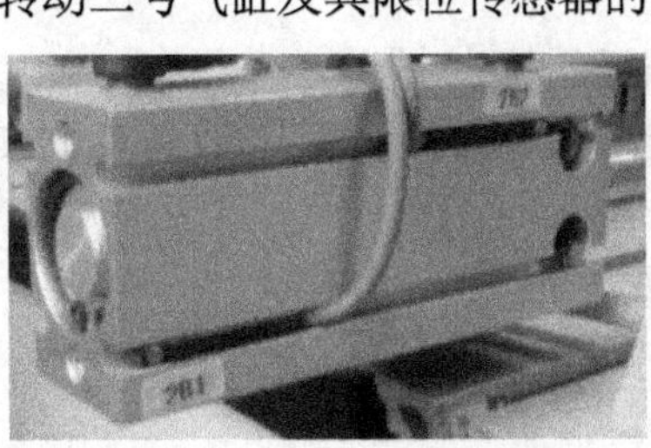

图 6.22　转动二号气缸限位传感器的安装

3. 垂直气缸限位传感器的安装

如图 6.23 所示，分别安装垂直气缸及其限位传感器，注意位置的准确性，以保证气缸极限位的准确。

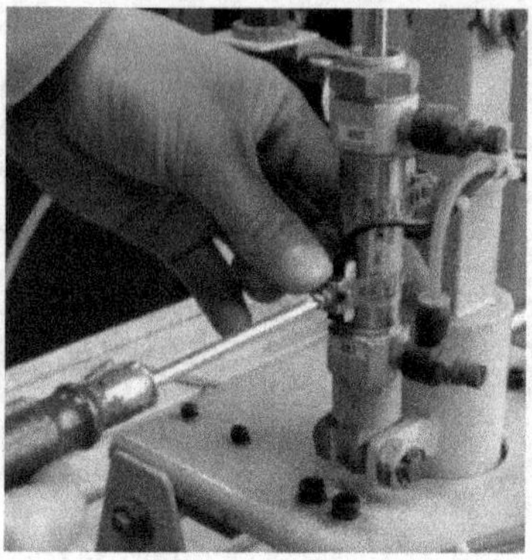

图 6.23 垂直气缸限位传感器的安装

4. 端子排的连接

如图 6.24 所示连接，要与设计 I/O 分配一致。

图 6.24 端子排的连接

通过上面的安装，完成原料安装搬运系统(机械手)电气元件的安装。

6.3.5 原料安装搬运系统程序的编写与调试

本系统是完成工件搬运，通过机械手臂抓取工件，并将其放到下一站的过程。

1. 调试运行设备

(1) 组装好的原料安装搬运系统(机械手)。
(2) 安装有 WINDOWS 操作系统的 PC 机一台(具有 FXGPWIN 软件)。
(3) PLC(三菱 FX 系列)一台。
(4) PC 与 PLC 的通信电缆一根。

2. 控制要求

其具体的控制要求如下。

上电后复位灯闪，按下复位按钮后，执行复位，复位完毕之后开始灯才闪，按下开始按钮，机械臂下降，到垂直气缸下限位，气爪气缸夹紧(1s)，机械臂上升，到垂直气缸上限位，转动二号气缸右转，到转动二号气缸右限位，机械臂下降，到垂直气缸下限位，气爪气缸放松(1s)，机械臂上升，到垂直气缸上限位，并等待(5s)机械臂下降，到垂直气缸下限位，气爪气缸夹紧(1s)，机械臂上升，到垂直气缸上限位，转动一号气缸右转，到转动一号气缸右限位，机械臂下降，到垂直气缸下限位，气爪气缸放松(1s)，机械臂上升，转动一二号气缸同时左转，都到左限位，返回。完成一个循环。(在适当的位置加上停止按钮，重新启动按钮)

3. 原料安装搬运系统(机械手)I/O 分配

1) 控制面板 I/O

控制面板 I/O 分配如图 6.25 所示。

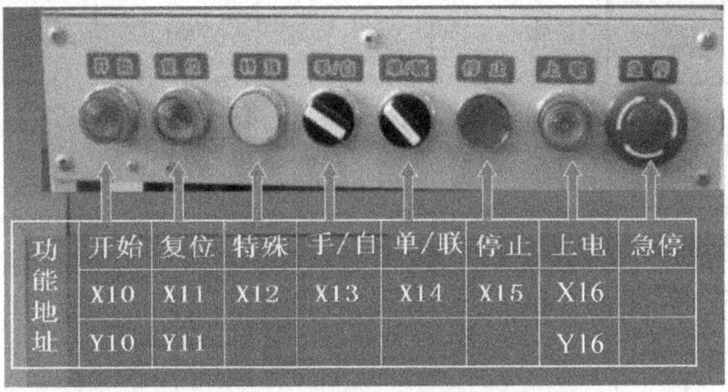

图 6.25　控制面板 I/O 分配

2) 执行机构 I/O 分配

执行机构 I/O 分配见表 6-8。

表 6-8　执行机构 I/O 分配表

输入		输出	
转动一号气缸右极限	X000	转动一号气缸左转(大角度)	Y000
转动一号气缸左极限	X001	转动一号气缸右转(大角度)	Y001
转动二号气缸右极限	X002	转动二号气缸左转(小角度)	Y002
转动二号气缸左极限	X003	转动二号气缸右转(小角度)	Y003
垂直气缸(手臂)下限	X005	气爪气缸放松	Y004
垂直气缸(手臂)上限	X006	气爪气缸夹紧	Y005
		垂直气缸(手臂)下降	Y006

4. 运行调试操作

1) 绘制流程

根据控制要求及 I/O 分配情况，结合组装好的原料安装搬运系统(机械手)，绘制编写 PLC 程序的功能流程图。在流程图中体现动作先后次序，以及动作切换条件。

参考流程图如图 6.26 所示。

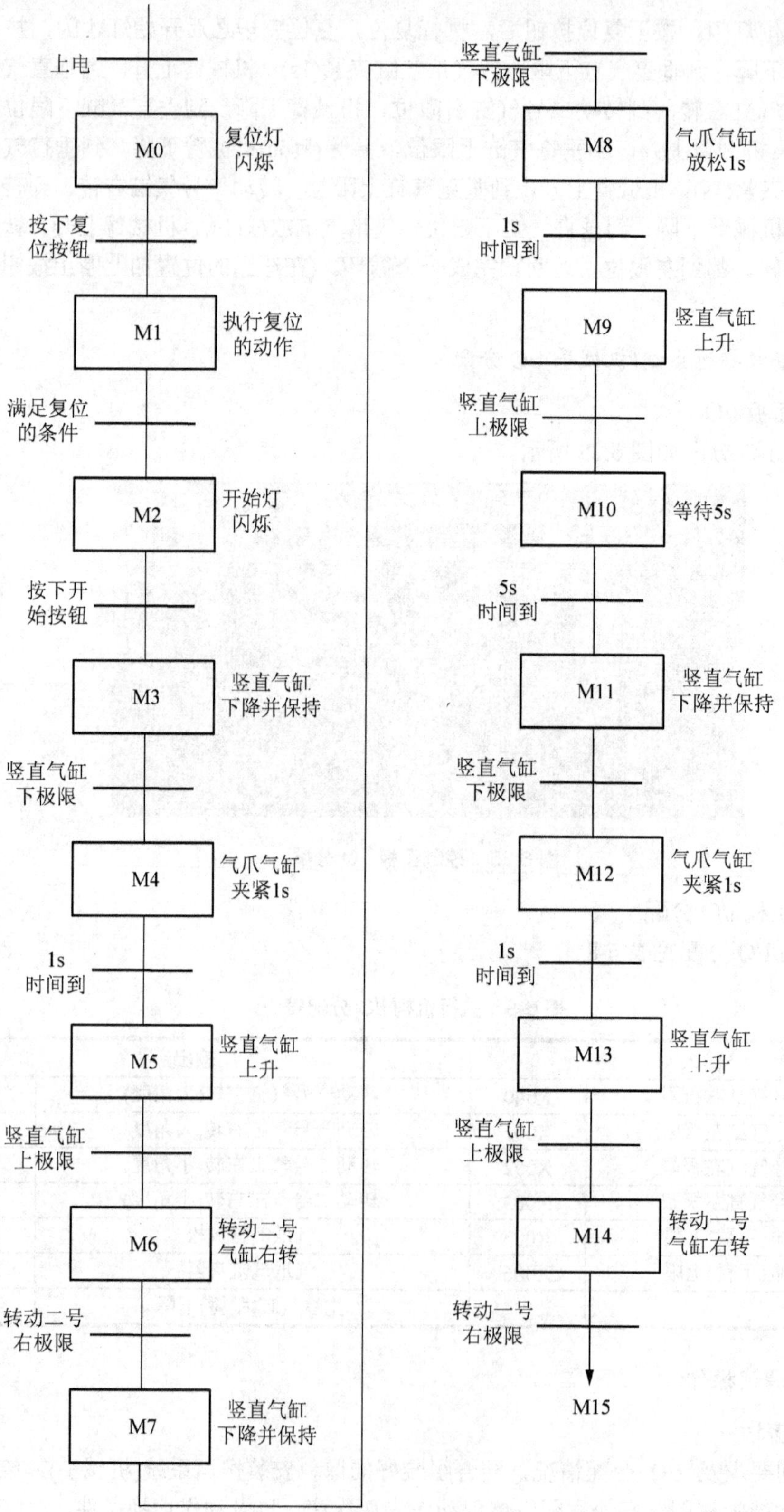
上电
M0
复位灯
闪烁
按下复
位按钮
M1
执行复位
的动作
满足复位
的条件
M2
开始灯
闪烁
按下开
始按钮
M3
竖直气缸
下降并保持
竖直气缸
下极限
M4
气爪气缸
夹紧1s
1s
时间到
M5
竖直气缸
上升
竖直气缸
上极限
M6
转动二号
气缸右转
转动二号
右极限
M7
竖直气缸
下降并保持
竖直气缸
下极限
M8
气爪气缸
放松1s
1s
时间到
M9
竖直气缸
上升
竖直气缸
上极限
M10
等待5s
5s
时间到
M11
竖直气缸
下降并保持
竖直气缸
下极限
M12
气爪气缸
夹紧1s
1s
时间到
M13
竖直气缸
上升
竖直气缸
上极限
M14
转动一号
气缸右转
转动一号
右极限
M15

图 6.26　参考流程图

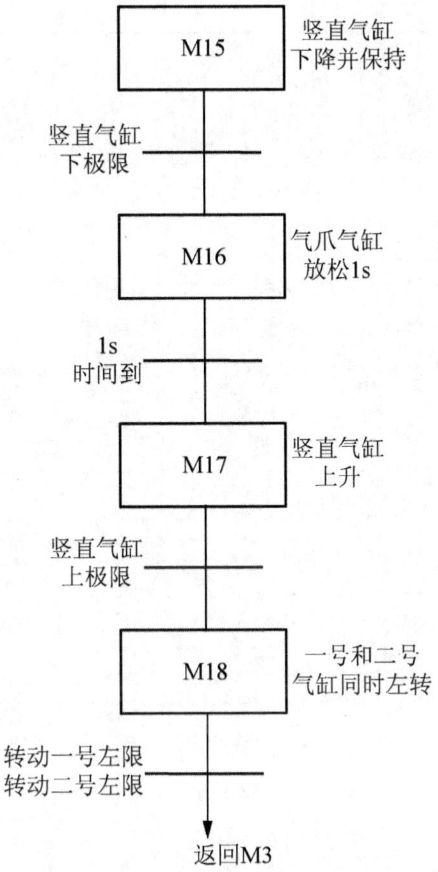

图 6.26　参考流程图(续)

2) 程序的编写

根据流程图，以及控制要求和 I/O 分配情况，编写程序。启动 FXGPWIN 软件，用鼠标单击工具栏上的新建按钮，选择所使用的 PLC 类型(FX2N)，再单击确认按钮。按要求编写程序。

参考程序如图 6.27 所示。

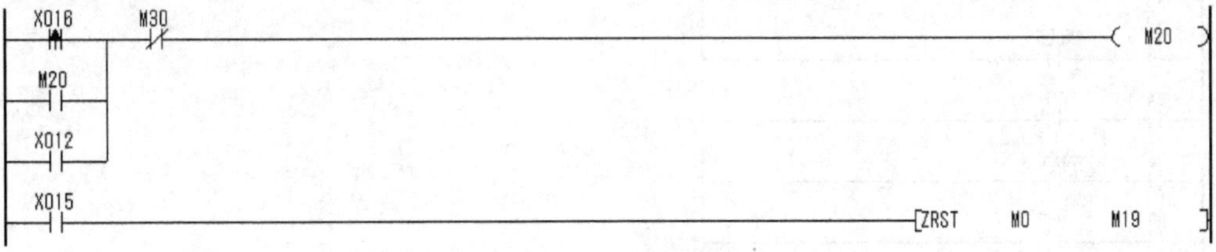

图 6.27　参考程序

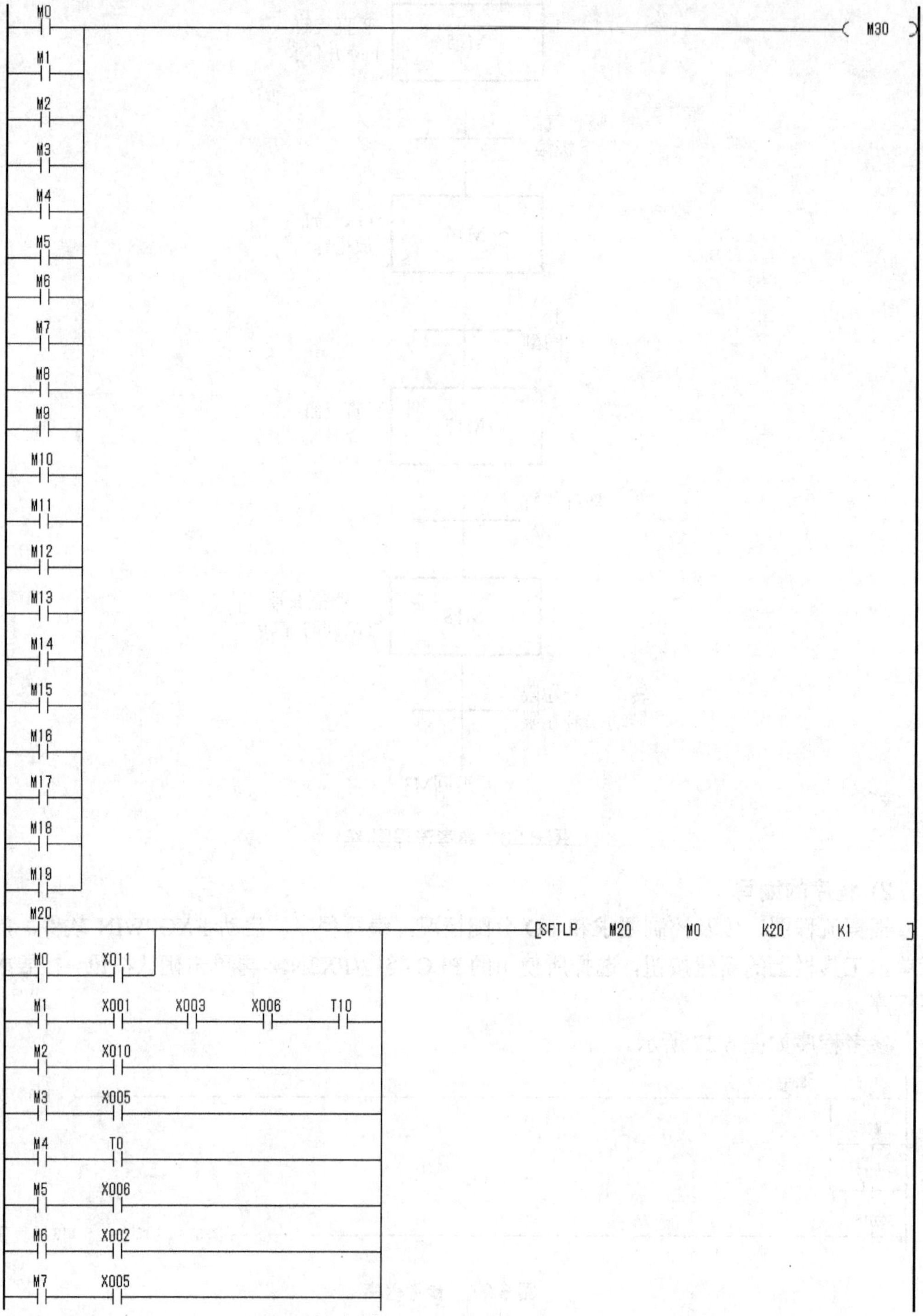
M0
M30
M1
M2
M3
M4
M5
M6
M7
M8
M9
M10
M11
M12
M13
M14
M15
M16
M17
M18
M19
M20
SFTLP M20 M0 K20 K1
M0 X011
M1 X001 X003 X006 T10
M2 X010
M3 X005
M4 T0
M5 X006
M6 X002
M7 X005

图 6.27　参考程序(续)

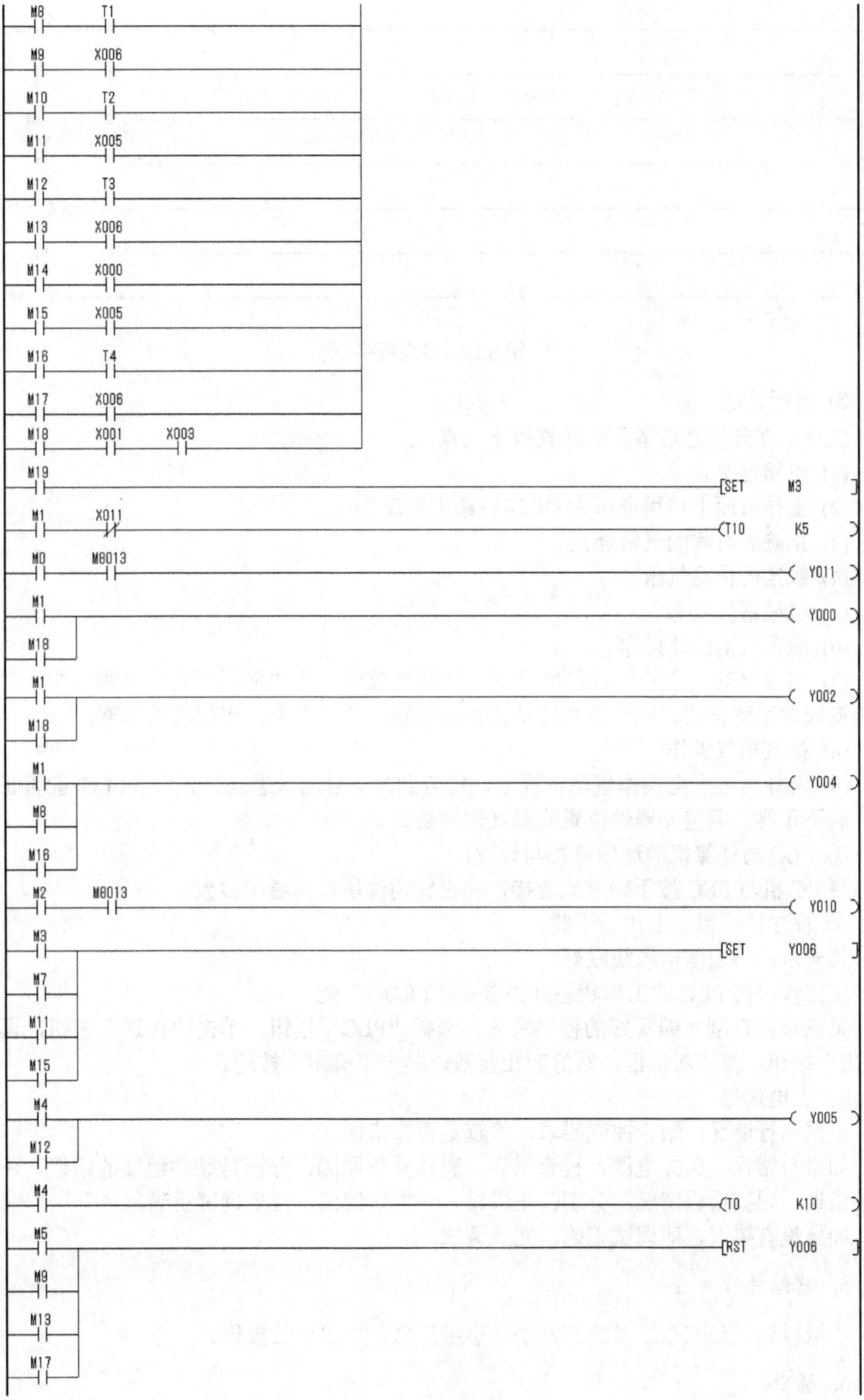
M8 T1
M9 X006
M10 T2
M11 X005
M12 T3
M13 X006
M14 X000
M15 X005
M16 T4
M17 X006
M18 X001 X003
M19 SET M3
M1 X011 T10 K5
M0 M8013 Y011
M1 M18 Y000
M1 M18 Y002
M1 M8 M16 Y004
M2 M8013 Y010
M3 M7 M11 M15 SET Y006
M4 M12 Y005
M4 T0 K10
M5 M9 M13 M17 RST Y006

图 6.27　参考程序(续)

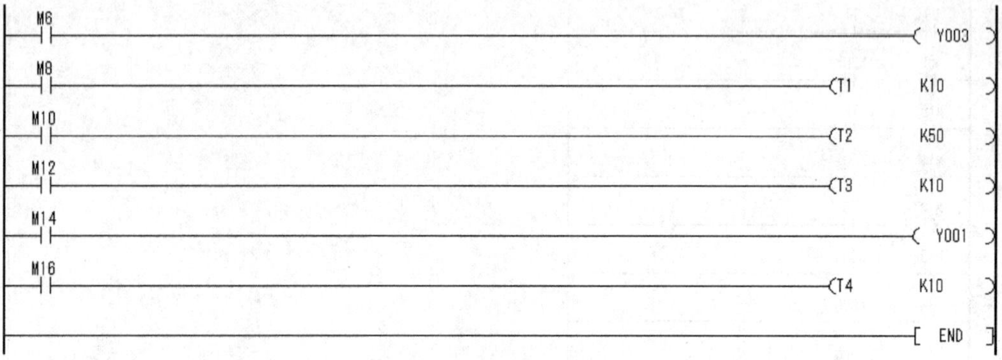

图 6.27 参考程序(续)

3) 运行调试

注意：在开机之前请务必检查以下几点。

(1) 电器连接。

(2) 工作台面上使用电压为 DC24V(最大电流 2A)。

(3) 正确和可靠的气管连接。

(4) 额定的使用气压。

(5) 机械部件状态。

(6) 检查气动回路操作。

(7) 遵守气动安全操作规范情况下，打开气源后，手动强制驱动电磁阀，即依次按下各换向阀的手动按钮，确认各气缸动作符合要求，若不符合，作相应的调整。

(8) 检查电气操作。

(9) 遵守电气安全操作规范情况下，检查到位信号的状态是否正常，PLC 能否正常采集；若不正常，调整元器件位置或做其他检查。

① PLC 与计算机的通信连接与设置：

将 PC 机与 PLC 按正确方式连接，并设置通信端口与通信参数。

② 程序的编辑、上传、下载：

第一步：将通信电缆线联好。

第二步：将 PLC 的工作状态开关放在“PROG”处。

第三步：在刚才编写好的程序写入，选择“PLC”按钮，单击“传送”按钮，再单击“写出”按钮，弹出对话框，写好起止步数，单击“确定”按钮。

③ 上电运行：

根据运行情况，结合控制要求，检查是否有错误。

如果有错误，关掉电源，检查错误。查找具体原因，分清是硬件组装的错误，还是编程的错误。根据错误情况，分别改正错误，再重新调试，直至调试正确。

如果没有错误，即调试正确，完成调试。

5. 总结评价

小组讨论，分别总结经验和方法，小组汇总，形成总结报告。

6. 验收

根据学生的计划、组装、调试操作、总结情况进行评价验收。

6.4　考核评价

考核标准详见质量评价表，见表 6-9。

表 6-9　质量评价表

考核项目	考核要求	配分	评分标准	扣分	得分	备注
系统安装	1.会安装元件； 2.按图完整、正确及规范接线； 3.按照要求编号	54	1.元件松动扣 2 分，损坏一处扣 4 分； 2.错、漏线每处扣 2 分； 3.反圈、压皮、松动，每处扣 2 分； 4.错、漏编号，每处扣 1 分			
编程操作	1.会建立程序新文件； 2.正确输入梯形图； 3.正确保存文件	10	1.不能建立程序新文件或建立错误扣 4 分； 2.输入梯形图错误一处扣 2 分			
运行操作	1.操作运行系统，分析运行结果； 2.会监控梯形图； 3.会验证工作方式	25	1.系统通电操作错误一步扣 3 分； 2.分析运行结果错误一处扣 2 分； 3.监控梯形图错误一处扣 2 分； 4.验证工作方式错误扣 5 分			
安全生产	自觉遵守安全文明生产规程	11	1.每违反一项规定，扣 3 分； 2.发生安全事故，扣 11 分； 3.漏接接地线一处扣 5 分			
时间	3 小时		提前正确完成，每 5 分钟加 2 分； 超过定额时间，每 5 分钟扣 2 分			
开始时间：		结束时间：		实际时间：		

项目 7

分类入库系统

7.1 项目任务

分类入库系统项目主要内容见表 7-1。

表 7-1 分类入库系统项目内容

项目内容	(1) 元器件布局及线路布局设计； (2) 分类入库系统机械机构的安装； (3) 分类入库系统气缸的安装与气路连接； (4) 分类入库系统电气元件的安装； (5) 分类入库系统程序的编写与调试
重难点	(1) 元器件布局与线路布局设计； (2) 分类入库系统的安装； (3) 分类入库系统程序的编写与调试
参考的相关文件	GB/T 13869—2008《用电安全导则》 GB 19517—2009《国家电气设备安全技术规范》 GB/T 25295—2010《电气设备安全设计导则》 GB 50150—2006《电气装置安装工程—电气设备交接试验标准》
操作原则与安全注意事项	(1) 一般原则：培训的学员必须在指导老师的指导下才能操作该设备。请务必按照技术文件和各独立元件的使用要求使用该系统，以保证人员和设备安全。 (2) 电气系统：只有在断电状态下才能连接和断开各种电气连线，使用直流 24V 以下的电压。 (3) 气动系统：气动系统的使用压力不得超过 800kPa(8bar)。在气动系统管路接好之前不得接通气源。接通气源和长时间停机后开始工作，个别气缸可能会运动过快，所以要特别当心。 (4) 机械系统：所有部件的紧定螺钉应拧紧。不要在系统运行时人为的干涉正常工作

项目导读

本项目通过横纵两个方向的电机的运动来移动工作台，实现的是立体料仓入库的功能。这种模式是空间充分利用的例子，在立体车库中已有应用，如图7.1所示为立体车库系统。两个方向的步进电机通过程序精确定位，使工作台准确移动到指定位置送料入库。

图7.1 立体车库系统

7.1.1 元器件布局及线路布局设计任务书

元器件布局及线路布局设计任务书见表 7-2。

表 7-2 元器件布局及线路布局设计

<table>
<tr><td rowspan="3">XX 学院</td><td rowspan="3" colspan="3">工件分类入库系统安装与调试任务书</td><td colspan="2">文件编号</td><td></td></tr>
<tr><td colspan="2">版 次</td><td></td></tr>
<tr><td colspan="3">共 5 页/第 1 页</td></tr>
<tr><td>工序号：1</td><td colspan="3">工序名称：元器件布局及线路布局设计</td><td colspan="3">作 业 内 容</td></tr>
<tr><td rowspan="13" colspan="2">
(a) 执行机构正视图</td><td rowspan="13" colspan="2">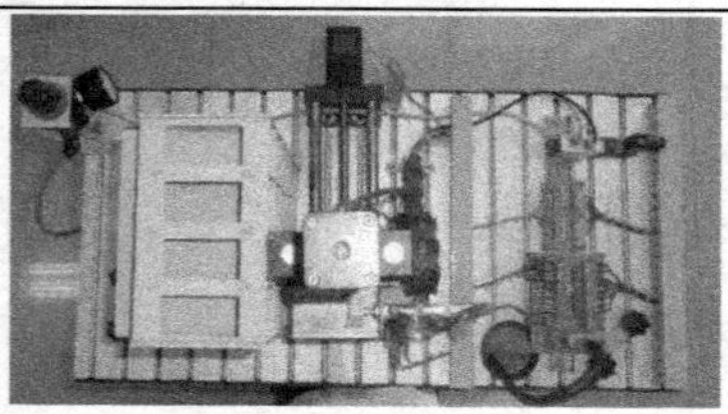
(b) 执行机构俯视图
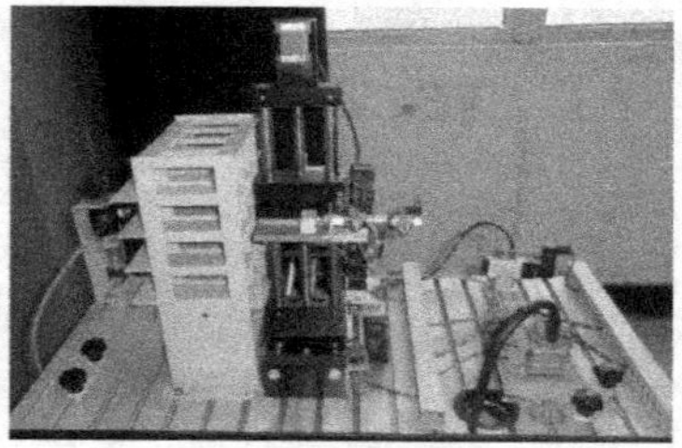
(c)执行机构侧视图</td><td>1</td><td colspan="2">根据第六站的具体功能，收集元器件安装资料，来选择安装位置</td></tr>
<tr><td>2</td><td colspan="2">制定出整个系统的安装方案，确定各个部分安装次序</td></tr>
<tr><td>3</td><td colspan="2">结合功能要求，制定机械机构安装的详细计划</td></tr>
<tr><td>4</td><td colspan="2">结合功能要求，根据气路特点及实际情况，制定气缸安装与气路分布的详细计划</td></tr>
<tr><td>5</td><td colspan="2">结合功能要求，制定电气元件安装的详细计划</td></tr>
<tr><td>6</td><td colspan="2">根据功能要求和计划方案，画出执行机构的平面分布图</td></tr>
<tr><td colspan="3">使 用 工 具</td></tr>
<tr><td colspan="3">内六角扳手、十字螺丝刀、一字螺丝刀(小号)</td></tr>
<tr><td colspan="3">※工艺要求(注意事项)</td></tr>
<tr><td>1</td><td colspan="2">用电安全</td></tr>
<tr><td>2</td><td colspan="2">通过讨论制定的计划方案，注意气缸安装的先后次序</td></tr>
<tr><td>3</td><td colspan="2">气路连接要准确，应当细致</td></tr>
<tr></tr>
<tr><td>更改标记</td><td></td><td>编 制</td><td></td><td colspan="2">批 准</td><td></td></tr>
<tr><td>更改人签名</td><td></td><td>审 核</td><td></td><td colspan="2">生产日期</td><td></td></tr>
</table>

7.1.2　工件分类入库系统机械机构的安装任务书

工件分类入库系统机械机构的安装任务书见表 7-3。

表 7-3　工件分类入库系统机械机构的安装

<table>
<tr><td rowspan="3">XX 学院</td><td rowspan="3" colspan="2">工件分类入库系统安装与调试任务书</td><td colspan="2">文件编号</td><td></td></tr>
<tr><td colspan="2">版　次</td><td></td></tr>
<tr><td colspan="3">共 5 页/第 2 页</td></tr>
<tr><td>工序号：2</td><td colspan="2">工序名称：工件分类入库系统机械机构的安装</td><td colspan="3">作 业 内 容</td></tr>
<tr><td colspan="3" rowspan="12">
(a) 水平电机及水平移动支架的安装
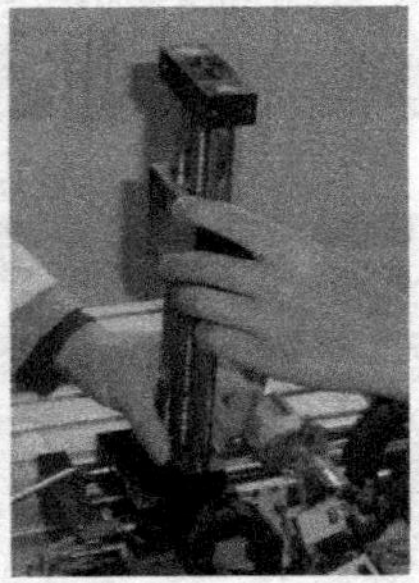
(b) 垂直移动气缸的固定

(c) 垂直电机的安装
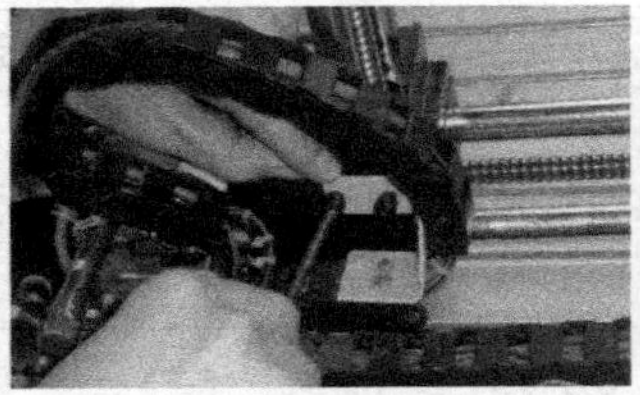
(e) 履带的安装

(d) 立体料仓的安装</td><td>1</td><td colspan="2">根据前面制定的机械机构安装的详细计划，结合平面分布图，准备安装的支架及电机等</td></tr>
<tr><td>2</td><td colspan="2">根据平面分布图确定水平移动支架的位置，并固定</td></tr>
<tr><td>3</td><td colspan="2">在水平移动支架上固定垂直移动支架，并分别安装上水平电机和垂直电机</td></tr>
<tr><td>4</td><td colspan="2">根据平面分布图确定立体料仓的位置，并固定</td></tr>
<tr><td>5</td><td colspan="2">在水平和垂直移动支架上固定履带，并保持好履带间的距离</td></tr>
<tr><td colspan="3">使 用 工 具</td></tr>
<tr><td colspan="3">内六角扳手、十字螺丝刀、一字螺丝刀(小号)</td></tr>
<tr><td colspan="3">※工艺要求(注意事项)</td></tr>
<tr><td>1</td><td colspan="2">正确使用内六角扳手</td></tr>
<tr><td>2</td><td colspan="2">水平和垂直螺纹调要安装适当</td></tr>
<tr><td>3</td><td colspan="2">履带位置要得当，以保证移动送料台的移动</td></tr>
<tr><td>4</td><td colspan="2">立体料仓的位置要适宜，以确保工件准确推入</td></tr>
<tr><td>更改标记</td><td></td><td>编　制</td><td></td><td colspan="1">批　准</td><td></td></tr>
<tr><td>更改人签名</td><td></td><td>审　核</td><td></td><td colspan="1">生产日期</td><td></td></tr>
</table>

7.1.3 工件分类入库系统气缸的安装与气路连接任务书

工件分类入库系统气缸的安装与气路连接任务书见表 7-4。

表 7-4 工件分类入库系统气缸的安装与气路连接

<table>
<tr><td rowspan="3">XX 学院</td><td rowspan="3" colspan="3">工件分类入库系统安装与调试任务书</td><td colspan="2">文件编号</td><td></td></tr>
<tr><td colspan="2">版　次</td><td></td></tr>
<tr><td colspan="3">共 5 页/第 3 页</td></tr>
<tr><td>工序号：3</td><td colspan="3">工序名称：工件分类入库系统气缸的安装与气路连接</td><td colspan="3">作 业 内 容</td></tr>
<tr><td rowspan="11" colspan="4">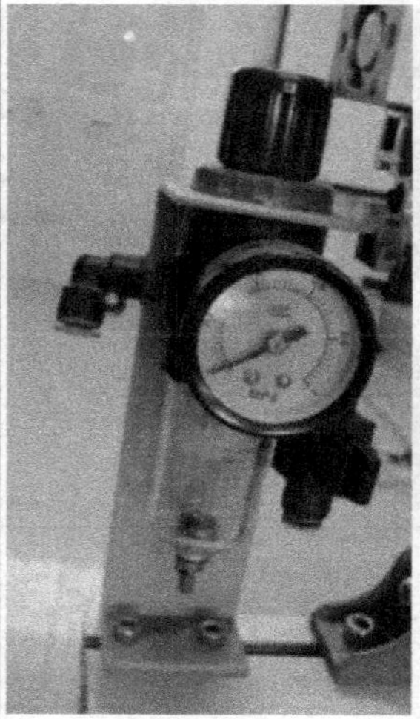
(a) 气压表的安装

(b) 气缸的安装与固定
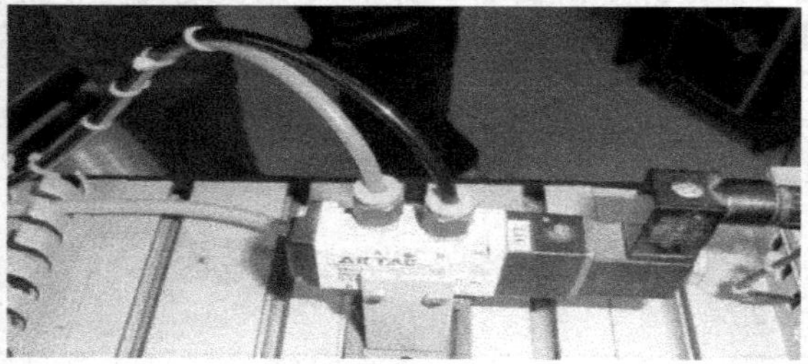
(c) 气路的连接</td><td>1</td><td colspan="2">根据前面制定的气缸安装和气路分布详细计划，结合平面分布图，准备安装的气缸及气压表等</td></tr>
<tr><td>2</td><td colspan="2">根据平面分布图确定气压表的安装位置，并固定</td></tr>
<tr><td>3</td><td colspan="2">根据气路安装计划和平面分布图确定气缸安装位置，并固定</td></tr>
<tr><td>4</td><td colspan="2">根据气路安装计划和平面分布图确定气管的分布路线，并连接</td></tr>
<tr><td>5</td><td colspan="2">检查气路，以及气缸方向</td></tr>
<tr><td colspan="3">使 用 工 具</td></tr>
<tr><td colspan="3">内六角扳手、十字螺丝刀、一字螺丝刀(小号)</td></tr>
<tr><td colspan="3">※工艺要求(注意事项)</td></tr>
<tr><td>1</td><td colspan="2">注意气管连接的方法</td></tr>
<tr><td>2</td><td colspan="2">气管方向连接准确，以保证气缸动作正确</td></tr>
<tr></tr>
<tr><td>更改标记</td><td></td><td>编　制</td><td></td><td colspan="2">批　　准</td><td></td></tr>
<tr><td>更改人签名</td><td></td><td>审　核</td><td></td><td colspan="2">生产日期</td><td></td></tr>
</table>

7.1.4　工件分类入库系统电气元件的安装任务书

工件分类入库系统电气元件的安装任务书见表 7-5。

表 7-5　工件分类入库系统电气元件的安装

<table>
<tr><td rowspan="3">XX 学院</td><td rowspan="3">工件分类入库系统安装与调试任务书</td><td>文件编号</td><td></td></tr>
<tr><td>版　次</td><td></td></tr>
<tr><td colspan="2">共 5 页/第 4 页</td></tr>
<tr><td>工序号：4</td><td>工序名称：工件分类入库系统电气元件的安装</td><td colspan="2">作 业 内 容</td></tr>
<tr><td colspan="2" rowspan="13">
(a) 垂直限位开关及下极限限位开关的安装

(c) 端子排接线和步进电机的连接

(b) 水平限位开关及左极限限位开关的安装</td><td>1</td><td>根据前面制定的电气元件安装的详细计划，准备待安装的限位开关及步进电机等</td></tr>
<tr><td>2</td><td>根据安装计划，确定水平限位开关与垂直限位开关的位置，安装固定，并连接到供电回路上</td></tr>
<tr><td>3</td><td>根据安装计划，确定左极限和下极限的位置，并连接到接线排上</td></tr>
<tr><td>4</td><td>根据安装计划，确定气缸前后极限的位置，并连接到接线排上</td></tr>
<tr><td>5</td><td>根据安装计划，结合平面分布图，连接步进电机到接线排上</td></tr>
<tr><td colspan="2">使 用 工 具</td></tr>
<tr><td colspan="2">内六角扳手、十字螺丝刀、一字螺丝刀(小号)</td></tr>
<tr><td colspan="2">※工艺要求(注意事项)</td></tr>
<tr><td>1</td><td>注意各个限位开关的功能，位置要准确</td></tr>
<tr><td>2</td><td>支架上的限位开关应串联到供电回路中，以保证移动台不移动到范围以外，并作为保护</td></tr>
<tr><td>3</td><td>极限位连接到接线排上时，应当保证 I/O 与给定的一致</td></tr>
<tr><td>4</td><td>电机连接应注意相位，应当保证正转与反转给定的一致</td></tr>
<tr><td colspan="2"></td></tr>
</table>

更改标记		编　制		批　　准	
更改人签名		审　核		生产日期	

7.1.5 工件分类入库系统程序的编写与调试任务书

工件分类入库系统程序的编写与调试任务书见表 7-6。

表 7-6 工件分类入库系统程序的编写与调试

<table>
<tr><td colspan="2" rowspan="3">XX 学院</td><td colspan="2" rowspan="3">工件分类入库系统安装与调试任务书</td><td>文件编号</td><td></td></tr>
<tr><td>版　次</td><td></td></tr>
<tr><td colspan="2">共 5 页/第 5 页</td></tr>
<tr><td colspan="2">工序号：5</td><td colspan="2">工序名称：工件分类入库系统程序的编写与调试</td><td colspan="2">作 业 内 容</td></tr>
<tr><td colspan="4" rowspan="13">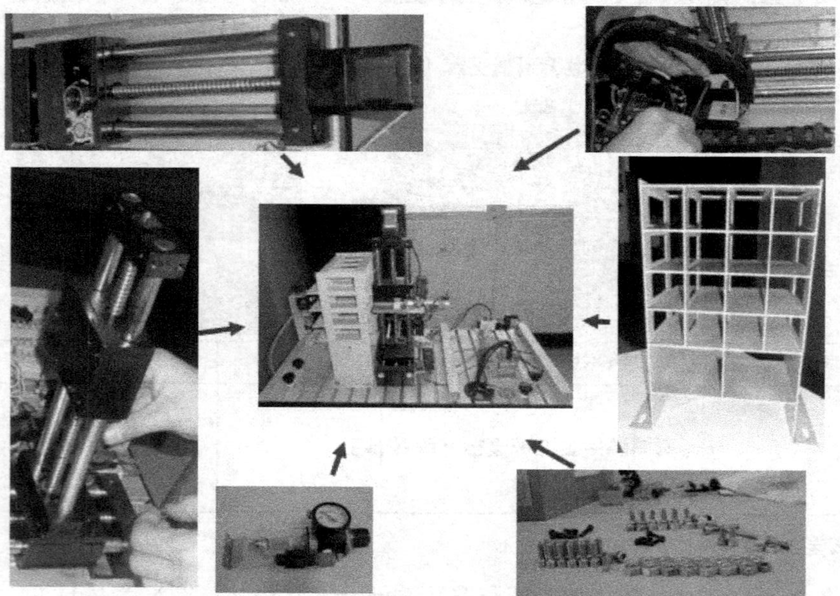</td><td>1</td><td>根据功能要求，画出流程图</td></tr>
<tr><td>2</td><td>根据流程图，编写出程序</td></tr>
<tr><td>3</td><td>将程序写入设备，调试运行</td></tr>
<tr><td>4</td><td>检查运行情况，查明错误原因</td></tr>
<tr><td>5</td><td>根据原因调整安装的元器件或修改程序等</td></tr>
<tr><td>6</td><td>修改后再次调试运行，直至运行成功</td></tr>
<tr><td colspan="2">使 用 工 具</td></tr>
<tr><td colspan="2">内六角扳手、十字螺丝刀、一字螺丝刀(小号)</td></tr>
<tr><td colspan="2">※工艺要求(注意事项)</td></tr>
<tr><td>1</td><td>明确目的，流程图准确</td></tr>
<tr><td>2</td><td>检查错误时，要分清是硬件安装的原因还是程序编写的原因</td></tr>
<tr><td>3</td><td>调试完成，总结经验</td></tr>
<tr><td colspan="2"></td></tr>
<tr><td>更改标记</td><td></td><td>编　制</td><td></td><td>批　准</td><td></td></tr>
<tr><td>更改人签名</td><td></td><td>审　核</td><td></td><td>生产日期</td><td></td></tr>
</table>

7.2　项目准备

7.2.1　分类入库系统材料清单

分类入库系统材料清单详见表 7-7。

表 7-7　分类入库系统材料清单

序号	名称	数量	该元件功能	备注
1	5 号(内六角)黑色螺钉	6	1.用于水平支架安装固定(4)； 2.用于气压表的安装固定(2)	
2	5 号(内六角)方形螺钉	4	用于水平支架安装固定	
3	4 号(内六角)黑色螺钉	12	1.用于水平电机安装固定(2)； 2.用于垂直支架安装固定(2)； 3.用于垂直电机安装固定(2)； 4.用于履带安装固定(2)； 5.用于水平左极限限位开关安装(2)； 6.用于推工件气缸的安装固定(2)	
3	5 号(内六角)普通螺帽	6	1.用于履带安装固定(2)； 2.用于立体料仓安装固定(2)； 3.用于气压表的安装固定(2)	
4	3 号(内六角)黑色螺钉	2	用于垂直限位开关及下极限限位开关安装	
5	气压表	1	用于测量气压的大小	
6	气管	5	传送气流，有蓝色(1)、黄色(2)、黑色(2)	
7	立体料仓	1	用于储存工件	
8	水平电机	1	用于带动履带水平运动	
9	垂直电机	1	用于带动履带垂直运动	

7.2.2　分类入库系统安装流程图

分类入库系统安装流程图如图 7.2 所示。

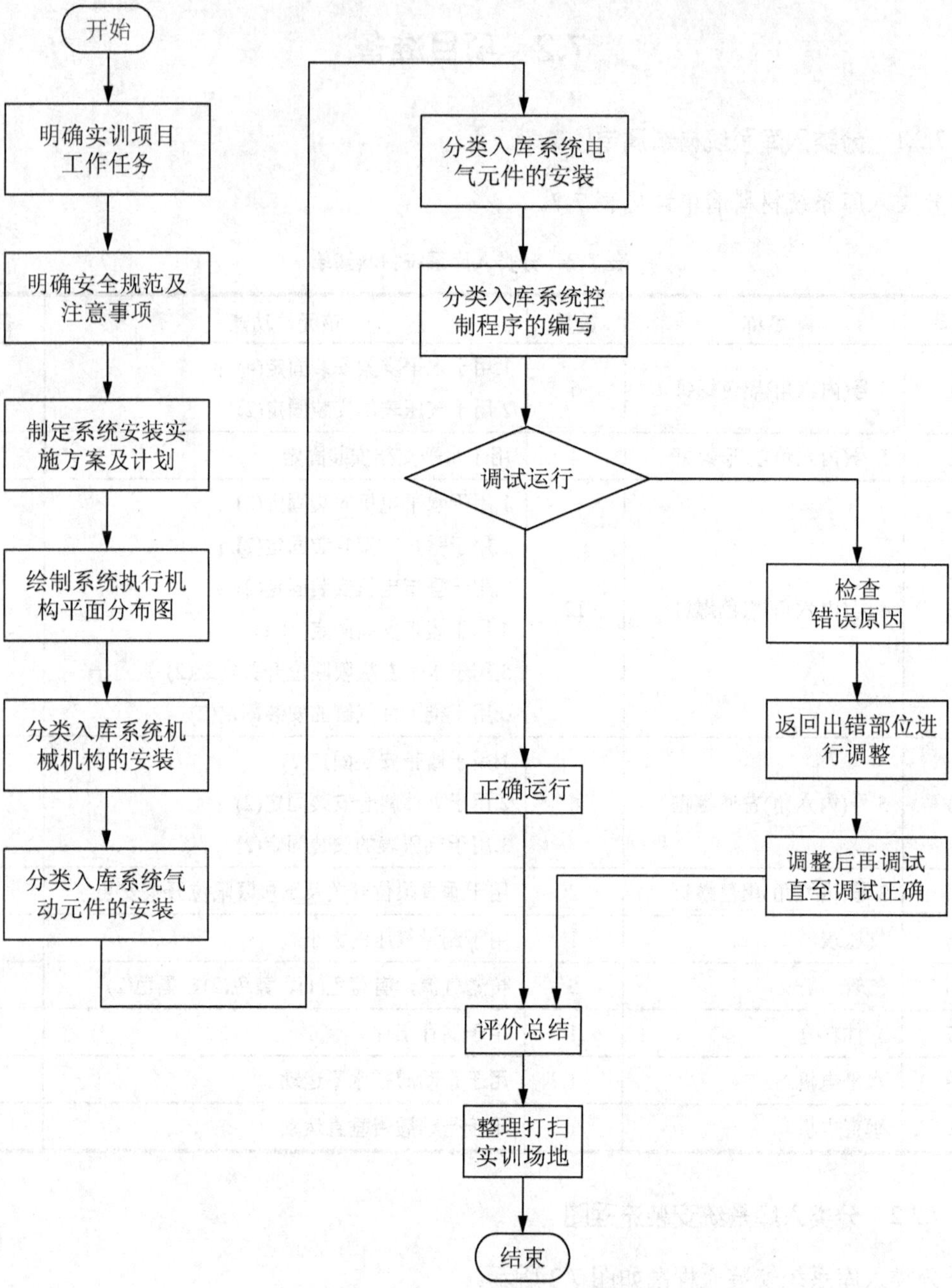

图 7.2 分类入库系统安装流程图

7.3 项目实施

7.3.1 分类入库系统元器件和线路布局设计

1. 系统基本结构

分类入库系统如图 7.3 所示。该系统是完成按工件类型分类，将工件推入库房的过程。

本系统是将执行机构安装在带槽的铝平板上(700mm350mm)，执行机构如图 7.4 所示，各个元器件通过接线端子排连接到下面的 PLC 上。通过 PLC 来控制每个元器件的动作，从而来完成分类入库系统的工作，控制机构如图 7.5 所示。

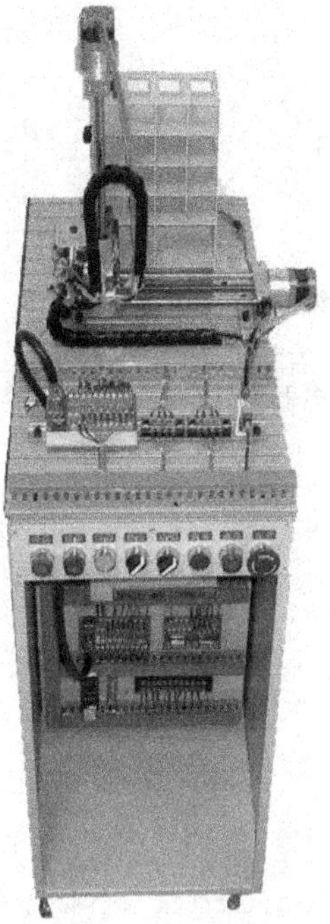

图 7.3　分类入库系统

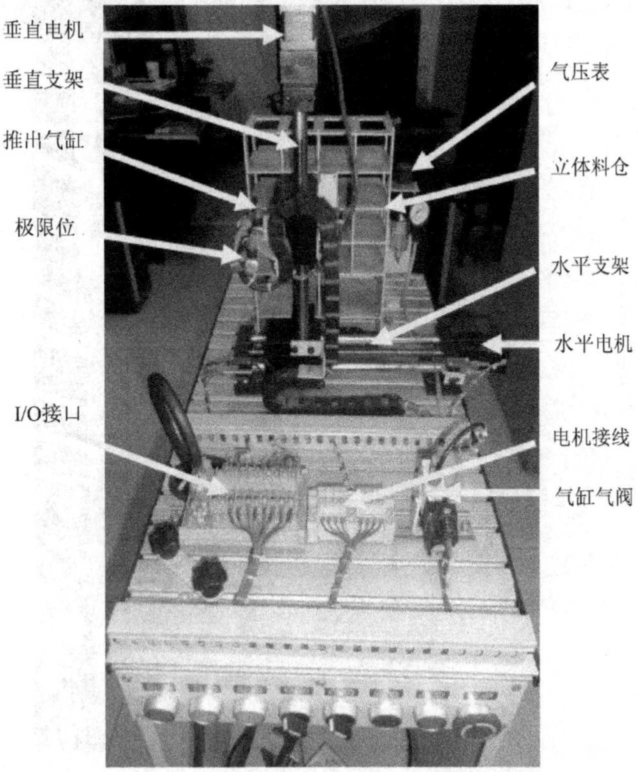

图 7.4　执行机构平面图

2. 制定分类入库系统安装实施方案

本系统主要进行执行机构的拆装。在拆装之前，需了解用到的元器件，并掌握其功能和使用方法。通过观察元器件位置，再根据分类入库系统所要实现的功能，进行小组讨论，得出元器件安装的基本框架，在此框架之上制定出各个部分的详细安装计划。确定各个部分安装流程，并对此次序进行可行性分析。

1) 机构介绍及元器件清单

(1) 机械机构部分：

① 水平与垂直支架及电机：移动送料台，并准确定位。

② 立体料仓：可分类存放工件。

③ 自动推料台：采用直线气缸完成推料动作，将工件由送料台推到立体料仓中。

(2) 气动元件部分：

① 气源：本系统采用空气压缩机(提供气动系统所需的压缩空气，其中减压阀用于调节工作压力)。

② 气压表：本系统采用气动二联件(可手动调节气压大小)。

③ 气阀：本系统采用二位五通换向阀。

④ 气缸：采用单作用气缸。

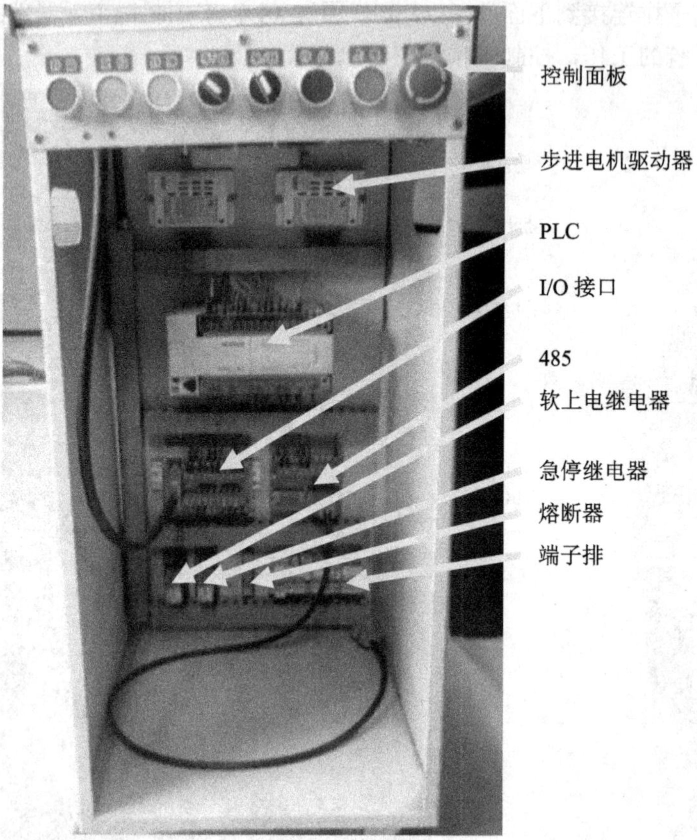

图 7.5 控制机构平面图

(3) 电气元件部分：

① 步进电机：驱动移动送料台。

② 限位开关：保证移动送料台不移动到可控制范围外。

③ 推料极限：保证推料动作的完成。

④ 左极限与下极限：确定送料台的零点位置。

2) 机械机构安装计划的制定

结合功能要求，根据水平支架与垂直支架的实际情况，结合推料台的特点，制定机械机构安装详细计划。注意安装的先后次序。

3) 气动元件安装计划的制定

结合功能要求，根据气路特点及实际情况，制定气缸安装与气路分布的详细计划。

4) 电气元件安装计划的制定

结合功能要求，根据实际需要，制定限位开关与步进电机安装的详细计划。在安装限位器时，需确保位置的准确性。

5) 执行机构平面分布图的绘制

根据功能要求和计划方案，画出分类入库系统执行机构的平面分布图；并分配小组成员任务。

7.3.2　分类入库系统机械机构的安装

根据前面制定的机械机构安装的详细计划，结合平面分布图，准备待安装的水平支架及电机等器件。

1. 水平支架及水平电机的安装

1) 水平支架的安装

根据平面分布图确定水平支架的位置，并固定。

如图 7.6(a)所示，箭头所指的位置采用 5 号内六角螺钉固定。在固定时注意与前后的距离，以保证与前站以及后立体料仓位置关系的准确。图 7.6(a)箭头所指处如图 7.6(b)所示安装。

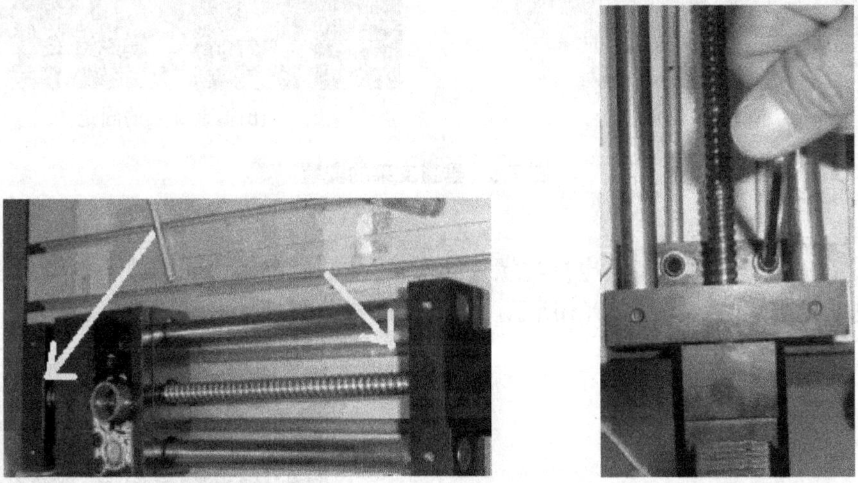

(a)安装位置　　(b)水平支架的固定

图 7.6　水平支架的安装

2) 水平电机的安装

如图 7.7 所示，箭头处用 4 号内六角螺钉固定。将水平电机固定在水平支架上。在固定时应注意电机与螺纹条的衔接。

图 7.7　水平电机的安装

2. 垂直支架及垂直电机的安装

1) 垂直支架的固定

在图 7.8(a)中，箭头处采用 4 号内六角螺钉固定，具体安装如图 7.8(b)所示。

(a)安装位置

(b)垂直支架的固定

图 7.8 垂直支架的安装

(2) 垂直电机的固定

如图 7.9(a)所示，注意步进电机与螺纹的衔接，安装时将手中凹槽放于电机与螺纹之间。垂直步进电机固定时，如图 7.9(b)所示，在箭头所指处采用 4 号内六角螺钉固定。

(a)步进电机与螺纹的衔接

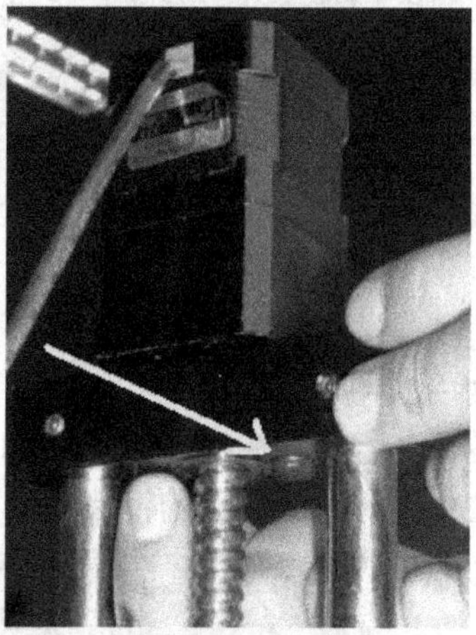

(b)步进电机的固定

图 7.9 垂直电机的安装

3. 立体料仓的安装

如图 7.10(a)所示，箭头所指处用 5 号内六角螺钉固定，注意在固定时位置要安放准确，以保证工件能顺利被推进。固定方法如图 7.10(b)所示。

(a)安装位置

(b)立体料仓的固定

图 7.10　立体料仓的安装

通过上面方法即完成工件分类入库系统机械机构的安装。

7.3.3　工件分类入库系统气缸的安装与气路的连接

根据前面制定的气缸安装和气路分布详细计划，结合平面分布图，准备安装的气缸及气压表等。

1. 气压表的安装

1) 气压表安装位置的确定

根据平面分布图确定气压表的安装位置，如图 7.11 所示。

图 7.11　气压表安装位置

2) 气压表的固定

在所确定的安装位置上固定气压表。

如图 7.12 所示，用 5 号内六角螺钉固定，安装在平面凹槽板的角上即可。

图 7.12　气压表的安装

2. 气缸的安装

1) 气缸底座安装

箭头所指处用 4 号内六角螺钉固定，如图 7.13 所示。

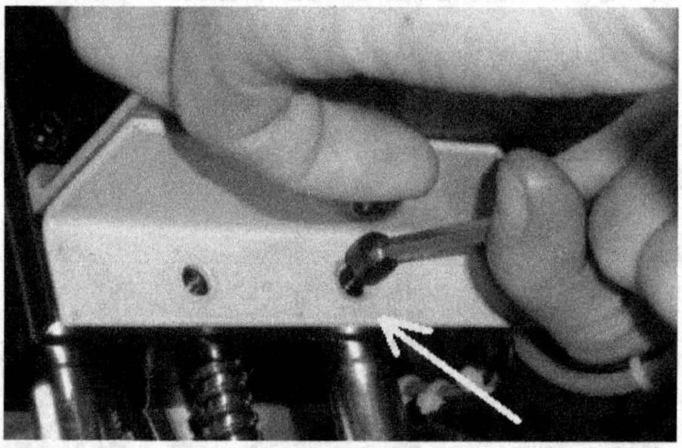

图 7.13　气缸底座的安装

2) 气缸及推台的安装

箭头所指处安装螺帽，固定推台及气缸，如图 7.14 所示。

图 7.14　气缸及推台的安装

3. 气路的连接

根据气路安装计划和平面分布图确定气管的分布路线，并连接。

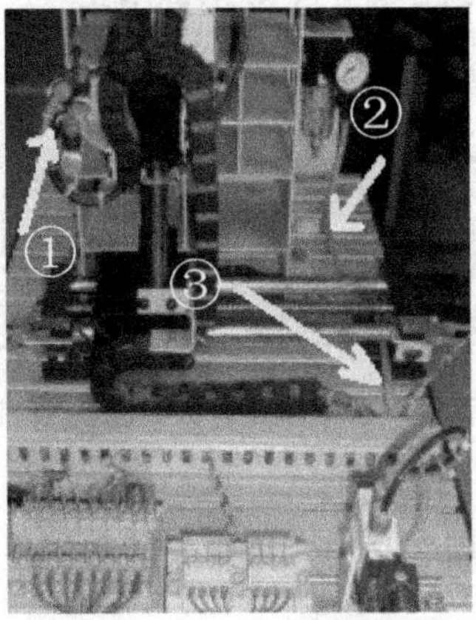

图 7.15　气路的连接

箭头②和③所指处的蓝色气管为主气管，箭头①所指橙色和黑色气管分别连接到气缸上，用以控制气缸动作。注意橙色和黑色气管的次序，不要接反了，如图 7.15 所示。

通过气压表和气缸的安装，以及气路的连接，从而完成工件分类入库系统气缸的安装和气路的连接。

7.3.4　工件分类入库系统电气元件的安装

根据前面制定的电气元件安装的详细计划，结合平面分布图，准备待安装的传感器及限位开关等电气元件。

1. 步进电机的接线

如图 7.16 所示，注意以颜色对位固定即可。

图 7.16　步进电机的连线

2. 限位开关的安装

1) 水平限位开关及左极限的安装

如图 7.17 所示，在箭头处用 3 号内六角螺钉固定，注意位置的准确，以保证移动送料台的安全范围及零点位置。注意水平限位开关应串联接入供电回路中。

图 7.17　水平限位开关及左极限的固定

2) 垂直限位开关及下极限的安装

如图 7.18 所示，在箭头处用 3 号内六角螺钉固定，注意位置的准确，以保证移动送料台的安全范围及零点位置。

图 7.18　垂直限位开关及下极限的固定

3. 气缸上限位传感器的安装

1) 气缸限位传感器的安装

如图 7.19 所示，在箭头所指处固定限位传感器，注意位置的准确性。

图 7.19　气缸限位传感器的安装

2) 传感器的连接

限位传感器接线如图 7.20 所示，箭头所指处上边接蓝色线，箭头所指处下边接棕色线。

图 7.20　气缸限位传感器的连接

4. 履带的安装

如图 7.21(a)所示，安装履带时移动料台和垂直电机的线路与气管穿进履带中。固定时，在图 7.21(a)中箭头所指处用 5 号内六角螺钉固定；在图 7.21(b)箭头所指处用 4 号内六角螺钉固定。

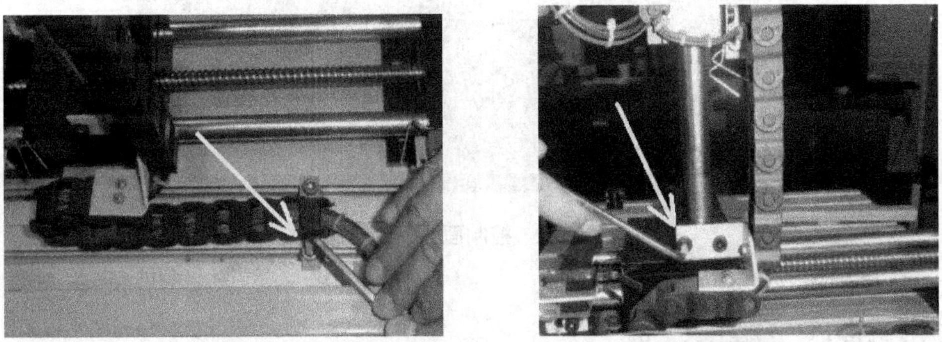

(a)安装　　(b)固定

图 7.21　履带的安装

通过上面的安装，完成分类入库系统电气元件的安装。

7.3.5　分类入库系统程序的编写与调试

本系统是完成原料送入，经传送带进行检测的过程。

1. 调试运行设备

(1) 组装好的分类入库系统。
(2) 安装有 WINDOWS 操作系统的 PC 机一台(具有 FXGPWIN 软件)。
(3) PLC(三菱 FX 系列)一台。
(4) PC 与 PLC 的通信电缆一根。

2. 控制要求

其具体的控制要求如下。

上电后复位灯闪，按下复位按钮后，执行复位，复位完毕之后开始灯才闪，按下开始按钮，移动送料台移动至零位，待条件(单站操作时可用时间或按钮作为条件)满足时，移动送料台移动到指定高度等待放上工件，放上工件后，按指定条件，移动到指定位置，推出工件到立体料仓中，移动送料台移到零位，返回。(在适当的位置加上停止按钮、重新启动按钮)

注意：本站可根据操作者不同水平，设置为不同等级：只送达单一位置的方式；在水平一行(垂直一列)循环的方式；在水平和垂直同时循环的方式等。

3. 分类入库系统 I/O 分配

1) 控制面板 I/O 分配

控制面板 I/O 分配如图 7.22 所示。

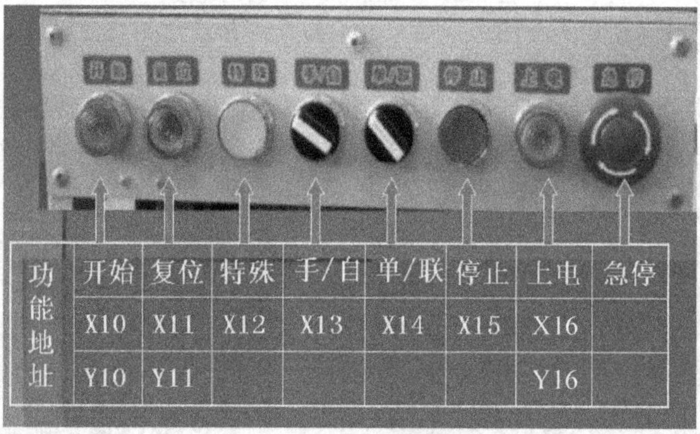

图 7.22 控制面板 I/O 分配

2) 执行机构 I/O 分配

执行机构 I/O 分配见表 7-8。

表 7-8 执行机构 I/O 分配表

输入		输出	
移动送料台左极限	X000	水平电机脉冲	Y000
移动送料台下极限	X001	垂直电机脉冲	Y001
推工件气缸缩回极限	X002	水平电机方向(向左)	Y002
推工件气缸伸出极限	X003	垂直电机方向(向下)	Y003
		推工件气缸伸出	Y004

4. 运行调试操作

1) 绘制流程

根据控制要求及 I/O 分配情况，结合组装好的分类入库系统，绘制编写 PLC 程序的功能流程图。在流程图中体现动作先后次序，以及动作切换条件。

只送达单一位置的方式参考流程图如图 7.23 所示。

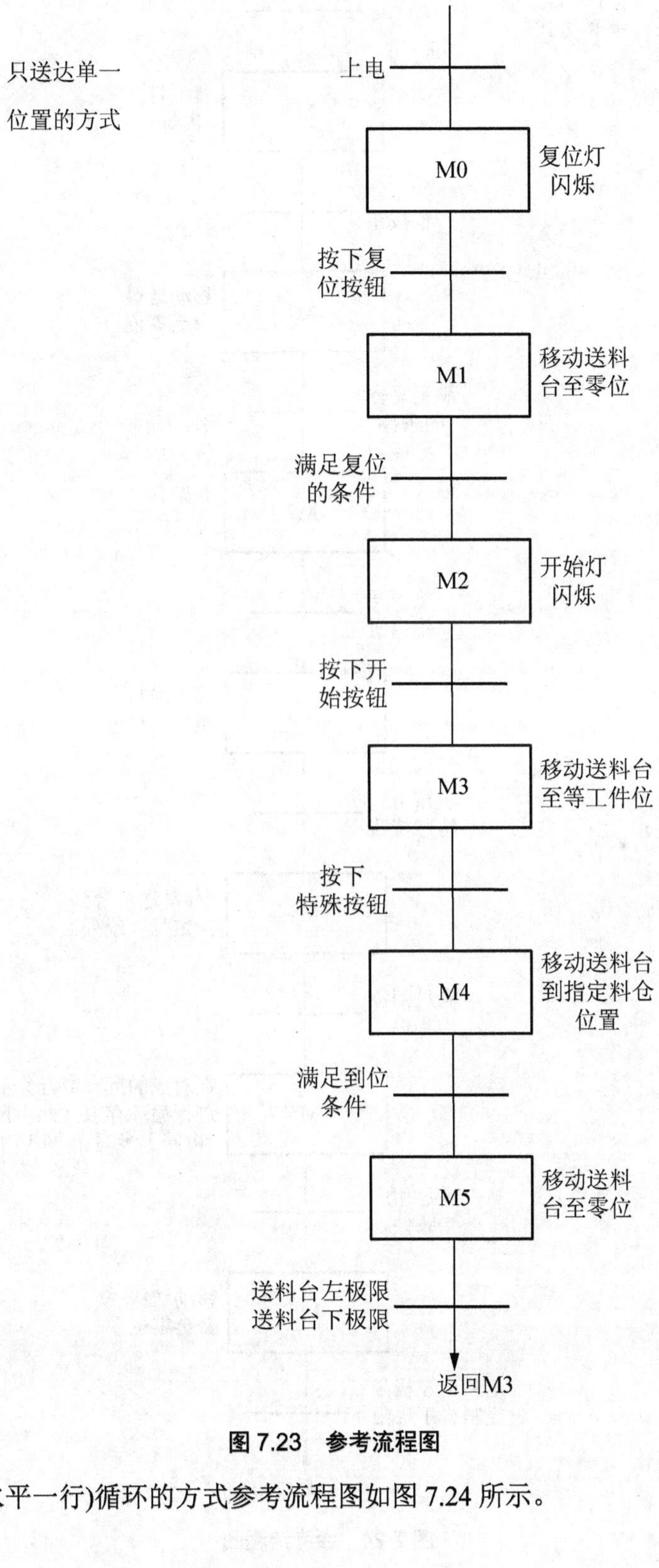

图 7.23　参考流程图

垂直一列(水平一行)循环的方式参考流程图如图 7.24 所示。

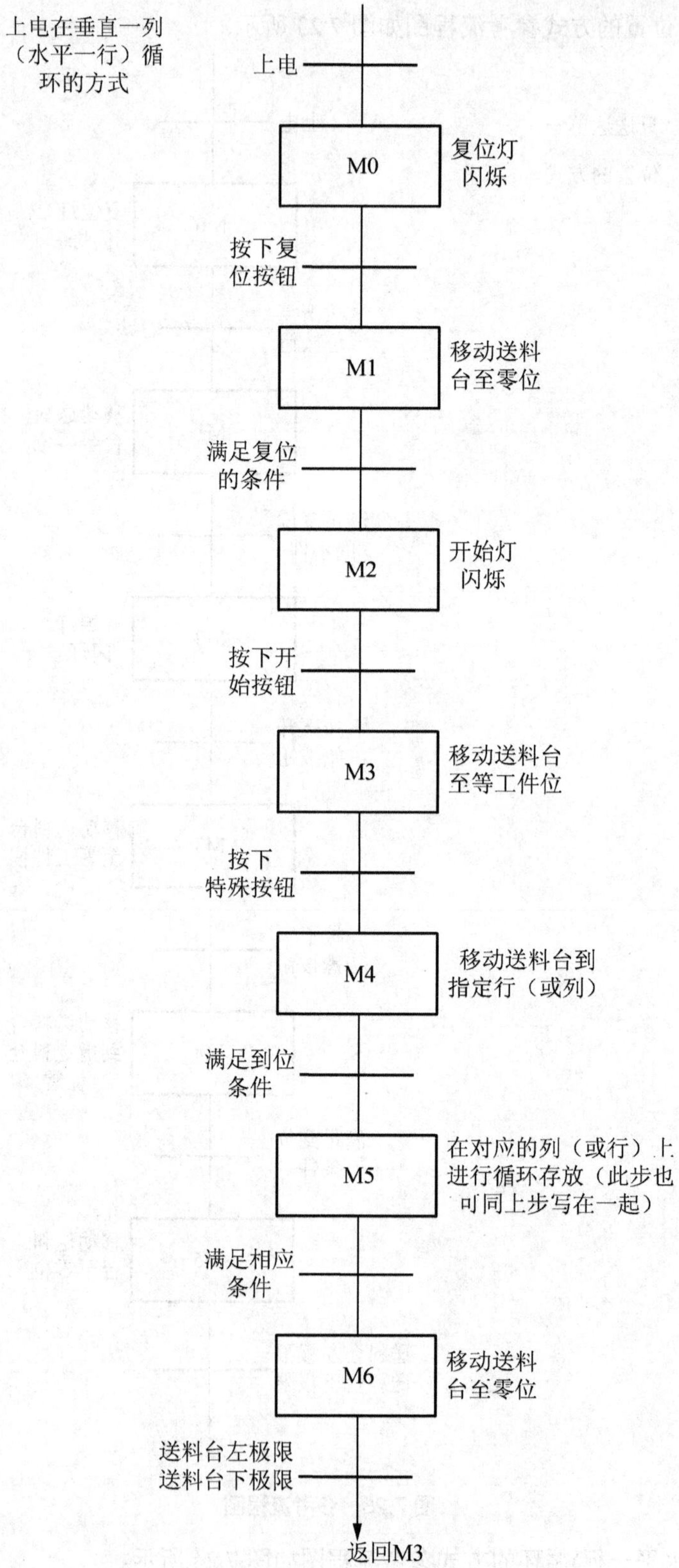
上电在垂直一列（水平一行）循环的方式
上电
M0
复位灯闪烁
按下复位按钮
M1
移动送料台至零位
满足复位的条件
M2
开始灯闪烁
按下开始按钮
M3
移动送料台至等工件位
按下特殊按钮
M4
移动送料台到指定行（或列）
满足到位条件
M5
在对应的列（或行）上进行循环存放（此步也可同上步写在一起）
满足相应条件
M6
移动送料台至零位
送料台左极限
送料台下极限
返回M3

图 7.24　参考流程图

分别在四列(或行)循环的方式参考流程图参见单一列(或行)的流程图。

2) 程序的编写

根据流程图，以及控制要求和 I/O 分配情况，编写程序。启动 FXGPWIN 软件，用鼠标单击工具栏上的新建按钮，选择所使用的 PLC 类型(FX2N)，再单击确认按钮。按要求编写程序。

参考程序如下所示。

只送达单一位置的方式的参考程序如图 7.25 所示。

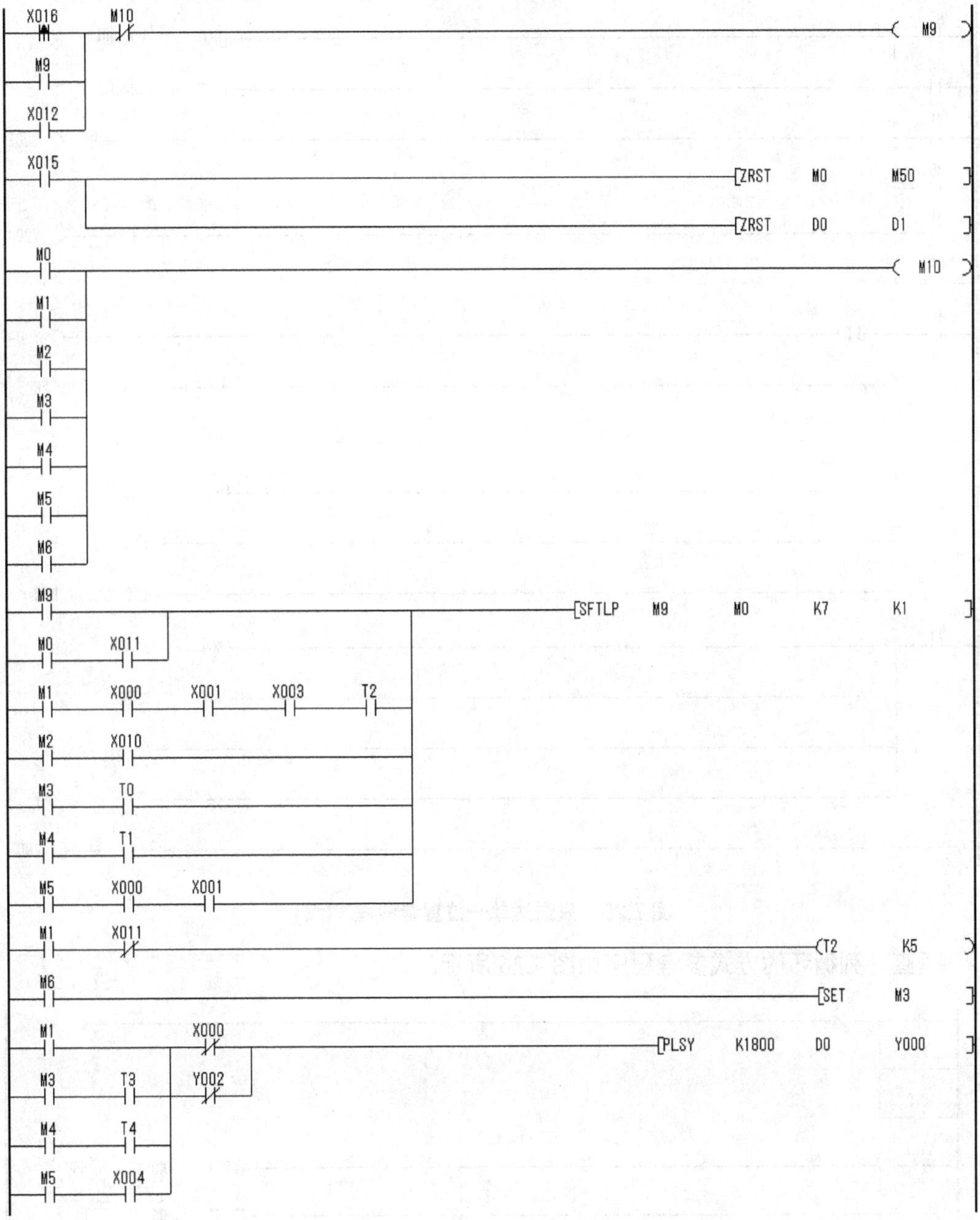

图 7.25　只送达单一位置参考程序

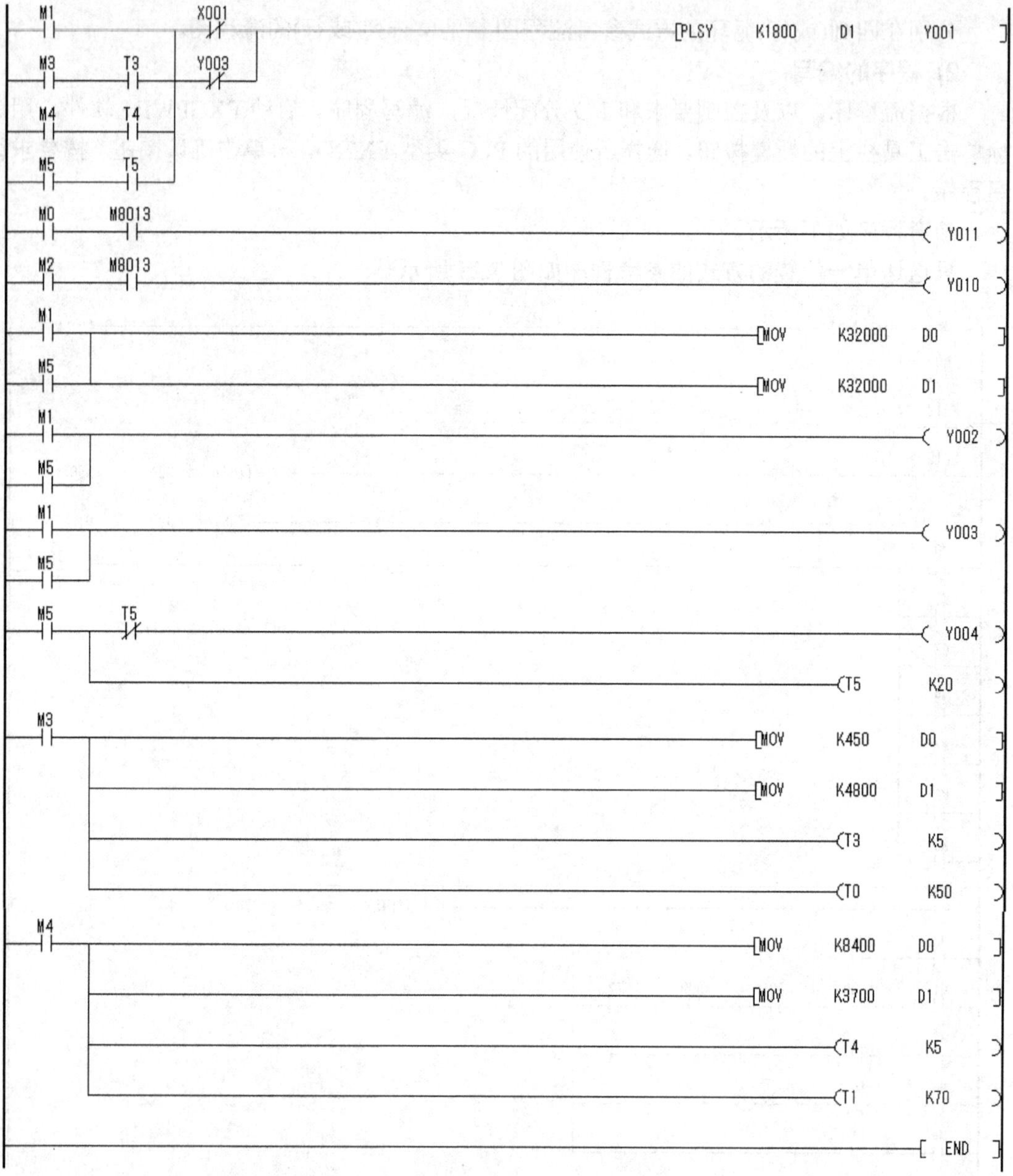

图 7.25　只送达单一位置参考程序(续)

垂直一列循环的方式参考程序如图 7.26 所示。

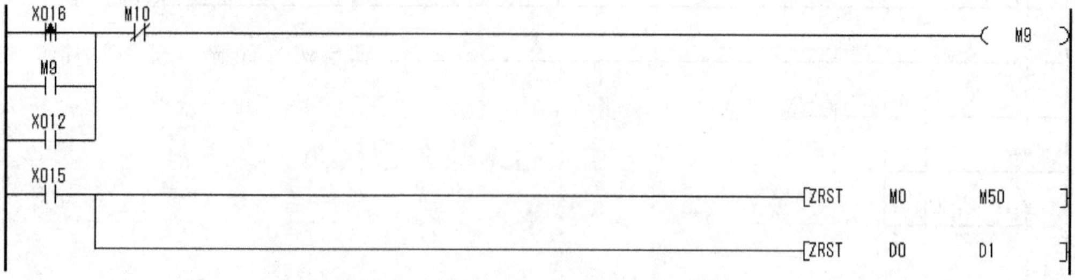

图 7.26　垂直一列循环参考程序

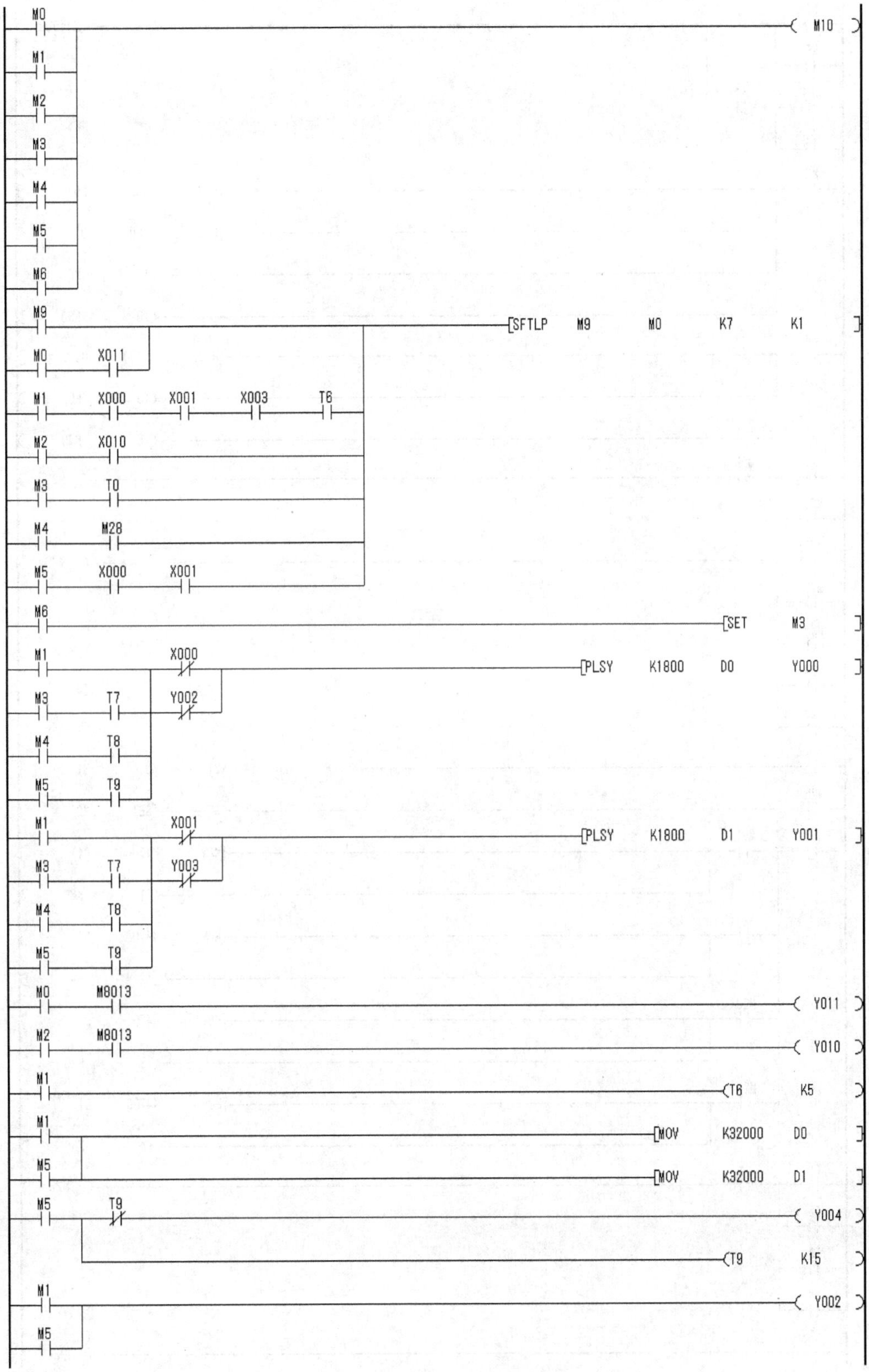

图 7.26　垂直一列循环参考程序(续)

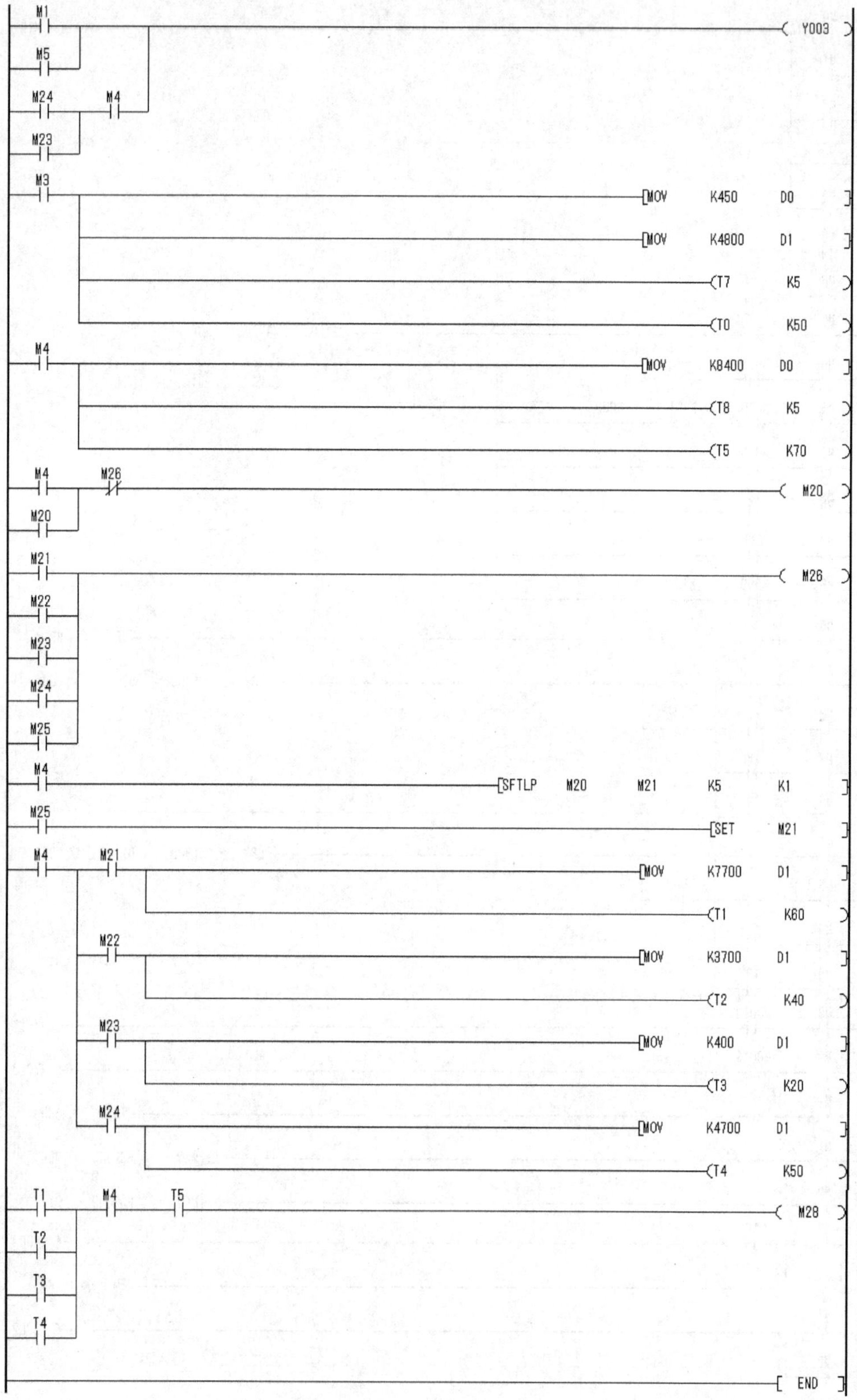

图 7.26　垂直一列循环参考程序(续)

分别在四列循环的方式参考程序如图 7.27 所示。

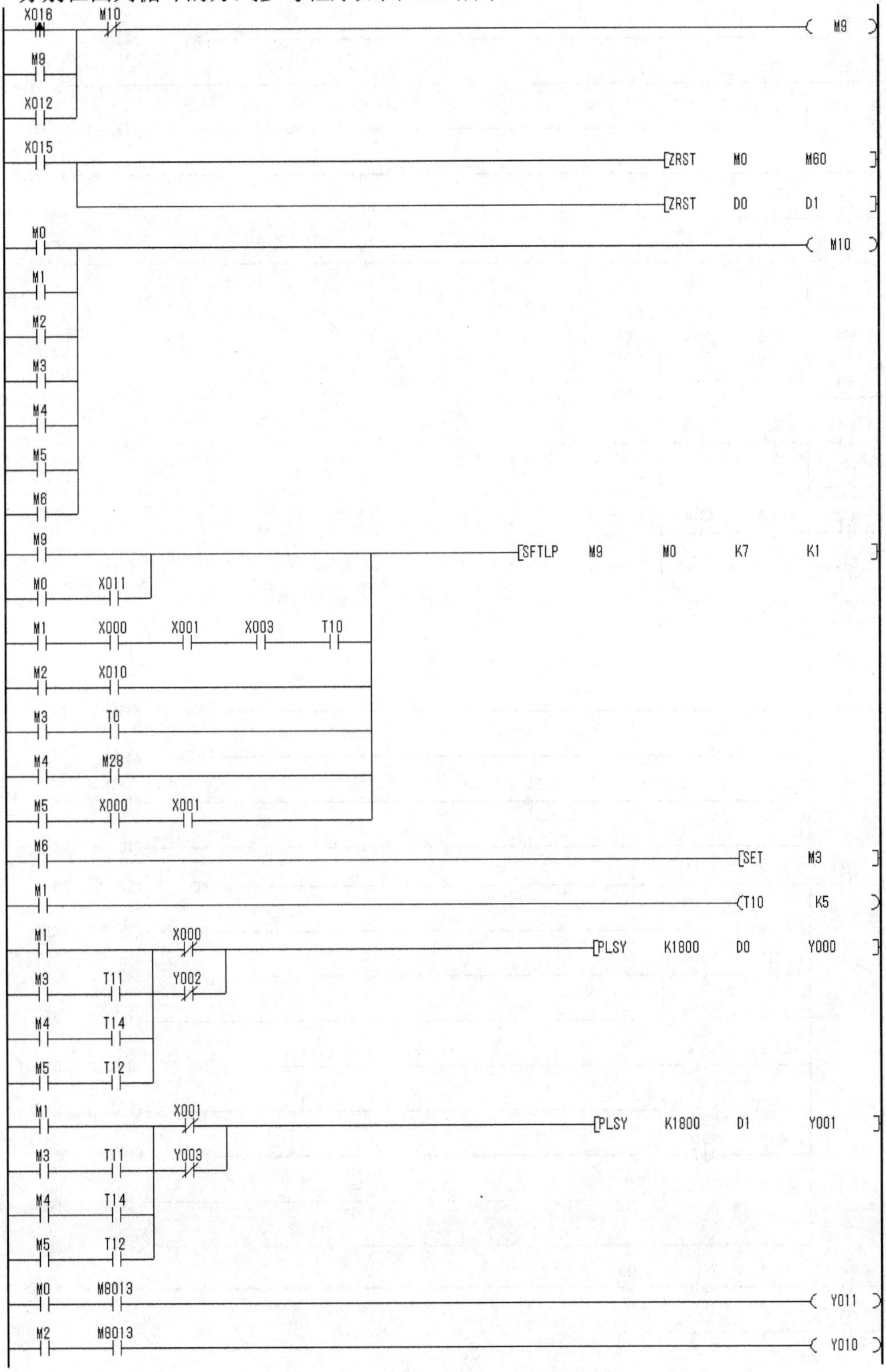

图 7.27　分别在四列循环参考程序

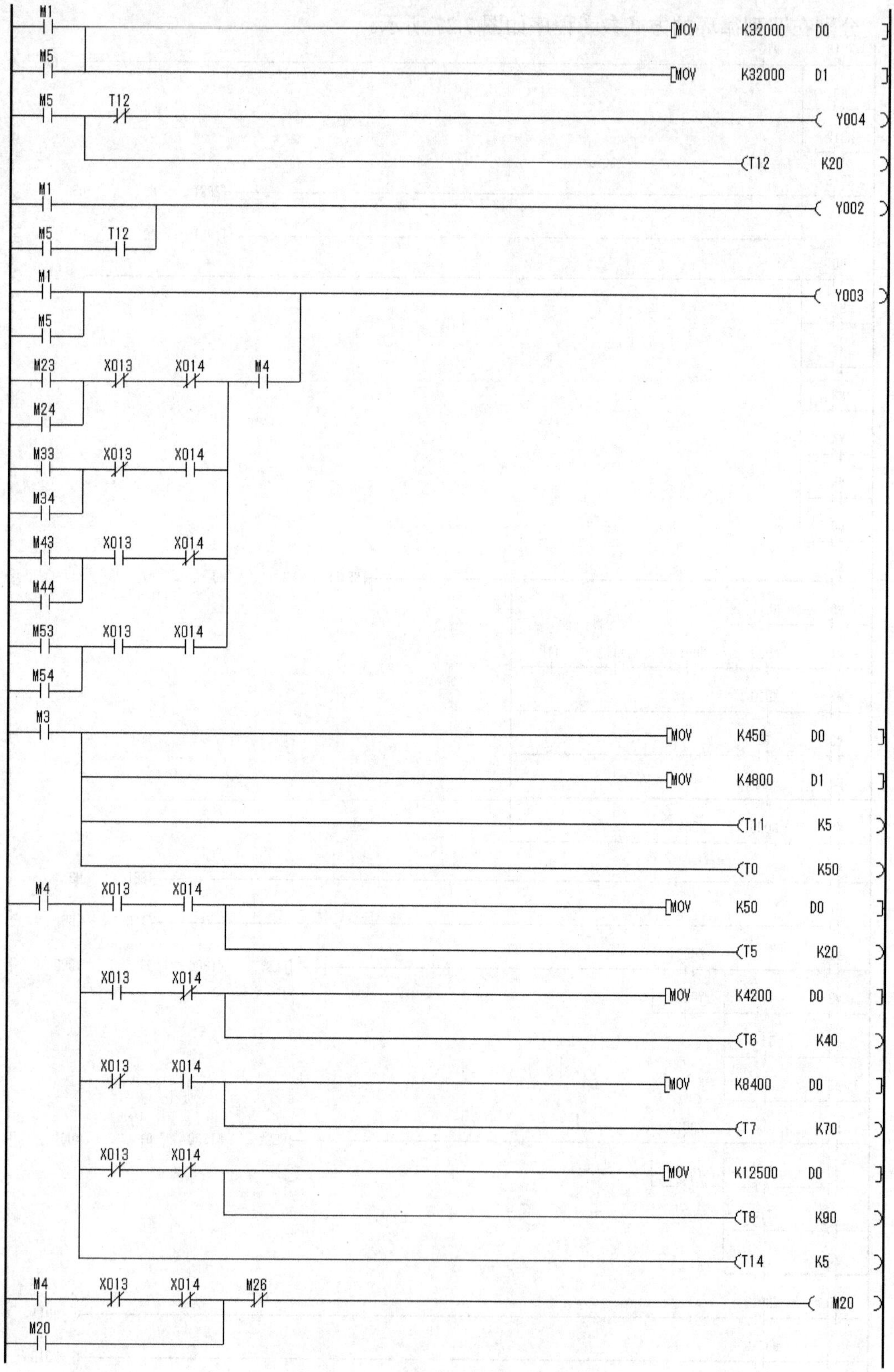

图 7.27　分别在四列循环参考程序(续)

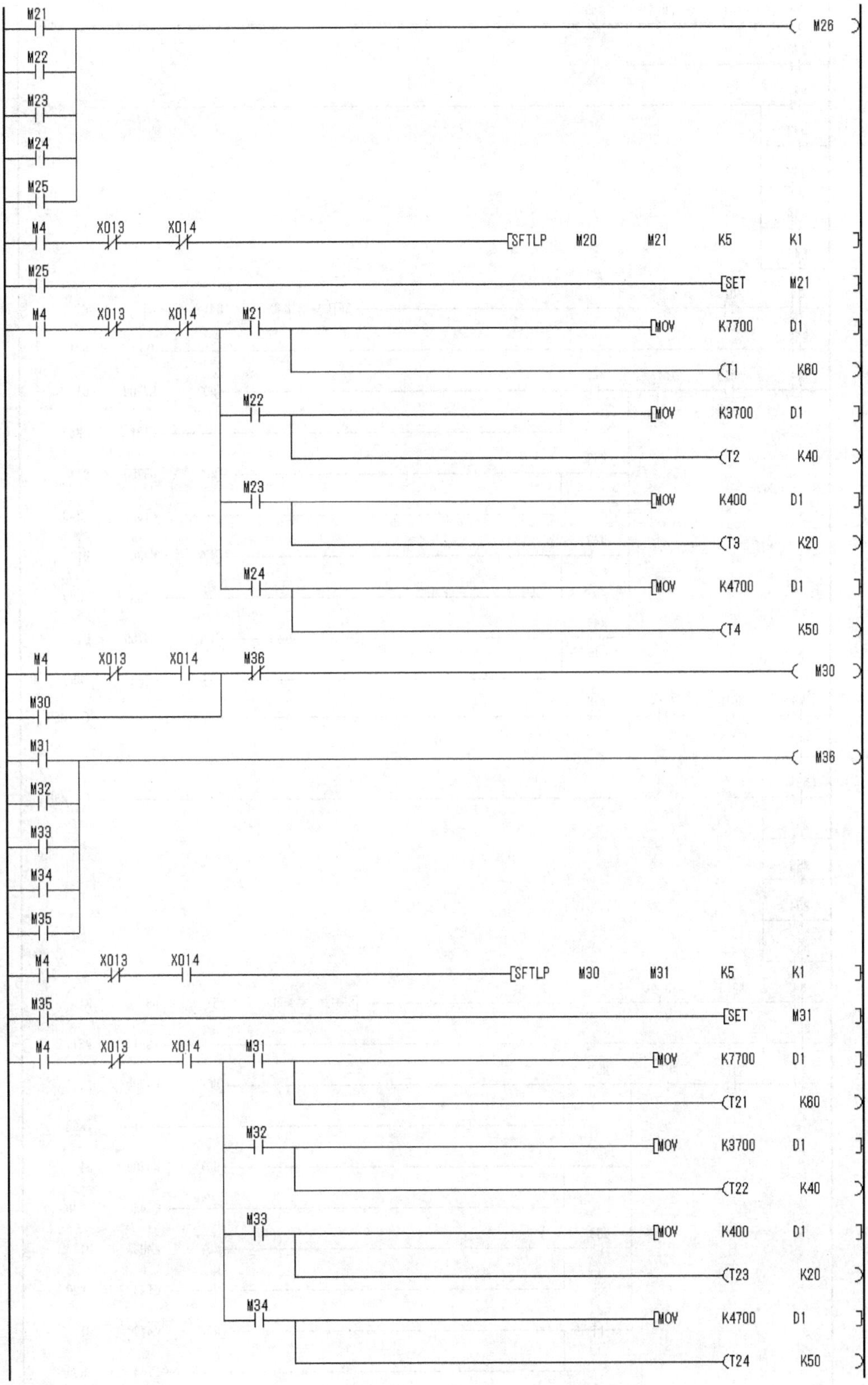

图 7.27　分别在四列循环参考程序(续)

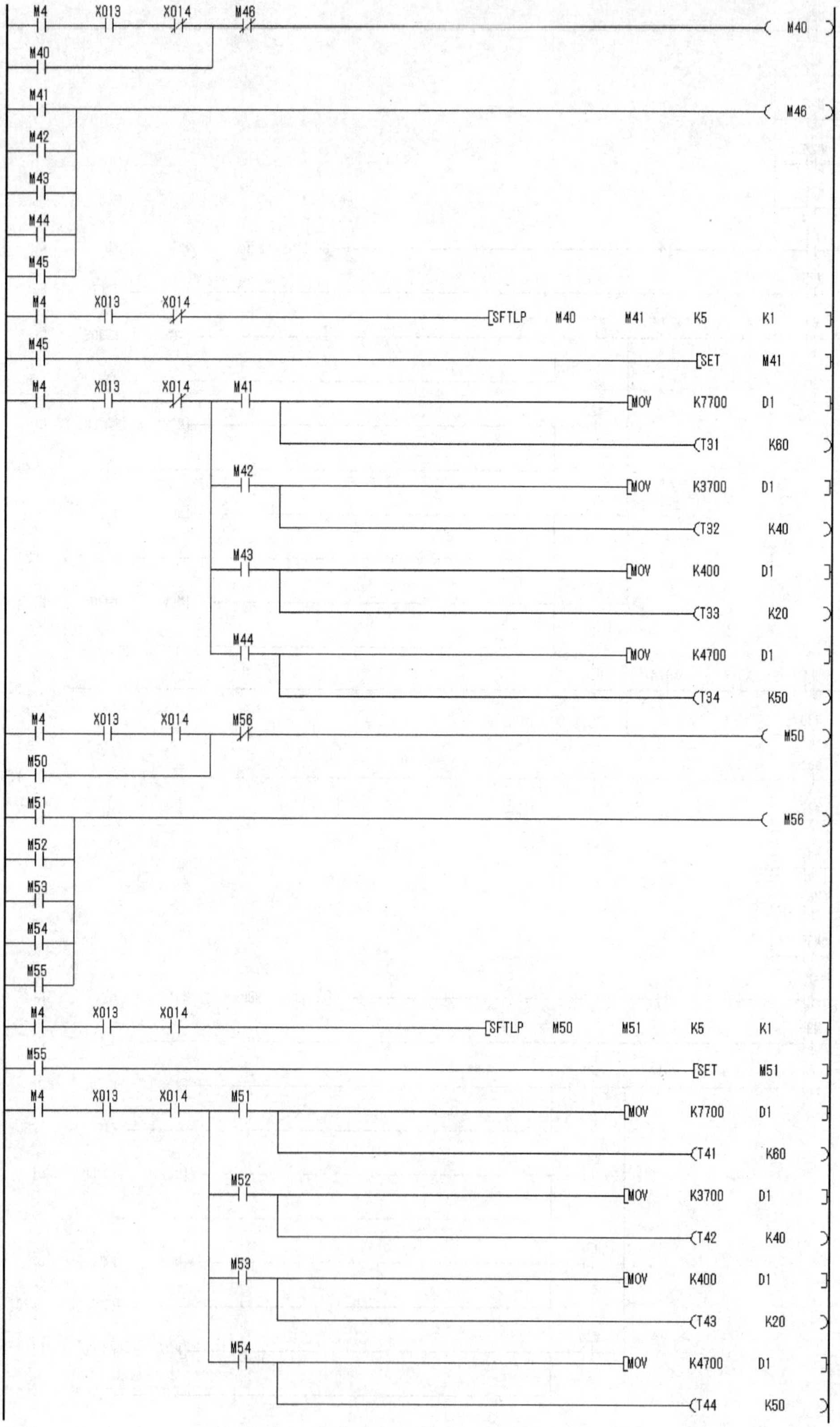

图 7.27　分别在四列循环参考程序(续)

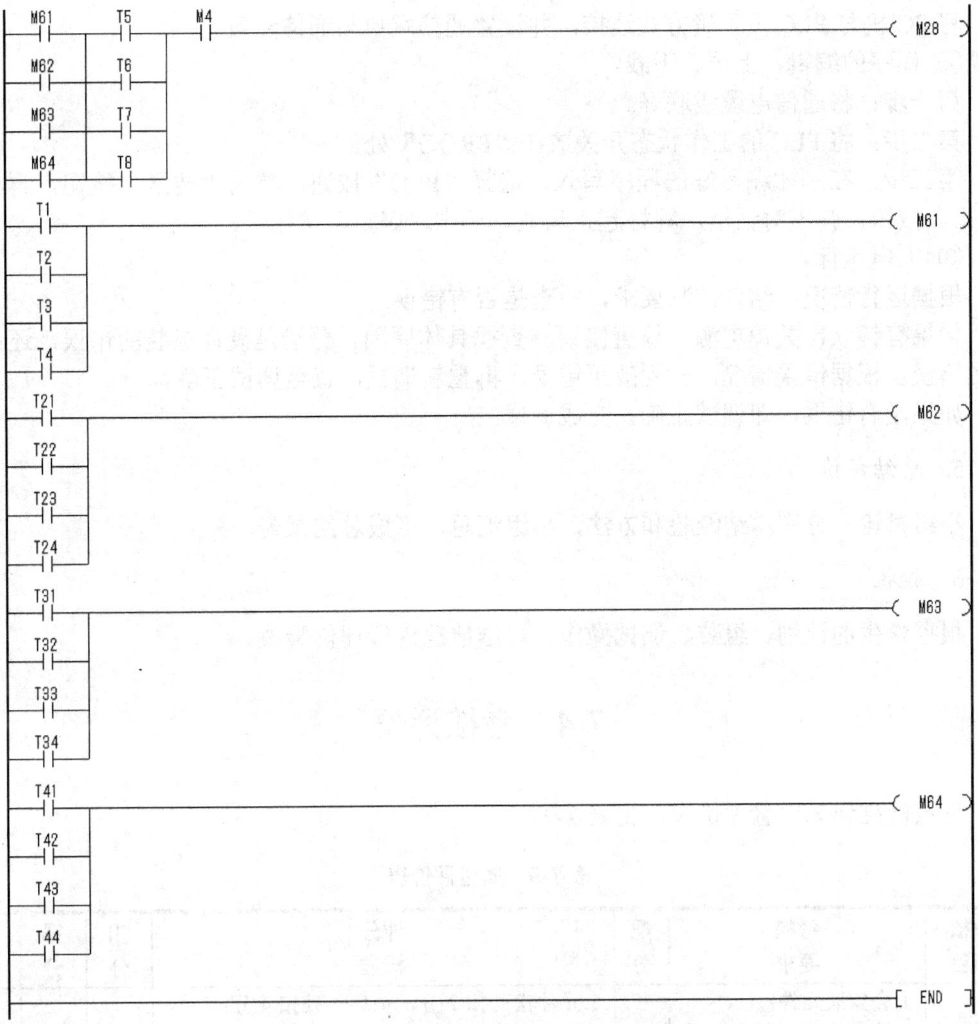

图 7.27　分别在四列循环参考程序(续)

3) 运行调试

注意：在开机之前请务必检查以下几点。

(1) 电器连接。

(2) 工作台面上使用电压为 DC24V(最大电流 2A)。

(3) 正确和可靠的气管连接。

(4) 额定的使用气压。

(5) 机械部件状态。

(6) 检查气动回路操作。

(7) 遵守气动安全操作规范情况下，打开气源后，手动强制驱动电磁阀，即依次按下各换向阀的手动按钮，确认各气缸动作符合要求，若不符合，作相应的调整。

(8) 检查电气操作。

(9) 遵守电气安全操作规范情况下，检查到位信号的状态是否正常，PLC 能否正常采集；若不正常，调整元器件位置或做其他检查。

① PLC 与计算机的通信连接与设置。

将 PC 机与 PLC 按正确方式连接，并设置通信端口与通信参数。

② 程序的编辑、上传、下载。

第一步：将通信电缆线联好。

第二步：将 PLC 的工作状态开关放在“PROG”处。

第三步：在刚才编写好的程序写入，选择“PLC”按钮，单击“传送”按钮，再单击“写出”按钮，弹出对话框，写好起止步数，单击“确定”按钮。

③ 上电运行。

根据运行情况，结合控制要求，检查是否有错误。

如果有错误，关掉电源，检查错误。查找具体原因，分清是硬件组装的错误，还是编程的错误。根据错误情况，分别改正错误，再重新调试，直至调试正确。

如果没有错误，即调试正确，完成调试。

5. 总结评价

小组讨论，分别总结经验和方法，小组汇总，形成总结报告。

6. 验收

根据学生的计划、组装、调试操作、总结情况进行评价验收。

7.4 考核评价

考核标准详见质量评价表，见表 7-9。

表 7-9 质量评价表

考核项目	考核要求	配分	评分标准	扣分	得分	备注
系统安装	1.会安装元件； 2.按图完整、正确及规范接线； 3.按照要求编号	54	1.元件松动扣 2 分，损坏一处扣 4 分； 2.错、漏线每处扣 2 分； 3.反圈、压皮、松动，每处扣 2 分； 4.错、漏编号，每处扣 1 分			
编程操作	1.会建立程序新文件； 2.正确输入梯形图； 3.正确保存文件	10	1.不能建立程序新文件或建立错误扣 4 分； 2.输入梯形图错误一处扣 2 分			
运行操作	1.操作运行系统，分析运行结果； 2.会监控梯形图； 3.会验证工作方式	25	1.系统通电操作错误一步扣 3 分； 2.分析运行结果错误一处扣 2 分； 3.监控梯形图错误一处扣 2 分； 4.验证工作方式错误扣 5 分			
安全生产	自觉遵守安全文明生产规程	11	1.每违反一项规定，扣 3 分； 2.发生安全事故，扣 11 分； 3.漏接接地线一处扣 5 分			
时间	3 小时		提前正确完成，每 5 分钟加 2 分； 超过定额时间，每 5 分钟扣 2 分			
开始时间：		结束时间：		实际时间：		

项目 8

自动生产线联网调试

8.1 项目任务

自动生产线联网项目主要内容见表 8-1。

表 8-1 自动生产线联网项目内容

项目内容	(1) 上料检测系统与搬运系统联网调试； (2) 上料检测系统、与搬运系统和加工系统联网调试； (3) 自由组合联网的调试； (4) 全系统联网调试
重难点	(1) 多站联网可行性分析； (2) 多站联网的设置； (3) 联网程序的调试
参考的相关文件	GB/T 13869—2008《用电安全导则》 GB 19517—2009《国家电气设备安全技术规范》 GB/T 25295—2010《电气设备安全设计导则》 GB 50150—2006《电气装置安装工程一电气设备交接试验标准》
操作原则与安全注意事项	(1) 一般原则：培训的学员必须在指导老师的指导下才能操作该设备。请务必按照技术文件和各独立元件的使用要求使用该系统，以保证人员和设备安全。 (2) 电气系统：只有在断电状态下才能连接和断开各种电气连线，使用直流 24V 以下的电压。 (3) 气动系统：气动系统的使用压力不得超过 800kPa(8bar)。在气动系统管路接好之前不得接通气源。接通气源和长时间停机后开始工作，个别气缸可能会运动过快，所以要特别当心。 (4) 机械系统：所有部件的紧定螺钉应拧紧。不要在系统运行时人为的干涉正常工作

项目导读

本项目通过把前面各系统组合起来，实现联网控制。本项目可实现两站或多站联网控制。在实际应用中，各个系统的组合也是灵活多变的，都是根据实际情况和需要来确定的。如图 8.1 所示为某汽车部件自动生产线。

图 8.1　某汽车部件自动生产线

8.1.1 自动生产线两站联网安装与调试任务书

自动生产线两站联网安装与调试任务书见表 8-2。

表 8-2 自动生产线两站联网安装与调试

<table>
<tr><td rowspan="3">XX 学院</td><td rowspan="3" colspan="2">自动生产线联网安装与调试任务书</td><td colspan="2">文件编号</td><td></td></tr>
<tr><td colspan="2">版 次</td><td></td></tr>
<tr><td colspan="3">共 2 页/第 1 页</td></tr>
<tr><td>工序号：1</td><td colspan="2">工序名称：两站联网调试连接</td><td colspan="3">作 业 内 容</td></tr>
<tr><td rowspan="14" colspan="3">
多站联网控制的连接(两站联网取其中一部分)</td><td>1</td><td colspan="2">根据自动生产线各站的具体功能，以及各站控制要求的需要，确定要连接的两站</td></tr>
<tr><td>2</td><td colspan="2">制定出两站联网系统的连接方案</td></tr>
<tr><td>3</td><td colspan="2">根据两站的具体功能，制定好相应的联网程序</td></tr>
<tr><td>4</td><td colspan="2">调整好两站之间的位置，保证整联网控制</td></tr>
<tr><td>5</td><td colspan="2">接通各站的气路，保证各站气路通畅</td></tr>
<tr><td>6</td><td colspan="2">正确启动两站，使两站正确运行</td></tr>
<tr><td colspan="3">使 用 工 具</td></tr>
<tr><td>1</td><td colspan="2">内六角扳手、十字螺丝刀、一字螺丝刀(小号)</td></tr>
<tr><td colspan="3">※工艺要求(注意事项)</td></tr>
<tr><td>1</td><td colspan="2">用电安全</td></tr>
<tr><td>2</td><td colspan="2">通过讨论制定的计划方案进行可行性分析时应仔细，注意水平和垂直支架的安装</td></tr>
<tr><td>3</td><td colspan="2">画出平面分布图，应当细致，便于后面安装准确</td></tr>
<tr><td colspan="3"></td></tr>
<tr><td colspan="3"></td></tr>
<tr><td>更改标记</td><td></td><td>编 制</td><td></td><td>批 准</td><td></td></tr>
<tr><td>更改人签名</td><td></td><td>审 核</td><td></td><td>生产日期</td><td></td></tr>
</table>

8.1.2 自动生产线联网安装与调试任务书

自动生产线联网安装与调试见表 8-3。

表 8-3 自动生产线联网安装与调试

<table>
<tr><td rowspan="3">XX 学院</td><td rowspan="3" colspan="3">自动生产线联网安装与调试任务书</td><td>文件编号</td><td colspan="2"></td></tr>
<tr><td>版　次</td><td colspan="2"></td></tr>
<tr><td colspan="3">共 2 页/第 2 页</td></tr>
<tr><td>工序号：2</td><td colspan="3">工序名称：多站联网调试连接</td><td colspan="3">作 业 内 容</td></tr>
<tr><td rowspan="14" colspan="4">
多站联网控制的连接</td><td>1</td><td colspan="2">根据自动生产线各站的具体功能，以及各站控制要求的需要，对自动生产线各站进行连接</td></tr>
<tr><td>2</td><td colspan="2">制定出整个联网系统的连接方案</td></tr>
<tr><td>3</td><td colspan="2">根据各站的具体功能，制定好相应的联网程序</td></tr>
<tr><td>4</td><td colspan="2">调整好各站之间的位置，保证整联网控制</td></tr>
<tr><td>5</td><td colspan="2">接通各站的气路，保证各站气路通畅</td></tr>
<tr><td>6</td><td colspan="2">正确启动各站，整个生产线全部运行</td></tr>
<tr><td colspan="3">使 用 工 具</td></tr>
<tr><td>1</td><td colspan="2">内六角扳手、十字螺丝刀、一字螺丝刀(小号)</td></tr>
<tr><td colspan="3">※工艺要求(注意事项)</td></tr>
<tr><td>1</td><td colspan="2">用电安全</td></tr>
<tr><td>2</td><td colspan="2">通过讨论制定的计划方案进行可行性分析时应仔细，注意水平和垂直支架的安装</td></tr>
<tr><td>3</td><td colspan="2">画出平面分布图，应当细致，便于后面准确安装</td></tr>
<tr><td colspan="3"></td></tr>
<tr><td colspan="3"></td></tr>
<tr><td>更改标记</td><td></td><td>编　制</td><td></td><td>批　准</td><td colspan="2"></td></tr>
<tr><td>更改人签名</td><td></td><td>审　核</td><td></td><td>生产日期</td><td colspan="2"></td></tr>
</table>

8.2　项目准备

8.2.1　联网调试材料清单

分类入库系统材料清单详见表 8-4。

表 8-4　联网调试材料清单

序号	名称	数量	该元件功能	备注
1	上料检测系统	1	加入工件并检测	
2	工件搬运(机械手)系统	1	工件的搬运	
3	工件加工系统	1	工件的加工与检测	
4	工件安装系统	1	工件的安装	
5	工件安装搬运系统	1	配合工件的安装并实施搬运	
6	工件分类入库系统	1	工件分类入库	
7	数据线	若干	连接各个系统	

8.2.2　自动生产线联网控制安装流程图

分类入库系统安装流程图如图 8.2 所示。

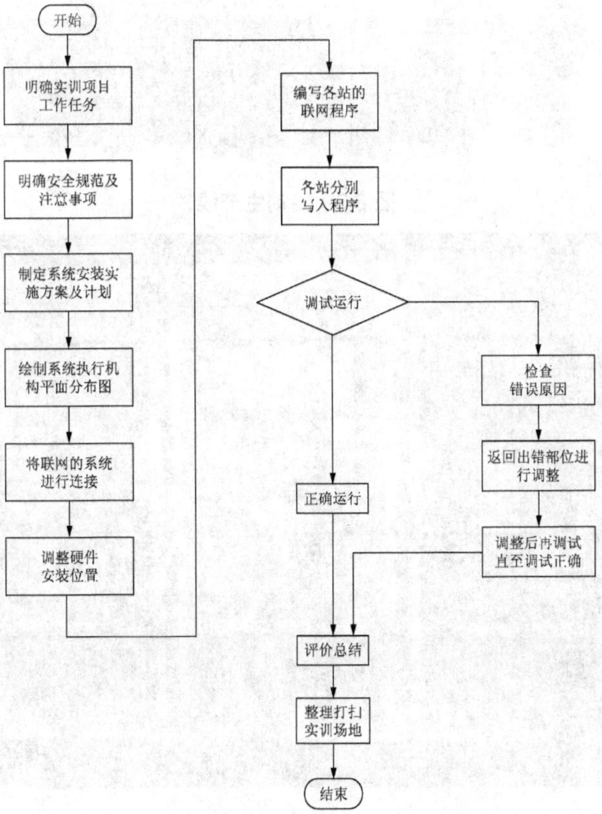

图 8.2　自动生产线联网控制安装流程图

8.3 项目实施

8.3.1 自动生产线联网控制的连接

1. 自动生产线系统基本结构

自动生产线系统如图 8.3 所示。本系统完成送料、检测、搬运、加工、安装与分类入库的过程。各站系统是将执行机构安装在带槽的铝平板上(700mm350mm)，各个元器件通过接线端子排连接到下面的 PLC 上。通过 PLC 来控制每个元器件的动作，从而来完成各站的工作。由六站共同完成自动生产线系统的工作。多站联网接线如图 8.4 所示，控制机构平面如图 8.5 所示。

图 8.3 自动生产线

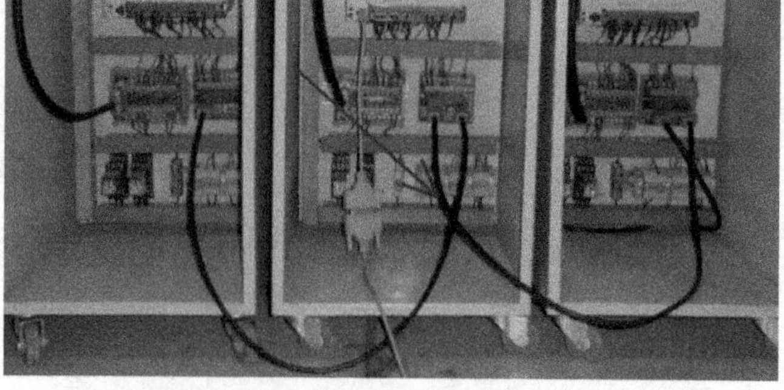

图 8.4 多站联网接线图

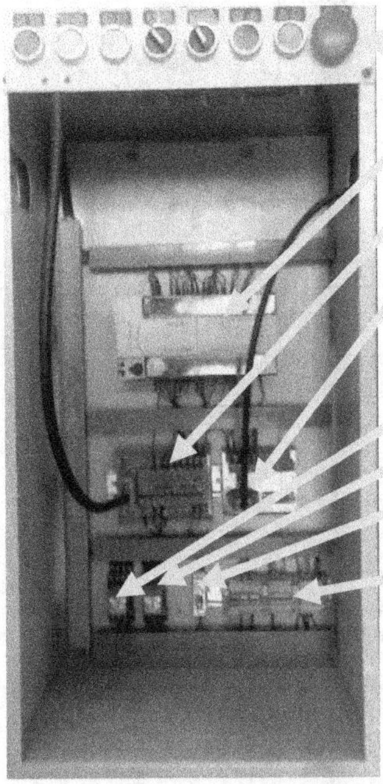

(a) 1～5 站控制机构

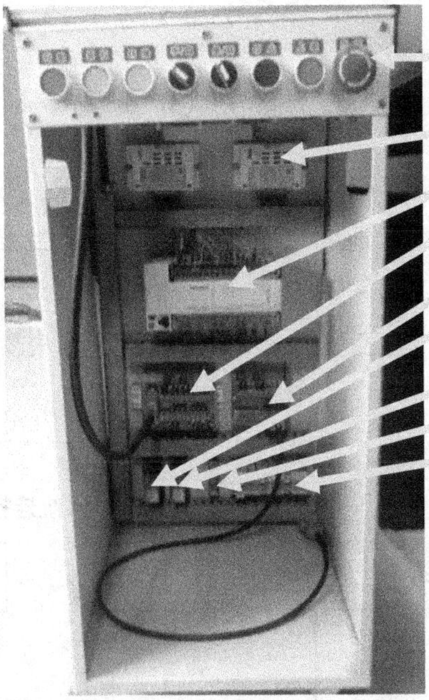

(b) 第 6 站控制机构

图 8.5　控制机构平面图

2. 制定自动生产线联网控制实施方案

将前面安装好的各个系统通过 485 通信如图 8.4 所示，按顺序线连接在一起，并进行小组讨论，制定出安装计划。确定各个部分安装次序，并对此次序进行可行性分析。

前面的基础上，主要用到 485 通信线。

8.3.2　自动生产线联网控制的实施

1. 自动生产线控制过程

如图 8.6 所示，给出了系统中工件从一站到另一站的物流传递过程：上料检测站将大工件按顺序排好后提升送出。搬运站将大工件从上料检测站搬至加工站。加工站将大工件加工后送出工位。安装搬运站将大工件搬至安装工位放下。安装站再将对应的小工件装入大工件中。而后，安装搬运站再将安装好的工件送分类站，分类站再将工件送入相应的料仓。自动生产线系统的控制示意图如图 8.7 所示。

2. 联网控制

为保证系统中各站能联网运行，必须将各站的 PLC 连接在一起使独立的各站间能交换信息。而且加工过程中所产生的数据，如工件颜色装配信息等，也需要能向下站传送，以保证工作正确(如分类正确、安装正确等)。

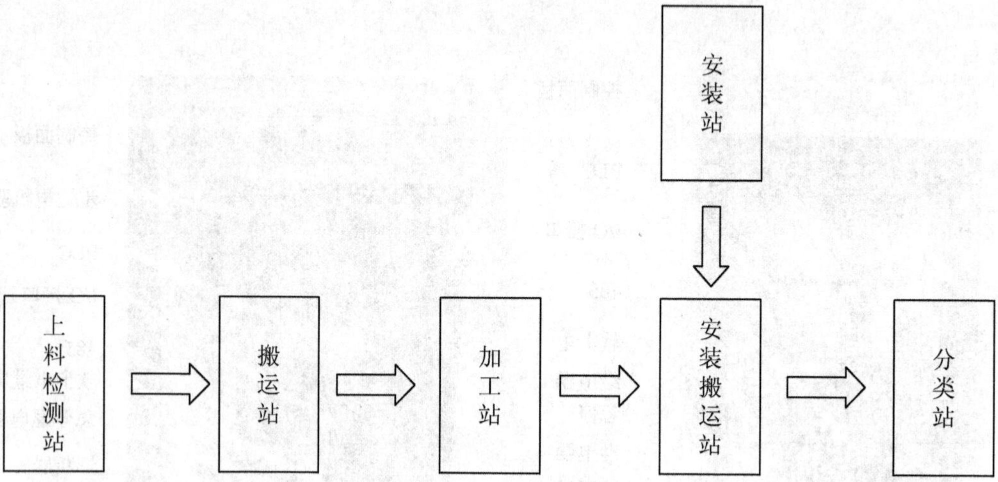

图 8.6　系统连接示意图

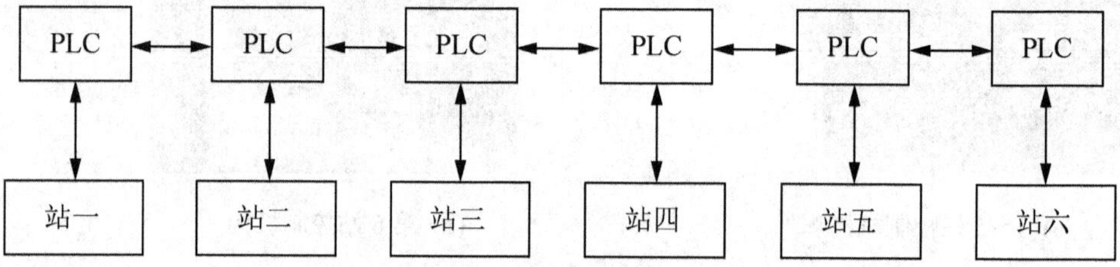

图 8.7　PLC 控制示意图

1) 独立各站间的通讯

基本描述：联网后的各站运动可能会相互影响，为使系统安全、可靠运行，每一站与前后各站需要交换信息，而各站只有进行正常工作程序后，才能相互通信，交换信息。每一站要开始工作运行，需前站给出信号，只有第一站(上料检测站)是通过“开始”按钮，启动工作的。这是因为第一站没有上站了。

工件信息：表示工件信息的数据，是根据不同的工件颜色在不同站产生的。工件的信息用三个二进制数表示：D0、D1、D2(D2 暂时没有用到)，工件组合情况见表 8-5。

表 8-5　工件组合情况表

工件组合情况	D0	D1
工件 1(黑) 工件 2(黑)	0	0
工件 1(蓝) 工件 2(黑)	1	0
工件 1(黑) 工件 2(蓝)	0	1
工件 1(蓝) 工件 2(蓝)	1	1

这些数据从上站传送到下站，最后分类站根据数据将工件分类推入库房。

2) 通信信号地址

各站通信信号地址表见表 8-6，硬件联网示意图如图 8.8 所示。

表 8-6　各站通信信号地址

绝对地址	符号地址	注　解
X20	Di0	从前站读入的数据 d0
X21	Di1	从前站读入的数据 d1
X22	Di2	从前站读入的数据 d2
X23	Ciq	通信　从前站读入前站状态
X24	Cih	通信　从后站读入后站状态
Y20	Do0	向后站输出的数据 d0
Y21	Do1	向后站输出的数据 d1
Y22	Do2	向后站输出的数据 d2
Y23	Coq	通信　向前站输出本站状态
Y24	Coh	通信　向后站输出本站状态

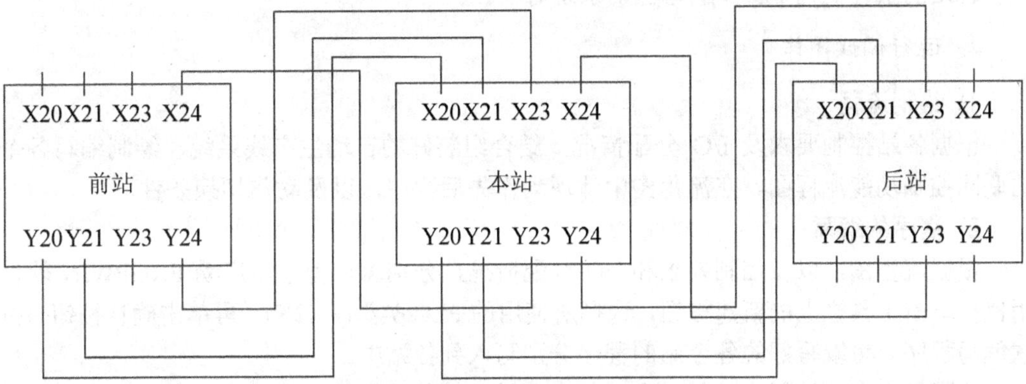

图 8.8　站与站之间的连接

8.3.3　自动生产线系统联网控制程序的编写与调试

1. 调试运行设备

(1) 组装好的自动生产线系统。

(2) 安装有 WINDOWS 操作系统的 PC 机一台(具有 FXGPWIN 软件)。

(3) PLC(三菱 FX 系列)六台。

(4) PC 与 PLC 的通信电缆一根。

2. 控制要求

根据各站的控制要求，在原有的基础上加入 I/O 点，实现站与站之间的联网通信控制。

注意：

本站可根据操作者不同水平，设置为不同等级：第一站与第二站的联网；第一站、第二站和第三站的联网；第一站、第二站和第六站的联网等。

3. 自动生产线联网控制系统 I/O 分配

1) 各站控制面板 I/O 分配

各站的控制面板 I/O 分配如图 8.9 所示。

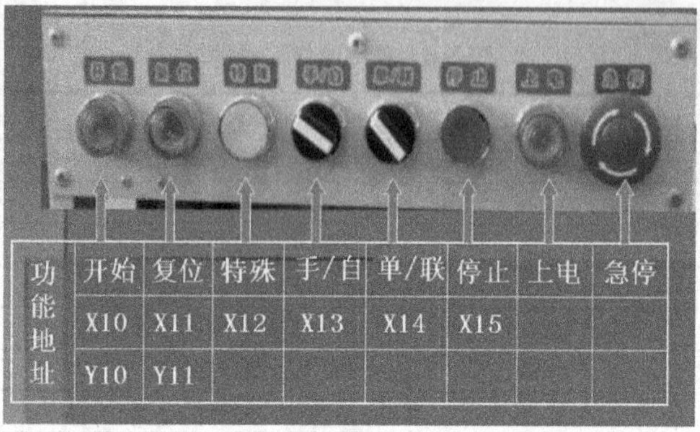

图 8.9　控制面板 I/O 分配

2) 执行机构 I/O 分配

各站的执行机构 I/O 分配与各个系统对应。

4. 运行调试操作

1) 绘制流程

根据各站控制要求及 I/O 分配情况，结合组装好的自动生产线系统，绘制编写各个站的联网控制功能流程图。在流程图中体现动作先后次序，以及动作切换条件。

2) 程序的编写

根据流程图，以及控制要求和 I/O 分配情况，分别编写程序。启动 FXGPWIN 软件，用鼠标单击工具栏上的新建按钮，选择所使用的 PLC 类型(FX2N)，再单击确认按钮。按要求编写程序。将编写好的各个站的程序分别写入到各站中。

联网程序在单站程序的基础上，加上各站之间的通信地址，进行信息交换。可先进行两站的联网，三站的联网，最后进行整个自动生产线的联网控制。联网流程图与程序只需在单站的基础上稍加修改就可以实现，学生可自行编写，这里就不再赘述了。

3) 运行调试

注意：在开机之前请务必检查以下几点。

(1) 电器连接。

(2) 工作台面上使用电压为 DC24V(最大电流 2A)。

(3) 正确和可靠的气管连接。

(4) 额定的使用气压。

(5) 机械部件状态。

(6) 检查气动回路操作。

(7) 遵守气动安全操作规范情况下，打开气源后，手动强制驱动电磁阀，即依次按下各换向阀的手动按钮，确认各气缸动作符合要求，若不符合，作相应的调整。

(8) 检查电气操作。

(9) 遵守电气安全操作规范情况下，检查到位信号的状态是否正常，PLC 能否正常采集；若不正常，调整元器件位置或做其他检查。

① PLC 与计算机的通信连接与设置。

将 PC 机与 PLC 按正确方式连接，并设置通信端口与通信参数。

② 程序的编辑、上传、下载。

第一步：将通信电缆线联好。

第二步：将 PLC 的工作状态开关放在“PROG”处。

第三步：在刚才编写好的程序写入，选择“PLC”按钮，单击“传送”按钮，再单击“写出”按钮，弹出对话框，写好起止步数，单击“确定”按钮。

③ 上电运行。

根据运行情况，结合控制要求，检查是否有错误。

如果有错误，关掉电源，检查错误。查找具体原因，分清是硬件组装的错误，还是编程的错误。根据错误情况，分别改正错误，再重新调试，直至调试正确。

如果没有错误，即调试正确，完成调试。

5. 总结评价

小组讨论，分别总结经验和方法，小组汇总，形成总结报告。

6. 验收

根据学生的计划、组装、调试操作、总结情况进行评价验收。

8.4　考核评价

考核标准详见质量评价表，见表 8-7。

表 8-7　质量评价表

考核项目	考核要求	配分	评分标准	扣分	得分	备注
系统安装	1.会安装元件； 2.按图完整、正确及规范接线； 3.按照要求编号	30	1.元件松动扣 2 分，损坏一处扣 4 分； 2.错、漏线每处扣 2 分； 3.反圈、压皮、松动，每处扣 2 分； 4.错、漏编号，每处扣 1 分			
编程操作	1.会建立程序新文件； 2.正确输入梯形图； 3.正确保存文件	30	1.不能建立程序新文件或建立错误扣 4 分； 2.输入梯形图错误一处扣 2 分			
运行操作	1.操作运行系统，分析运行结果； 2.会监控梯形图； 3.会验证工作方式	25	1.系统通电操作错误一步扣 3 分； 2.分析运行结果错误一处扣 2 分； 3.监控梯形图错误一处扣 2 分； 4.验证工作方式错误扣 5 分			
安全生产	自觉遵守安全文明生产规程	15	1.每违反一项规定，扣 3 分； 2.发生安全事故，扣 11 分； 3.漏接接地线一处扣 5 分			
时间	3 小时		提前正确完成，每 5 分钟加 2 分； 超过定额时间，每 5 分钟扣 2 分			
开始时间：		结束时间：	实际时间：			

附录

附录 A　FX_{2N} 系列 PLC 的主要技术指标

FX_{2N} 系列 PLC 的主要技术指标包括一般技术指标、电源技术指标、输入技术指标、输出技术指标和性能技术指标，分别见表 A-1～表 A-5。

表 A-1　FX_{2N} 一般技术指标

环境温度	使用时：0～55℃，储存时：-20～+70℃	
环境湿度	35%～89%RH(不结露)使用时	
抗振	JIS C0911 标准 10～55Hz 0.5mm(最大 2G)3 轴方向各 2h(但用 DIN 导轨安装时 0.5G)	
抗冲击	JIS C0912 标准 10G 3 轴方向各 3 次	
抗噪声干扰	用噪声仿真器产生电压为 1000VP-P，噪声脉冲宽度为 1μs，周期为 30～100 Hz 的噪声，在此噪声干扰下 PLC 工作正常	
耐压	AC1500V 1min	所有端子与接地端之间
绝缘电阻	5MΩ 以上(DC500V 兆欧表)	
接地	第三种接地，不能接地时，也可浮空	
使用环境	无腐蚀性气体，无尘埃	

表 A-2　FX_{2N} 电源技术指标

项目		FX_{2N}-16M	FX_{2N}-32M FX_{2N}-32E	FX_{2N}-48M FX_{2N}-48E	FX_{2N}-64M	FX_{2N}-80M	FX_{2N}-128M
电源电压		AC100～240V 50/60 Hz					
允许瞬间断电时间		对于 10ms 以下的瞬间断电，控制动作不受影响					
电源熔丝		250V 3.15A，ϕ5×20mm		250V 5A，ϕ5×20mm			
电力消耗/(VA)		35	40(32E 35)	50(48E 45)	60	70	100
传感器电源	无扩展部件	DC24V 250mA 以下		DC24V 460mA 以下			
	有扩展部件	DC5V 基本单元 290mA 扩展单元 690 mA					

表 A-3 FX2N 输入技术指标

输入电压	输入电流		输入ON电流		输入OFF电流		输入阻抗		输入隔离	输入响应时间
	X000～7	X010以内	X000～7	X010以内	X000～7	X010以内	X000～7	X010以内		
DC24V	7 mA	5 mA	4.5 mA	3.5mA	≤1.5mA	≤1.5mA	3.3kΩ	4.3kΩ	光电绝缘	0～60ms可变

注：输入端 X0～X17 内有数字滤波器，其响应时间可由程序调整为 0～60ms。

表 A-4 FX2N 输出技术指标

项目		继电器输出	晶闸管输出	晶体管输出
外部电源		AC 250V，DC 30V以下	AC 85～240V	DC 5～30V
最大负载	电阻负载	2A/1 点；8A/4 点共享；8A/8点共享	0.3A/1 点 0.8A/4 点	0.5A/1 点 0.8A/4 点
	感性负载	80VA	15VA/AC 100V 30５VA/AC 200V	12W/DC24V
	灯负载	100W	30W	1.5W/DC24V
开路漏电流		—	1mA/AC 100V 2mA/AC 200V	0.1mA 以下/DC 30V
响应	OFF 到 ON	约 10ms	1ms 以下	0.2ms 以下
	ON 到 OFF	约 10ms	最大 10ms	0.2ms 以下①
电路隔离		机械隔离	光电晶闸管隔离	光电耦合器隔离
动作显示		继电器通电时 LED 灯亮	光电晶闸管驱动时LED 灯亮	光电耦合器隔离驱动时LED 灯亮

①响应时间 0.2ms 是在条件为 24V/200mA 时，实际所需时间为电路切断负载电流到电流为 0 的时间，可用并接续流二极管的方法改善响应时间。大电流时为 0.4mA 以下。

表 A-5 FX2N 功能技术指标

运算控制方式		存储程序反复运算方法(专用 LSI)，中断命令	
输入输出控制方式		批处理方式(在执行 END 指令时)，但有输入输出刷新指令	
运算处理速度	基本指令	0.08μs/指令	
	应用指令	(1.52μs～数百μs)/指令	
程序语言		继电器符号+步进梯形图方式(可用 SFC 表示)	
程序容量存储器形式		内附 8K 步 RAM，最大为 16K 步(可选 RAM，EPROM EEPROM 存储卡盒)	
指令数	基本、步进指令	基本(顺控)指令 27 个，步进指令 2 个	
	应用指令	128 种 298 个	
输入继电器		X000～X267(8 进制编号) 184 点	合计 256 点
输出继电器		X000～X267(8 进制编号) 184 点	

续表

辅助继电器	一般用①		M000～M499①　500 点	
	锁存用		M500～M1023②　524 点，M1024~M3071③　2048 点	合计 2572 点
	特殊用		M8000～M8255　256 点	
状态寄存器	初始化用		S0～S9　10 点	
	一般用		S10～S499①　490 点	
	锁存用		S500～S899②　400 点	
	报警用		S900～S999③　100 点	
定时器	100ms		T0～T199(0.1～3276.7s)　200 点	
	10 ms		T200～T245(0.01～327.67s)　46 点	
	1 ms(积算型)		T246～T249(0.001～32.767s)　4 点	
	100 ms(积算型)		T250～T255③(0.1～3276.7s)　6 点	
	模拟定时器(内附)		1 点③	
计数器	增计数	一般用	C0～C99①(0～32，767) (16 位)　100 点	
		锁存用	C100～C199②(0～32，767) (16 位)　100 点	
	增/减技术	一般用	C220～C234①(32 位)　20 点	
		锁存用	C220～C234②(32 位)　15 点	
	高速用		C235～C255 中有：1 相 60kHz　2 点，10kHz 4 点或 2 相 30kHz 1 点，5kHz　1 点	
数据寄存器	通用数据寄存器	一般用	D0～D199①(16 位) 200 点	
		锁存用	D200～D511②(16 位)　312 点，D512～D7999③(16 位) 7488 点	
	特殊用		D8000～D8195(16 位) 106 点	
	变址用		V0～V7，Z0～Z7(16 位) 16 点	
	文件寄存器		通用寄存器的 D1000③以后在 500 个单位设定文件寄存(MAX7000 点)	
指针	跳转、调用		P0～P127　128 点	
	输入中断、计时中断		I0□～I8□　9 点	
	计数中断		I010～I060　6 点	
	嵌套(主控)		N0～N7　8 点	
常数	十进制 K		16 位：-32768～+32767；32 位：-2147483648～+2147483647	
	十六进制 H		16 位：0～FFFF(H)；32 位：0～FFFFFFFF(H)	
SFC 程序			○	
注释输入			○	
内附 RUN/STOP 开关			○	
模拟定时器			FX_{2N}-8AV-BD(选择)安装时 8 点	
程序 RUN 中写入			○	
时钟功能			○	
输入滤波器调整			X000～X017 0～60 ms 可变；FX_{2N}-16M X000～X007	
恒定扫描			○	
采样跟踪			○	
关键字登录			○	
报警信号器			○	
脉冲列输出			20kHz/DC5V 或 10kHz/DC12～24V　1 点	

注：

①非后备锂电池保持区。通过参数设置，可改为后备锂电池保持区。

②由后备锂电池保持区保持，通过参数设置，可改为非后备锂电池保持区。

③由后备锂电池固定保持区固定，该区域特性不可改变。

附录 B　FX_{2N} 系列 PLC 特殊元件编号及名称检索

表 B-1　FX_{2N} 特殊元件编号及名称检索(一)

	编　号	名　　称	备　　注
	[M]8000	RUN 监控　a 接点	RUN 时为 ON
	[M]8001	RUN 监控　b 接点	RUN 时为 OFF
	[M]8002	初始脉冲　a 接点	RUN 后第 1 个扫描周期为 ON
	[M]8003	初始脉冲　b 接点	RUN 后第 1 个扫描周期为 OFF
	[M]8004	出错	M8060～M8068 检测⑧
	[M]8005	电池电压降低	锂电池电压下降
	[M]8006	电池电压降低锁存	保持降低信号
	[M]8007	瞬停检测	
	[M]8008	停电检测	
	[M]8009	DC24V 降低	检测 24V 电源异常
时钟			
	编　号	名　　称	备　　注
	[D]8000	监控定时器	初始值 200ms
	[D]8001	PLC 型号和版本	⑤
	[D]8002	存储器容量	⑥
	[D]8003	存储器种类	⑦
	[D]8004	出错特 M 地址	M8060～M8068
	[D]8005	电池电压	0.1V 单位
	[D]8006	电池电压降低后的电压	3.0V(0.1V 单位)
	[D]8007	瞬停次数	电源关闭清除
	[D]8008	停电检测时间	AC 电源型 10ms
	[D]8009	下降单元编号	失电单元起始输出编号

	编　号	名　　称	备　　注
时钟	[M]8010		
	[M]8011	10ms 时钟	10ms 周期振荡
	[M]8012	100ms 时钟	100ms 周期振荡
	[M]8013	1s 时钟	1s 周期振荡
	[M]8014	1min 时钟	1min 周期振荡
	[M]8015	计时停止或预置	
	[M]8016	时间显示停止	

续表

	编 号	名 称	备 注
时钟	[M]8017	±30s 修正(时钟用)	
	[M]8018	内装 RTC 检测	正常时 ON
	[M]8019	内装 RTC 出错	
	编 号	**名 称**	**备 注**
	[D]8010	扫描当前值	0.1ms 单位包括常数扫描等待时间
	[D]8011	最小扫描时间	
	[D]8012	最大扫描时间	
	[D]8013	秒 0～59 预置值或当前值	
	[D]8014	分 0～59 预置值或当前值	
	[D]8015	时 0～23 预置值或当前值	
	[D]8016	日 1～31 预置值或当前值	
	[D]8017	月 1～12 预置值或当前值	
	[D]8018	公历 4 位预置值或当前值	
	[D]8019	星期 0(日)～6(六)预置值或当前值	
标记	**编 号**	**名 称**	**备 注**
	[M]8020	零标记	应用指令运算标记
	[M]8021	借位标记	
	[M]8022	进位标记	
	[M]8023		
	[M]8024	BMOV 方向指定	FNC15
	[M]8025	HSC 方式	FNC53-55
	[M]8026	RAMP 方式	FNC67
	[M]8027	PR 方式	FNC77
	[M]8028	执行 FROM/TO 指令时允许中断	FNC78,79
	[M]8029	执行指令结束标记	应用命令用
	编 号	**名 称**	**备 注**
	[D]8020	调整输入滤波器	初始值 10ms
	[D]8021		
	[D]8022		
	[D]8023		
	[D]8024		
	[D]8025		
	[D]8026		
	[D]8027		
	[D]8028	Z0(Z)寄存器内容	寻址寄存 Z 的内容
	[D]8029	VZ0(Z)寄存器内容	寻址寄存 V 的内容

续表

	编 号	名 称	备 注
PC方式	[M]8030	电池 LED 关灯指令	关闭面板灯④
	[M]8031	非保持存储清除	消除元件的 ON/OFF 和当前值④
	[M]8032	保持存储清除	
	[M]8033	存储保持停止	图像存储保持
	[M]8034	全输出禁止	外部输出均为 OFF
	[M]8035	强制 RUM 方式	
	[M]8036	强制 RUM 指令	
	[M]8037	强制 STOP 指令	
	[M]8038	参数设定	
	[M]8039	恒定扫描方式	定周期运行
	编 号	名 称	备 注
	[D]8030		
	[D]8031		
	[D]8032		
	[D]8033		
	[D]8034		
	[D]8035		
	[D]8036		
	[D]8037		
	[D]8038		
	[D]8039	常数扫描时间	初始值 0(1ms 单位)

	编 号	名 称	备 注
步进梯形图	[M]8040	禁止转移	状态间禁止转移
	[M]8041	开始转移①	FNC60(IST)命令用途
	[M]8042	启动脉冲	
	[M]8043	复原完毕①	
	[M]8044	原点条件①	
	[M]8045	禁止全输出复位	
	[M]8046	STL 状态工作④	S0～999 工作检测
	[M]8047	STL 监视有效④	D8040～D8047 有效
	[M]8048	报警工作④	S900～999 工作检测
	[M]8049	报警有效④	D8049 有效
	编 号	名 称	备 注
	[D]8040	RUN 监控 a 接点	RUN 时为 ON
	[D]8041	RUN 监控 b 接点	RUN 时为 OFF

续表

	编 号	名 称	备 注
步进梯形图	[D]8042	初始脉冲 a 接点	RUN 后 1 操作为 ON
	[D]8043	初始脉冲 b 接点	RUN 后 1 操作为 OFF
	[D]8044	出错	M8060～M8068 检测⑧
	[D]8045	电池电压降低	锂电池电压下降
	[D]8046	电池电压降低锁存	保持降低信号
	[D]8047	瞬停检测	
	[D]8048	停电检测	
	[D]8049	DC24V 降低	检测 24V 电源异常

	编 号	名 称	备 注
中断禁止	[M]8050	I00□禁止	输入中断禁止
	[M]8051	I10□禁止	
	[M]8052	I20□禁止	
	[M]8053	I30□禁止	
	[M]8054	I40□禁止	
	[M]8055	I50□禁止	
	[M]8056	I60□禁止	定时中断禁止
	[M]8057	I70□禁止	
	[M]8058	I80□禁止	
	[M]8059	I010～I060 全禁止	计数中断禁止

	编 号	名 称	备 注
中断禁止	[D]8050	未使用	
	[D]8051		
	[D]8052		
	[D]8053		
	[D]8054		
	[D]8055		
	[D]8056		
	[D]8057		
	[D]8058		
	[D]8059		

	编 号	名 称	备 注
出错检测	[M]8060	I/O 配置出错	可编程控制器 RUN 继续
	[M]8061	PC 硬件出错	可编程控制器停止
	[M]8062	PC/PP 通信出错	可编程控制器 RUN 继续
	[M]8063	并行连接出错	可编程控制器 RUN 继续②
	[M]8064	参数出错	可编程控制器停止
	[M]8065	语法出错	可编程控制器停止
	[M]8066	电路出错	可编程控制器停止

续表

	编 号	名 称	备 注
出错检测	[M]8067	运算出错	可编程控制器 RUN 继续
	[M]8068	运算出错锁存	M8067 保持
	[M]8069	I/O 总线检查	总线检查开始
	编 号	名 称	备 注
	[D]8060	出错的 I/O 起始号	
	[D]8061	PC 硬件出错代号	存储出错代码。参考下面的出错代码
	[D]8062	PC/PP 通信出错代码	
	[D]8063	连接通信出错代码	
	[D]8064	参数出错代码	
	[D]8065	语法出错代码	
	[D]8066	电路出错代码	
	[D]8067	运算出错代码②	
	[D]8068	运算出错产生的步	步编号保持
	[D]8069	M8065-7 出错产生步号	②
	编 号	名 称	备 注
并行连接功能	M8070	并行连接主站说明	主站时为 ON②
	M8071	并行连接主站说明	从站时为 ON②
	[M]8072	并行连接运转中为 ON	运行中为 ON
	[M]8073	主站/从站设置不良	M8070,M8071 设定不良
	[D]8070	并行连接出错判定时间	初始值 500ms
	[D]8071		
	[D]8072		
	[D]8073		

表 B-2　FX_{2N} 特殊元件编号及名称检索(二)

	编号	名称	备注	编号	名称	备注
采样跟踪	[M]8074		采样跟踪功能	[D]8074	采样剩余次数	采样跟踪功能详细请见编程手册
	M8075	准备开始指令	采样跟踪功能	[D]8075	采样次数设定(1～512)	
	M8076	执行开始指令	采样跟踪功能	[D]8076	采样周期	
	[M]8077	执行中检测	采样跟踪功能	[D]8077	指定触发器	
	[M]8078	执行结束检测	采样跟踪功能	[D]8078	触发器条件元件号	
	[M]8079	跟踪 512 次以上	采样跟踪功能	[D]8079	取样数据指针	
				[D]8080	位元件号 NO0	
				[D]8081	位元件号 NO1	
				[D]8082	位元件号 NO2	
				[D]8083	位元件号 NO3	
				[D]8084	位元件号 NO4	

续表

	编号	名称	备注	编号	名称	备注
采样跟踪				[D]8085	位元件号 NO5	
				[D]8086	位元件号 NO6	
				[D]8087	位元件号 NO7	
				[D]8088	位元件号 NO8	
				[D]8089	位元件号 NO9	
				[D]8090	位元件号 NO10	
				[D]8091	位元件号 NO11	
				[D]8092	位元件号 NO12	
				[D]8093	位元件号 NO13	
				[D]8094	位元件号 NO14	
				[D]8095	位元件号 NO15	
				[D]8096	字元件号 NO1	
				[D]8097	字元件号 NO2	
				[D]8098	字元件号 NO3	
				[D]8094	位元件号 NO14	

	编号	名称	备注			
存储容量	[D]8102	存储容量	0002=2K 步 0004=4K 步 0008=8K 步 0016=16K 步			

	编号	名称	备注	编号	名称	备注
输出更换	[M]8109	输出更换错误生成		[D]8109	输出更换错误生成	0、10、20…被存储

	编号	名称	备注	编号	名称	备注
高速环形计数器	[M]8099	高速环形计数器工作	允许计数器工作	[D]8099	0.1ms 环形计数器	0~32,767 增序

续表

	编号	名称	备注	编号	名称	备注
特殊功能	[M]8120			[D]8120	通信格式③	详细请见各通信适配器使用手册
	[M]8121	RS-232C 发送待机中②	RS-232 通信用	[D]8121	设定局编号③	
	[M]8122	RS-232C 发送标记②	RS-232 通信用	[D]8122	发送数据余数②	
	[M]8123	RS-232C 发送完标记②	RS-232 通信用	[D]8123	接收数据数②	
	[M]8124	RS-232C 载波接收	RS-232 通信用	[D]8124	标题(STX)	
	[M]8125			[D]8125	终结字符(ETX)	
	[M]8126	全信号	RS-485 通信用	[D]8126		
	[M]8127	请求手动信号	RS-485 通信用	[D]8127	指定请求用起始号	
	[M]8128	请求出错标记	RS-485 通信用	[D]8128	请求数据数的指定	
	[M]8129	请求字/位切换	RS-485 通信用	[D]8129	判定时间输出时间	

	编号	名称	备注	编号	名称	备注
高速列表	[M]8130	HSZ 表比较方式		[D]8130	HSZ 列表计数器	详细请见编程手册
	[M]8131	同上执行完标记		[D]8131	HSZ PLSY 列表计数器	
	[M]8132	HSZ PLSY 速度图形		[D]8132	速度图形频率 HSZ PLSY 下位	
	[M]8133	同上执行完标记		[D]8133	速度图形频率 HSZ PLSY 空	
				[D]8134	速度图形目标下位	
				[D]8135	脉冲数 HSZ,PLSY 上位	
				[D]8136	输出脉冲数下位	
				[D]8137	PLSY,PLSR 上位	
				[D]8138		
				[D]8139		
				[D]8140	输出给 PLSY,PLSR Y000 脉冲数	
				[D]8141	输出给 PLSY,PLSR Y000 的脉冲数	
				[D]8142	输出给 PLSY,PLSR Y001 的脉冲数	
				[D]8143		

续表

	编号	名称	备注			
扩展功能	[M]8160	XCH 的 SWAP 功能	同一元件内交换			
	[M]8161	8 位单位切换	16/8 位切换⑧			
	[M]8162	高速并串连接方式				
	[M]8163					
	[M]8164					
	[M]8165		写入十六进制数据			
	[M]8166	HKY 的 HEX 处理	停止 BCD 切换			
	[M]8167	SMOV 的 HEX 处理				
	[M]8168					
	[M]8169					

	编号	名称	备注			
脉冲捕捉	[M]8170	输入 X000 脉冲捕捉	详见编程手册②			
	[M]8171	输入 X001 脉冲捕捉	详见编程手册②			
	[M]8172	输入 X002 脉冲捕捉	详见编程手册②			
	[M]8173	输入 X003 脉冲捕捉	详见编程手册②			
	[M]8174	输入 X004 脉冲捕捉	详见编程手册②			
	[M]8175	输入 X005 脉冲捕捉	详见编程手册②			
	[M]8176		详见编程手册②			
	[M]8177		详见编程手册②			
	[M]8178		详见编程手册②			
	[M]8179		详见编程手册②			
		⑧适用于 ASC RS ASC HEX CCD				

				编号	名称	备注
寻址寄存器当前值				[D]8180		
				[D]8181		
				[D]8182	Z1 寄存器的数据	寻址寄存器当前值
				[D]8183	V1 寄存器的数据	
				[D]8184	Z2 寄存器的数据	
				[D]8185	V2 寄存器的数据	
				[D]8186	Z3 寄存器的数据	
				[D]8187	V3 寄存器的数据	
				[D]8187	Z4 寄存器的数据	

续表

				编号	名称	备注
寻址寄存器当前值				[D]8189	V4 寄存器的数据	寻址寄存器当前值
				[D]8190	ZS 寄存器的数据	
				[D]8191	V5 寄存器的数据	
				[D]8792	Z6 寄存器的数据	
				[D]8193	V6 寄存器的数据	
				[D]8194	Z7 寄存器的数据	
				[D]8195	V7 寄存器的数据	
				[D]8196		
				[D]8197		
				[D]8198		
				[D]8199		

	编号	名称	备注			
内部增降序计数器	[M]8200	驱动 8□□□时 C□□□降序计数 M8□□□在不驱动时 C□□□增序计数 (□□□为 200-234)	详细请见编程手册			
	[M]8201					
	:					
	:					
	:					
	[M]8233					
	[M]8234					

	编号	名称	备注			
高速计数器	[M]8235	M8□□□在不驱动时，1 相高速计数器 C□□□为降序方式，不驱动时为增序方式 (□□□为 235-245)	详细请见编程手册			
	[M]8236					
	[M]8237					
	[M]8238					
	[M]8239					
	[M]8240					
	[M]8241					
	[M]8242					
	[M]8243					
	[M]8244					
	编号	名称	备注			
	[M]8246	根据 1 相 2 输入计数器□□□的增、降序 M8□□□为 ON/OFF(□□□为 246-250)	详细请见各通信适配器适用手册			
	[M]8247					
	[M]8248					
	[M]8249					
	[M]8250					
	[M]8251	由于 2 相计数器□□□的增降序。 M8□□□为 ON/OFF、(□□□为 251-255)				
	[M]8252					
	[M]8253					
	[M]8254					
	[M]8255					

注 ①：RUN→STOP 时清除。

②：STOP→RUN 时清除。

③：电池后备。

④：END 指令结束时处理。

⑤：其内容为 24100；24 表示 FX2N，100 表示版本 1.00。

⑥：0002=2K 步，0004=4K 步，0008=8K 步 (16K 步)；
D8102 加上以上项目，0016=16K 步。

⑦：00H=FX=-RAM8；
01H=FX-EPROM-8；
02H=FX-EEPROM-4,8,16(保护为 OFF)；
0AH=FX-EEPROM-4,8,16(保护为 ON)；
10H=可编程控制的内置 RAM。

⑧：M8062 除外。

表 B-3 FX_{2N} 系列 PLC 出错代码表

类型	错误代码	出错内容	处理方法	备注
PC 硬件出错运行停止[D]8061	0000	无异常	检查扩展电缆连接是否正确	[M]8061 置 ON
	6101	RAM 出错		
	6102	运算电路出错		
	6103	I/O 总线出错		
	6104	扩展设备 24V 以下		
	6105	监视定时器出错	程序扫描周期超过 D8000 中的值	
PC/PP 通信出错运行继续[D]8062	0000	无异常	PLC 与通信设备的连接是否正确	[M]8062 置 ON
	6201	奇偶出错/溢出错误/成帧出错		
	6202	通信字符有误		
	6203	通信数据求和不一致		
	6204	数据格式有误		
	6205	指令有误		
并行连接通信出错运行继续[D]8063	0000	无异常	检查双方 PLC 的电源是否 ON ,通信功能适配器与 PLC 之间的连接/通信功能适配器之间的连接是否正确	[M]8063 置 ON
	6301	奇偶出错/溢出错误/成帧出错		
	6302	通信字符有误		
	6303	通信数据求和不一致		
	6304	数据格式有误		
	6305	指令有误		
	6306	监视定时器溢出		
	6307～6311	保留		
	6312	并行连接字符出错		
	6313	并行连接和数出错		
	6314	并行连接格式出错		

续表

类型	错误代码	出错内容	处理方法	备注
参数错误运转停止[D]8064	0000	无异常	将PLC置STOP用参数方式设定正确值	[M]8064置ON
	6401	程序求和不一致		
	6402	内存容量设定错误		
	6403	保持区域设定错误		
	6404	注释区域设定错误		
	6405	文件寄存器区域设定错误		
	6409	其他的设定错误		
语法错误运行停止[D]8065	0000	无异常	编程完成时，应检查每个指令的使用方法是否正确，发生错误情况时，用程序编辑模式修正指令	[M]8065置ON
	6501	指令-软元件符号-软元件编号的组合错误		
	6502	设定值前无 OUT T/OUT C		
	6503	①OUT T/OUT C 后无设定值 ②功能指令的操作数不足		
	6504	①标号重复 ②中断输入及高速计数器输入重复		
	6505	超出软元件标号范围		
	6506	使用未定义指令		
	6507	标号(P)定义错误		
	6508	中断输入(I)定义错误		
	6509	其他		
	6510	MC 的嵌套编号大小方面错误		
	6511	中断输入和高速计数器输入重复		
电路出错运行停止[D]8066	0000	无异常	在程序编辑模式下将指令的相互关系修改正确	[M]8066置ON
	6601	LD/LDI 连续使用 9 次以上		
	6602	①无 LD/LDI 指令。无线圈。LD/LDI 与 ANB/ORB 关系不正确 ②STL/RET/MCR/P/I/EI/DI/SRET/IRET/FOR/NEXT/FEND/END 未与母线相连 ③遗忘 MPP		
	6603	MPS 的连续使用次数达 12 次以上		
	6604	MPS/MRD/MPP 的关系不正确		
	6605	①STL 的连续使用次数达 9 次以上 ②STL 内有 MC/MCR/I(中断)/SRET ③STL 外有 RET		

续表

类型	错误代码	出错内容	处理方法	备注
电路出错运行停止[D]8066	6606	①无 P(指针)/I(中断) ②无 SRET/IRET ③组程序中有 I(中断)/SRET/IRET ④子程序或中断程序中有 STL/RET/MC/MCR	在程序编辑模式下将指令的相互关系修改正确	[M]8066置 ON
	6607	①FOR 与 NEXT 的关系不正确。嵌套 6 重以上 ② FOR-NEXT 之间有 STL/RET/MC/MCR/IRET/SRET		
	6608	①MC 与 MCR 的关系不正确 ②MCR 无 NO ③MC-MCR 间有 SRET/IRET/I(中断)		
	6609	其他		
	6610	LD/LDI 的连续使用次数 9 次以上		
	6611	ANB/ORB 指令比 LD/LDI 指令数量多		
	6612	ANB/ORB 指令比 LD/LDI 指令数量少		
	6613	MPS 的连续使用次数达 12 次以上		
	6614	遗忘 MPS		
	6615	遗忘 MPP		
电路出错运行停止[D]8066	6616	遗忘 MPS-MRD,MPP 之间的线圈，或关系错误		
	6617	STL/RET/MCR/P/I/DI/EI/FOR/NEXT/SRET/IRET/FEND/END 未与母线相连		
	6618	中断/子程序中有 STL/RET/MCR		
	6619	FOR-NEXT 间有 STL/RET/MC/MCR/I/IRET		
	6620	FOR-NEXT 嵌套溢出		
	6621	FOR-NEXT 关系错误		
	6622	无 NEXT 指令		
	6623	无 MC 指令		
	6624	无 MCR 指令		
	6625	STL 连续使用 9 次以上		
	6626	STL-RET 间有 MC/MCR/I/SRET/IRET		
	6627	无 RET 指令		
	6628	主程序有不能使用的指令		
	6629	无 P/I		
	6630	无 SRET/IRET 指令		
	6631	SRET 指令书写位置有误		
	6632	FEND 指令书写位置有误		
运算错误运行继续[D]8067	0000	无异常	检查程序或功能指令的操作数	[M]8067置 ON
	6701	① 无 CJ/CALL 转移地址 ② END 指令后有标号 ③ FOR-NEXT 间或子程序间有单独标号		
	6702	CALL 嵌套 6 重以上		
	6703	中断程序中有 EI 指令		
	6704	FOR-NEXT 嵌套 6 重以上		

续表

类型	错误代码	出错内容	处理方法	备注
运算错误运行继续[D]8067	6705	功能指令的操作数在对象软元件以外	检查程序或功能指令的操作数	[M]8067置ON
	6706	功能指令操作数的软元件编号范围或数据溢出		
	6707	在没有设定文件寄存器参数下访问文件寄存器		
	6708	FROM/TO 指令错误		
	6709	其他		
	6730	采样时间(TS)在对象范围外(TS<0)	PID 运算停止	
	6732	输入滤波常数(a)在对象范围外(a<0 或 100≤a)		
	6733	比例增益(KP)在对象范围外(KP<0)		
	6734	积分时间(TI)在对象范围外(TI<0)		
	6735	微分增益(KD)在对象范围外(KD<0 或 201≤KD)		
	6736	微分时间(TD)在对象范围外(TD<0)		
	6740	采样时间(TS)≤运算时间	将运算数据作为最大值继续进行运算	
	6742	测定值变化量溢出(ΔPV<-32768 或 32767<ΔPV)		
	6743	偏差溢出(EV<−32768 或 32767<EV)		
	6744	积分计算值溢出(−32768—32767 以外)		
	6745	微分增益(KP)溢出导致微分值溢出		
	6746	微分计算值溢出(−32768—32767 以外)		
	6747	PID 运算结果溢出(−32768—32767 以外)		

注意：[M]只能使用其触点，不能用软件置位其线圈

表 B-4　FX_{2N} 的错误定时检查(把前项的出错代码存入特殊数据寄存器 D8060~D8067)

出错项目	电源ON→OFF	电源 ON 后初次STOP→RUN 时	其他
[M]8060I/O 地址号构成出错	检查	检查	运算中
[M]8061 PLC 硬件出错	—	—	运算中
[M]8062 PLC/PP 通信出错	—	—	从 PP 接受信号时
[M]8063 连续模块通信出错	—	—	从对方接受信号时
[M]M8064 参数出错 [M]8065 语法出错 [M]8066 电路出错	检查	检查	程序变更时(STOP) 程序传送时(STOP)
[M]8067 运算出错 [M]8068 运算出错锁存	—	—	运算中(RUN)

注：[D]8060～[D]8067　各存一个出错内容，同一出错项目产生多次出错时，每当清除出错原因时，仍存储发生中的出错代码，无出错时存入“0”。

未使用的软元件或没有记载的未定义的软元件，请不要在程序上运行或写入。

附录 C　FX_{2N} 系列 PLC 指令表

表 C-1　FX_{2N} 系列 PLC 基本指令一览表

助记符	名称	可用元件	功能和用途
LD	取	X、Y、M、S、T、C	逻辑运算开始。用于与母线连接的常开触点
LDI	取反	X、Y、M、S、T、C	逻辑运算开始。用于与母线连接的常闭触点
LDP	取上升沿	X、Y、M、S、T、C	上升沿检测的指令，仅在指定元件的上升沿时接通 1 个扫描周期
LDF	取下降沿	X、Y、M、S、T、C	下降沿检测的指令，仅在指定元件的下降沿时接通 1 个扫描周期
AND	与	X、Y、M、S、T、C	和前面的元件或回路块实现逻辑与，用于常开触点串联
ANI	与反	X、Y、M、S、T、C	和前面的元件或回路块实现逻辑与，用于常闭触点串联
ANDP	与上升沿	X、Y、M、S、T、C	上升沿检测的指令，仅在指定元件的上升沿时接通 1 个扫描周期
OUT	输出	Y、M、S、T、C	驱动线圈的输出指令
SET	置位	Y、M、S	线圈接通保持指令
RST	复位	Y、M、S、T、C、D	清除动作保持；当前值与寄存器清零
PLS	上升沿微分指令	Y、M	在输入信号上升沿时产生 1 个扫描周期的脉冲信号
PLF	下降沿微分指令	Y、M	在输入信号下降沿时产生 1 个扫描周期的脉冲信号
MC	主控	Y、M	主控程序的起点
MCR	主控复位	—	主控程序的终点
ANDF	与下降沿	Y、M、S、T、C、D	下降沿检测的指令，仅在指定元件的下降沿时接通 1 个扫描周期
OR	或	Y、M、S、T、C、D	和前面的元件或回路块实现逻辑或，用于常开触点并联
ORI	或反	Y、M、S、T、C、D	和前面的元件或回路块实现逻辑或，用于常闭触点并联
ORP	或上升沿	Y、M、S、T、C、D	上升沿检测的指令，仅在指定元件的上升沿时接通 1 个扫描周期
ORF	或下降沿	Y、M、S、T、C、D	下降沿检测的指令，仅在指定元件的下降沿时接通 1 扫描周期
ANB	回路块与	—	并联回路块的串联连接指令
ORB	回路块或	—	串联回路块的并联连接指令
MPS	进栈	—	将运算结果(或数据)压入栈存储器
MRD	读栈	—	将栈存储器第 1 层的内容读出

续表

助记符	名称	可用元件	功能和用途
MPP	出栈	—	将栈存储器第 1 层的内容弹出
INV	取反转	—	将执行该指令之前的运算结果进行取反转操作
NOP	空操作	—	程序中仅做空操作运行
END	结束	—	表示程序结束

表 C-2 FX_{2N}系列 PLC 应用指令一览表

分类	FNC NO.	指令助记符	功能说明	D指令	P指令	备注
程序流程	00	CJ	条件跳转		○	
	01	CALL	子程序调用		○	
	02	SRET	子程序返回			
	03	IRET	中断返回			
	04	EI	开中断			
	05	DI	关中断			
	06	FEND	主程序结束			
	07	WDT	监视定时器刷新		○	
	08	FOR	循环的起点与次数			
	09	NEXT	循环的终点			
传送与比较	10	CMP	比较	○	○	
	11	ZCP	区间比较	○	○	
	12	MOV	传送	○	○	
	13	SMOV	位传送		○	
	14	CML	取反传送	○	○	
传送与比较	15	BMOV	成批传送		○	
	16	FMOV	多点传送	○	○	
	17	XCH	交换	○	○	
	18	BCD	二进制转换成 BCD 码	○	○	
	19	BIN	BCD 码转换成二进制	○	○	
四则算数与逻辑运算	20	ADD	二进制加法运算	○	○	
	21	SUB	二进制减法运算	○	○	
	22	MUL	二进制乘法运算	○	○	
	23	DIV	二进制除法运算	○	○	
	24	INC	二进制加 1 运算	○	○	
	25	DEC	二进制减 1 运算	○	○	
	26	WAND	字逻辑与	○	○	
	27	WOR	字逻辑或	○	○	
	28	WXOR	字逻辑异或	○	○	
	29	NEG	求二进制补码	○	○	

续表

分类	FNC NO.	指令助记符	功能说明	D指令	P指令	备注
循环与移位	30	ROR	循环右移	○	○	
	31	ROL	循环左移	○	○	
	32	RCR	带进位右移	○	○	
	33	RCL	带进位左移	○	○	
	34	SFTR	位右移		○	
	35	SFTL	位左移		○	
	36	WSFR	字右移		○	
	37	WSFL	字左移		○	
	38	SFWR	FIFO(先入先出)写入		○	
	39	SFRD	FIFO(先入先出)读出		○	
数据处理	40	ZRST	区间复位		○	
	41	DECO	解码		○	
	42	ENCO	编码		○	
	43	SUM	统计 ON 位数	○	○	
	44	BON	查询位某状态	○	○	
	45	MEAN	求平均值	○	○	
	46	ANS	报警器置位			
	47	ANR	报警器复位		○	
	48	SQR	求平方根	○	○	
	49	FLT	整数与浮点数转换	○	○	
高速处理	50	REF	输入/输出刷新		○	
	51	REFF	输入滤波时间调整		○	
	52	MTR	矩阵输入			
	53	HSCS	比较置位(高速计数用)	○		
	54	HSCR	比较复位(高速计数用)	○		
高速处理	55	HSZ	区间比较(高速计数用)	○		
	56	SPD	脉冲密度			
	57	PLSY	指定频率脉冲输出	○		
	58	PWM	脉宽调制输出			
	59	PLSR	带加减速脉冲输出	○		
方便指令	60	IST	状态初始化			
	61	SER	数据查找	○	○	
	62	ABSD	凸轮控制(绝对式)	○		
	63	INCD	凸轮控制(增量式)			
	64	TTMR	示教定时器			
	65	STMR	特殊定时器			
	66	ALT	交替输出			
	67	RAMP	斜波信号			
	68	ROTC	旋转工作台控制			
	69	SORT	列表数据排序			

续表

分类	FNC NO.	指令助记符	功能说明	D指令	P指令	备注
外部I/O设备	70	TKY	10 键输入	○		
	71	HKY	16 键输入	○		
	72	DSW	BCD 数字开关输入			
	73	SEGD	七段码译码		○	
	74	SEGL	七段码分时显示			
	75	ARWS	方向开关			
	76	ASC	ASCI 码转换			
	77	PR	ASCI 码打印输出			
	78	FROM	BFM 读出	○	○	
	79	TO	BFM 写入	○	○	
外围设备	80	RS	串行数据传送			
	81	PRUN	八进制位传送(#)	○	○	
	82	ASCI	十六进制数转换成 ASCI 码		○	
	83	HEX	ASCI 码转换成十六进制数		○	
	84	CCD	校验		○	
	85	VRRD	电位器变量输入		○	
	86	VRSC	电位器变量区间		○	
	87	—	—			
	88	PID	PID 运算			
	89	—	—			
浮点数运算	110	ECMP	二进制浮点数比较	○	○	
	111	EZCP	二进制浮点数区间比较	○	○	
	118	EBCD	二进制浮点数→十进制浮点数	○	○	
	119	EBIN	十进制浮点数→二进制浮点数	○	○	
	120	EADD	二进制浮点数加法	○	○	
浮点数运算	121	EUSB	二进制浮点数减法	○	○	
	122	EMUL	二进制浮点数乘法	○	○	
	123	EDIV	二进制浮点数除法	○	○	
	127	ESQR	二进制浮点数开平方	○	○	
	129	INT	二进制浮点数→二进制整数	○	○	
	130	SIN	二进制浮点数 Sin 运算	○	○	
	131	COS	二进制浮点数 Cos 运算	○	○	
	132	TAN	二进制浮点数 Tan 运算	○	○	
	147	SWAP	高低字节交换	○	○	
定位	155	ABS	ABS 当前值读取			
	156	ZRN	原点回归			
	157	PLSY	可变速的脉冲输出			
	158	DRVI	相对位置控制			
	159	DRVA	绝对位置控制			

续表

分类	FNC NO.	指令助记符	功能说明	D指令	P指令	备注
时钟运算	160	TCMP	时钟数据比较		○	
	161	TZCP	时钟数据区间比较		○	
	162	TADD	时钟数据加法		○	
	163	TSUB	时钟数据减法		○	
	166	TRD	时钟数据读出		○	
	167	TWR	时钟数据写入		○	
	169	HOUR	计时仪(长时间检测)			
外围设备	170	GRY	二进制数→格雷码	○	○	
	171	GBIN	格雷码→二进制数	○	○	
	176	RD3A	模拟量模块(FX0N-3A)A/D 数据读出			
	177	WR3A	模拟量模块(FX0N-3A)D/A 数据写入			
触点比较	224	LD=	(S1) = (S2) 时起始触点接通	○		
	225	LD>	(S1) > (S2) 时起始触点接通	○		
	226	LD<	(S1) < (S2) 时起始触点接通	○		
	228	LD<>	(S1) <> (S2) 时起始触点接通	○		
	229	LD≤	(S1) ≤ (S2) 时起始触点接通	○		
	230	LD≥	(S1) ≥ (S2) 时起始触点接通	○		
	232	AND=	(S1) = (S2) 时串联触点接通	○		
	233	AND>	(S1) > (S2) 时串联触点接通	○		
	234	AND<	(S1) < (S2) 时串联触点接通	○		
	236	AND<>	(S1) <> (S2) 时串联触点接通	○		
	237	AND≤	(S1) ≤ (S2) 时串联触点接通	○		
	238	AND≥	(S1) ≥ (S2) 时串联触点接通	○		
	240	OR=	(S1) = (S2) 时并联触点接通	○		
	241	OR>	(S1) > (S2) 时并联触点接通	○		
	242	OR<	(S1) < (S2) 时并联触点接通	○		
触点比较	244	OR<>	(S1) <> (S2) 时并联触点接通	○		
	245	OR≤	(S1)≤ (S2) 时并联触点接通	○		
	246	OR≥	(S1) ≥ (S2) 时并联触点接通	○		

注：表中 D 命令栏中有“○”的表示可以是 32 位的指令；P 命令栏中有“○”的表示可以是脉冲执行型的指令。

参考文献

[1] 鲍风雨．典型自动化设备及生产线应用与维护[M]．北京：机械工业出版社，2004．
[2] 徐益清．气压传动控制技术[M]．北京：机械工业出版社，2008．
[3] 俞国亮．PLC 原理及应用[M]．北京：清华大学出版社，2005．
[4] 孙平．可编程控制器原理及应用[M]．北京：高等教育出版社，2010．
[5] 模块化生产培训系统应用技术．上海：上海英集斯公司，2007．
[6] 自动化生产教学系统．苏州：苏州瑞思机电科技有限公司，2009．
[7] 三菱 FX_{2N} 使用手册．上海：三菱机电自动化(上海)有限公司，2007．

北京大学出版社高职高专机电系列规划教材

序号	书号	书名	编著者	定价	出版日期
1	978-7-301-12181-8	自动控制原理与应用	梁南丁	23.00	2012.1 第 3 次印刷
2	978-7-5038-4861-2	公差配合与测量技术	南秀蓉	23.00	2011.12 第 4 次印刷
3	978-7-5038-4865-0	CAD/CAM 数控编程与实训(CAXA 版)	刘玉春	27.00	2011.2 第 3 次印刷
4	978-7-5038-4869-8	设备状态监测与故障诊断技术	林英志	22.00	2011.8 第 3 次印刷
5	978-7-301-13262-3	实用数控编程与操作	钱东东	32.00	2011.8 第 3 次印刷
6	978-7-301-13383-5	机械专业英语图解教程	朱派龙	22.00	2012.2 第 4 次印刷
7	978-7-301-13582-2	液压与气压传动技术	袁 广	24.00	2011.3 第 3 次印刷
8	978-7-301-13662-1	机械制造技术	宁广庆	42.00	2010.11 第 2 次印刷
9	978-7-301-13574-7	机械制造基础	徐从清	32.00	2012.7 第 3 次印刷
10	978-7-301-13653-9	工程力学	武昭晖	25.00	2011.2 第 3 次印刷
11	978-7-301-13652-2	金工实训	柴增田	22.00	2011.11 第 3 次印刷
12	978-7-301-14470-1	数控编程与操作	刘瑞已	29.00	2011.2 第 2 次印刷
13	978-7-301-13651-5	金属工艺学	柴增田	27.00	2011.6 第 2 次印刷
14	978-7-301-12389-8	电机与拖动	梁南丁	32.00	2011.12 第 2 次印刷
15	978-7-301-13659-1	CAD/CAM 实体造型教程与实训 (Pro/ENGINEER 版)	诸小丽	38.00	2012.1 第 3 次印刷
16	978-7-301-13656-0	机械设计基础	时忠明	25.00	2012.7 第 3 次印刷
17	978-7-301-17122-6	AutoCAD 机械绘图项目教程	张海鹏	36.00	2011.10 第 2 次印刷
18	978-7-301-17148-6	普通机床零件加工	杨雪青	26.00	2010.6
19	978-7-301-17398-5	数控加工技术项目教程	李东君	48.00	2010.8
20	978-7-301-17573-6	AutoCAD 机械绘图基础教程	王长忠	32.00	2010.8
21	978-7-301-17557-6	CAD/CAM 数控编程项目教程(UG 版)	慕 灿	45.00	2012.4 第 2 次印刷
22	978-7-301-17609-2	液压传动	龚肖新	22.00	2010.8
23	978-7-301-17679-5	机械零件数控加工	李 文	38.00	2010.8
24	978-7-301-17608-5	机械加工工艺编制	于爱武	45.00	2012.2 第 2 次印刷
25	978-7-301-17707-5	零件加工信息分析	谢 蕾	46.00	2010.8
26	978-7-301-18357-1	机械制图	徐连孝	27.00	2011.1
27	978-7-301-18143-0	机械制图习题集	徐连孝	20.00	2011.1
28	978-7-301-18470-7	传感器检测技术及应用	王晓敏	35.00	2012.7 第 2 次印刷
29	978-7-301-18471-4	冲压工艺与模具设计	张 芳	39.00	2011.3
30	978-7-301-18852-1	机电专业英语	戴正阳	28.00	2011.5
31	978-7-301-19272-6	电气控制与 PLC 程序设计（松下系列）	姜秀玲	36.00	2011.8
32	978-7-301-19297-9	机械制造工艺及夹具设计	徐 勇	28.00	2011.8
33	978-7-301-19319-8	电力系统自动装置	王 伟	24.00	2011.8
34	978-7-301-19374-7	公差配合与技术测量	庄佃霞	26.00	2011.8
35	978-7-301-19436-2	公差与测量技术	余 键	25.00	2011.9
36	978-7-301-19010-4	AutoCAD 机械绘图基础教程与实训(第 2 版)	欧阳全会	36.00	2012.1
37	978-7-301-19638-0	电气控制与 PLC 应用技术	郭 燕	24.00	2012.1
38	978-7-301-19933-6	冷冲压工艺与模具设计	刘洪贤	32.00	2012.1
39	978-7-301-20002-5	数控机床故障诊断与维修	陈学军	38.00	2012.1
40	978-7-301-20312-5	数控编程与加工项目教程	周晓宏	42.00	2012.3
41	978-7-301-20414-6	Pro/ENGINEER Wildfire 产品设计项目教程	罗 武	31.00	2012.5
42	978-7-301-15692-6	机械制图	吴百中	26.00	2012.7 第 2 次印刷
43	978-7-301-20945-5	数控铣削技术	陈晓罗	42.00	2012.7
44	978-7-301-21053-6	数控车削技术	王军红	28.00	2012.8
45	978-7-301-21119-9	数控机床及其维护	黄应勇	38.00	2012.8
46	978-7-301-20752-9	液压传动与气动技术(第 2 版)	曹建东	40.00	2012.8
47	978-7-301-21147-2	Protel 99 SE 印制电路板设计案例教程	王 静	35.00	2012.8
48	978-7-301-16448-8	Pro/ENGINEER Wildfire 设计实训教程	吴志清	38.00	2012.8
49	978-7-301-19639-7	电路分析基础(第 2 版)	张丽萍	25.00	2012.9
50	978-7-301-21239-4	自动生产线安装与调试实训教程	周 洋	30.00	2012.9

北京大学出版社高职高专电子信息系列规划教材

序号	书号	书名	编著者	定价	出版日期
1	978-7-301-12180-1	单片机开发应用技术	李国兴	21.00	2010.9 第 2 次印刷
2	978-7-301-12386-7	高频电子线路	李福勤	20.00	2010.3 第 2 次印刷
3	978-7-301-12384-3	电路分析基础	徐　锋	22.00	2010.3 第 2 次印刷
4	978-7-301-13572-3	模拟电子技术及应用	刁修睦	28.00	2012.8 第 3 次印刷
5	978-7-301-12390-4	电力电子技术	梁南丁	29.00	2010.7 第 2 次印刷
6	978-7-301-12383-6	电气控制与 PLC(西门子系列)	李　伟	26.00	2012.3 第 2 次印刷
7	978-7-301-12387-4	电子线路 CAD	殷庆纵	28.00	2012.7 第 4 次印刷
8	978-7-301-12382-9	电气控制及 PLC 应用(三菱系列)	华满香	24.00	2012.5 第 2 次印刷
9	978-7-301-16898-1	单片机设计应用与仿真	陆旭明	26.00	2012.4 第 2 次印刷
10	978-7-301-16830-1	维修电工技能与实训	陈学平	37.00	2010.7
11	978-7-301-17324-4	电机控制与应用	魏润仙	34.00	2010.8
12	978-7-301-17569-9	电工电子技术项目教程	杨德明	32.00	2012.4 第 2 次印刷
13	978-7-301-17696-2	模拟电子技术	蒋　然	35.00	2010.8
14	978-7-301-17712-9	电子技术应用项目式教程	王志伟	32.00	2012.7 第 2 次印刷
15	978-7-301-17730-3	电力电子技术	崔　红	23.00	2010.9
16	978-7-301-17877-5	电子信息专业英语	高金玉	26.00	2011.11 第 2 次印刷
17	978-7-301-17958-1	单片机开发入门及应用实例	熊华波	30.00	2011.1
18	978-7-301-18188-1	可编程控制器应用技术项目教程(西门子)	崔维群	38.00	2011.1
19	978-7-301-18322-9	电子 EDA 技术(Multisim)	刘训非	30.00	2012.7 第 2 次印刷
20	978-7-301-18144-7	数字电子技术项目教程	冯泽虎	28.00	2011.1
21	978-7-301-18470-7	传感器检测技术及应用	王晓敏	35.00	2011.1
22	978-7-301-18630-5	电机与电力拖动	孙英伟	33.00	2011.3
23	978-7-301-18519-3	电工技术应用	孙建领	26.00	2011.3
24	978-7-301-18770-8	电机应用技术	郭宝宁	33.00	2011.5
25	978-7-301-18520-9	电子线路分析与应用	梁玉国	34.00	2011.7
26	978-7-301-18622-0	PLC 与变频器控制系统设计与调试	姜永华	34.00	2011.6
27	978-7-301-19310-5	PCB 板的设计与制作	夏淑丽	33.00	2011.8
28	978-7-301-19326-6	综合电子设计与实践	钱卫钧	25.00	2011.8
29	978-7-301-19302-0	基于汇编语言的单片机仿真教程与实训	张秀国	32.00	2011.8
30	978-7-301-19153-8	数字电子技术与应用	宋雪臣	33.00	2011.9
31	978-7-301-19525-3	电工电子技术	倪　涛	38.00	2011.9
32	978-7-301-19953-4	电子技术项目教程	徐超明	38.00	2012.1
33	978-7-301-20000-1	单片机应用技术教程	罗国荣	40.00	2012.2
34	978-7-301-20009-4	数字逻辑与微机原理	宋振辉	49.00	2012.1
35	978-7-301-20706-2	高频电子技术	朱小祥	32.00	2012.6
36	978-7-301-21055-0	单片机应用项目化教程	顾亚文	32.00	2012.8
37	978-7-301-17489-0	单片机原理及应用	陈高锋	32.00	2012.9